绿道规划

理念·标准·实践

蔡云楠　方正兴　李洪斌
朱　江　肖荣波　邓木林　编著

科学出版社
北　京

内 容 简 介

本书分为理念、标准和实践三个篇章。理念篇重点介绍了绿道建设的背景、经验与探索，以及绿道规划理论与方法等内容；标准篇从工作组织、规划建设和长效管理三个方面介绍了绿道规划、建设、管理的相关技术标准、规范；实践篇从区域绿道网规划、城市绿道网规划和社区绿道网规划三个层次介绍了中国各省市有代表性的绿道规划建设案例。

本书可为从事城市规划、生态规划的专业人士、绿道建设和相关管理人员，以及高等院校相关专业的师生提供参考。

图书在版编目(CIP)数据

绿道规划：理念·标准·实践 / 蔡云楠等编著. —北京：科学出版社，2013

ISBN 978-7-03-035908-7

Ⅰ. 绿… Ⅱ. 蔡… Ⅲ. 城市道路-道路绿化-绿化规划 Ⅳ. TU985.18

中国版本图书馆 CIP 数据核字（2012）第 257565 号

责任编辑：李 敏 刘 超 / 责任校对：钟 洋

责任印制：徐晓晨 / 封面设计：耕者设计室 林 超

科 学 出 版 社 出版

北京东黄城根北街 16 号

邮政编码：100717

http://www.sciencep.com

北京京华虎彩印刷有限公司 印刷

科学出版社发行 各地新华书店经销

*

2013 年 1 月第 一 版 开本：B5（720×1000）

2017 年 4 月第二次印刷 印张：19

字数：400 000

定价：198.00元

（如有印装质量问题，我社负责调换）

序

当今世界，人类面临以气候变化、经济振荡和社会冲突为标志的全球生态安全，以资源耗竭、环境污染和生态胁迫为特征的区域生态服务，以贫穷落后、超常消费和复合污染为诱因的人群生态健康等三大生态问题，其问题的根源和影响点就在城市。中国已进入快速城市化阶段，城市化率从1978年的18%猛增至2011年的50%。快速扩张的城市建设很大程度上是以牺牲自然生态系统的健康和降低城市生态品质为代价的。当今城市已成为五彩缤纷的工业景观城市，人类无序的矿山开采、交通网络和工程建设导致自然生境破碎、生物退化、山形破损、水脉断切，将绿韵与红脉、人与自然割裂开来。红色的热岛效应、绿色的水华效应、灰色的灰霾效应、黄色的沙尘效应和白色的秃斑效应都是景观功能破碎的直接结果。一些特大城市中，自行车和步行出行越来越困难，居民很难享受到郊野的青绿、生物的多样、空气的清新和自然的宁静。

为协调开发与保护之间的关系，人们开始反思传统的空间管制体系，探索区域空间开发管制的新思路，统筹协调区域开发与环境保护之间的关系。近年来，珠江三角洲（简称珠三角）在空间管制实施层面进行了有益探索，提出了“以区域绿地保护为平台，以基本生态控制线划定为突破，以绿道网建设为抓手”的区域空间管制新思路。其中绿道就是基于城乡统筹发展、面向城市生态健康的一类生态基础设施，通过强化生态整合机制，将自然引入城市，使城市走向自然，重新构筑健康和谐的人地生态关系。

绿道的道，是道路的道，廊道的道，也是天道的道；绿，是生机、是形态，也是机理、是功能。绿道是城市的肾（湿地)、肺（绿地)、皮（透绿渗水的地表)、口（减量化、无害化、再生化、自然化的废弃物排放设施)、脉（山形水系、交通物流动脉）等生态基础设施的一个重要组成部分，是整合自然生境、提供生态服务、涵养生态过程的脉道，是品味自然、享受自然、悟觉自然的人道。

绿道作为人工生态建设的廊道，需要按生态工程技术去规划、设计、建设、修复和管理。本书综述了绿道规划、建设与管理理论与方法，总结了国内外特别是我国珠三角地区绿道建设的各种理念、技术、设计标准和建设管理的案例和经验，是该领域具有启发性、实践性和工程指导性的新书，对于城市生态基础设施规划、建设和管理具有重要的参考价值。

绿道，其实就是绿韵红脉交融的天人生态廊道。绿道能否满足人的生产、生活与生态服务需求，是一个城市基础设施是否完善、生态文明是否成熟的重要标志。让我们在建设绿道、管理绿道、享用绿道的同时悟觉“竞生、共生、再生、自生”的天道，融通“净化、绿化、活化、美化”的地气，提升“开拓、适应、反馈、整合”的人道，弘扬“认知、体制、物态、心态”领域的生态文明，把城乡人居环境建设得更加美好。

中国工程院院士

王如松

2012年9月于北京

目　　录

第二篇　标　准　篇

第三篇　实　践　篇

第一篇

理　念　篇

城市和乡村都各有其优点和缺点，而城市—乡村一体化则避免了二者缺点，……城市和乡村必须成婚，这种愉快地结合将迈出新的希望、新的生活、新的文明。“把一切最生动活泼的城市生活的优点和美丽与愉快的乡村环境和谐地组合在一起”……“人民自发地从拥挤的城市投入大地母亲的仁慈怀抱——这个生命、快乐、财富和力量的源泉。”

——埃比尼泽·霍华德《明日的田园城市》1898 年

第一章 生态困境

改革开放以来，中国的城市化水平随着经济发展迅速提高，大量城镇密集区域在东部沿海地区出现，形成了珠江三角洲（简称珠三角）、长江三角洲和京津冀地区等三大城市群，它们是拉动中国经济发展的重要增长极。以珠三角为例，该地区经济发展十分迅速，在短短30多年里，已从一个落后的“边缘地区”，成长为中国经济最活跃的“中心”之一、世界重要的加工制造业基地和拥有巨大经济发展潜力的城市群。然而，日益严重的生态环境问题已成为珠三角的一大隐患。工业、城市发展的无序导致了越来越多的农田、草地、林地、河流和湖泊受到严重污染，城市的“热岛”、“湿岛”、“干岛”效应越来越明显，原有的田园风光、岭南特色正在逐步消失，休闲游憩空间缺乏、设施配套困难、安全隐患增多以及各种社会问题也相伴而来（许学强和李郇，2009）。

这些目前在区域内高度集中的城乡社会差异、资源生态恶化以及城市之间的无序竞争等多种空间矛盾，正严重制约着珠三角的可持续发展。如何处理经济增长和资源短缺、社会需求与公共供给之间的关系是珠三角城市群当前面临的突出矛盾，也是城市可持续发展研究要着重考虑的问题。

在2012年广东省提高城市化发展水平工作会议上，中共中央政治局委员、广东省委书记汪洋痛批广东城市发展“三大弊病”：建筑洋了，特色没了；城市大了，空间小了；人口多了，交往少了。经济粗放发展，城市快速扩张、无序蔓延，城市绿色空间、自然生态空间逐年减少，“城市真的让生活更美好”吗？

第一节 城市发展中面临的现实问题

一、生态环境恶化

改革开放以前，珠三角的经济发展、城市建设以及人口迁移都是按国家计划进行的，城市发展和城镇化进程十分缓慢，和全国一样处在一个低城镇化过程中。1978年以来，珠三角改革开放“先行一步”，不仅创造经济增长奇迹，而且带来了快速的城镇化过程,城镇建设用地迅速增长,新的城市和建制镇不断涌现。1978 年,珠三角仅有 5 个城市,32 个建制镇。到 1993 年,城市增加到 25 个(包括县级市),建制镇达到 392 个,城镇密度也相应达到 100 个/万 km^2,是我国城镇最密集地区之一。城镇建设用地增长迅速,珠三角地区的城镇建设用地总面积 1990 年为 1066.9km^2,1995 年为 2673.7km^2,2002 年为 4546.4km^2,2006 年为 8264km^2。其中,1995 年与 1990 年相比增长最为迅速,增长了 151%;2002 年比 1995 年增长了 70%[①]。

珠三角这一区域空间开发的迅速推进过程在其增长速度、增长结构、空间分异等方面表现出如下特征。

(一)城镇空间拓展速度快,非建设用地面积急剧减少

随着珠三角经济高速增长,城镇空间拓展速度快,城镇用地规模迅速扩大。1984～1994 年,珠三角城镇用地总面积从 540km^2 增加到 1211km^2,总量增加了 1.2 倍,年均增长约为 8.3% ,同期城镇建设用地面积占区内土地总面积的比重由 1.3%提高到 2.9%。此外,城镇建设用地的增长速度快于人口增长速度。如前所述,1984～1994 年珠三角城镇用地年均增长速度为 8.3% ,同期城镇人口年均增长速度为 5.2%,城镇用地增长弹性系数为 1.6,大于 1,表明城镇用地增长快于人口增长,反映人均建设用地面积增加,呈现出一种粗放的城镇增长模式。

一方面,高速增长的城镇建设用地(图 1-1),其主要来源是耕地、林地、鱼塘与水面、坡地等,以耕地所占的比例最高,导致珠三角耕地面积急剧减少。珠三角地区 1990 年有耕地面积 15 388.7km^2;1995 年耕地面积为 11 436.1km^2;2000 年耕地面积为 9864.1km^2。1995 年与 1990 年相比,耕地面积减少了 26%;2002 年耕地面积比 1995 年减少了 14%。耕地锐减的主要原因是不合理的非农建设占用耕地现象严重。"县市化"和开发区"圈地运动"的热潮席卷了整个珠三角地区,各市都扩张城市面积,建设用地大增,累计已超过 6000km^2。另一方面,由于大规模的房地产开发,遍地开花的"开发区"、"商业城"、"游乐场"、"工业园"等,也占了不少耕地,很多房地产开发过于超前,房子建好后却卖不出去,或因资金未到位等原因而闲置,造成了"推平未建"的现象。广州、中山、东莞、惠州、佛山、江门、顺德等市审批的房地产用地几乎都是良田,这几个城市也是耕地减少最多的城市。耕地的锐减已对珠三角持续稳定的发展态势构成威胁,尤其是农业受到了严重的影响。

珠三角经济超常规发展直接推动了区内城镇建设用地增长,城镇建设用地增长同时也适应了经济发展对用地的要求。但珠三角城镇建设用地高速增长以耕地、良田迅速减少为代价,对珠三角的研究表明,1978 年以来,由于经济与城市快

---

① 数据来源:《珠江三角洲城镇群协调规划》

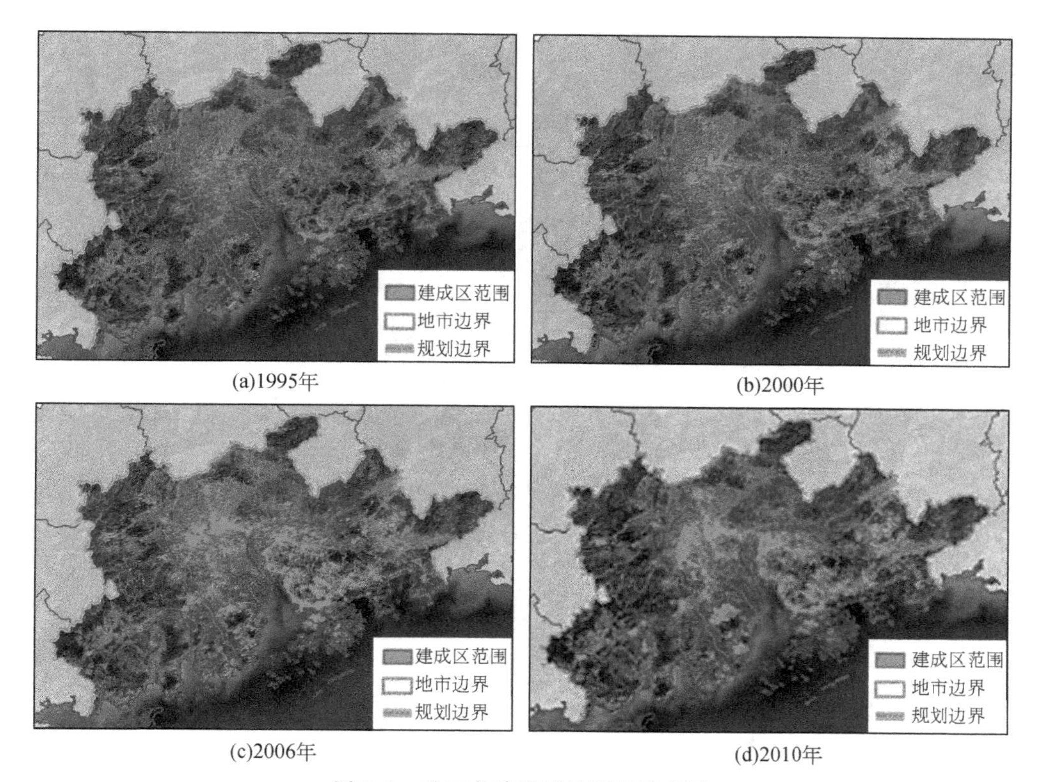

(a)1995年　(b)2000年

(c)2006年　(d)2010年

图 1-1　珠三角建设用地演变示意图

速发展，珠三角的环境面临极大的压力：每年有大量农业土地消失，转变为城市或相关用地，1990～2000 年，珠三角的城市或建筑用地增加了 57.84%，这些增加的建设用地大部分来源于森林(29.47%)和耕地(12.48%)。过度的城市增长已经造成了严重的社会、环境问题。

(二)整体空间分布不均衡，局部地区生态环境恶化较严重，区域绿地的生态功能较为脆弱

从珠三角整体来看，城镇建设用地增长区域主要集中在广州大都市区和环珠江口地区，以“区域绿地”为代表的非建设用地主要分布在东北、西北两翼，中部及南部经济较为发达地区由于城镇化的迅速发展区域绿地被大量蚕食，数量下降的同时进一步加深了空间分布上的不均衡态势(图 1-2)。

局部区域绿地被大量蚕食的地区生态环境有不断恶化的趋势，据环保部门统计，广东 66%的城市受酸雨污染，其中 9 个城市属重酸雨区，包括珠三角地区的广州、深圳、珠海、佛山等 8 个城市。2006 年土壤侵蚀遥感调查成果数据显示，广东

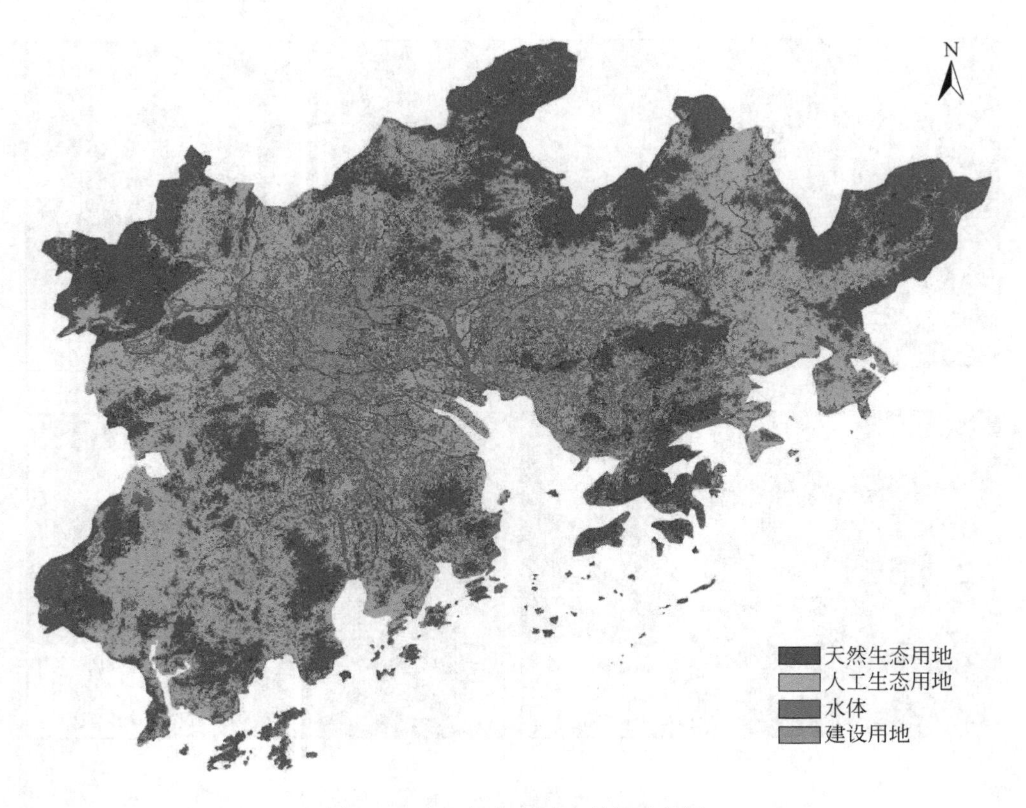

图 1-2 珠三角生态用地现状示意图

注:①据统计,近年广州、东莞、深圳、珠海、中山等市沿海围垦总面积已达 6666.7hm²。从 1963 年开始围海,虽然 1997 年一度被叫停,但调查显示,1997 年后珠江口伶仃洋依然在缩小。②珠三角水土污染范围日益扩散。2007 年下半年起,广东省农业厅、省环保局及省国土厅共同调查广州、佛山、东莞、中山等地,结果显示,分布在珠三角的蔬菜基地污染问题突出,其中南海、新会局部地方耕地重金属污染严重。

资料来源:《珠三角区域绿地系统规划》

水土流失面积为 20 934km²,占全省土地总面积的 11.76%,也遍布在珠三角地区[①]。珠三角的生态用地被大量挤占,原生林、自然次生林遭破坏,森林生物量和净生产量不高,森林生态效益低;有关数据和调查显示,过去几十年,随着经济的快速发展,原本成片的近海红树林在珠三角地区迅速枯萎消失,自然河流水系和湿地系统的破坏带来洪涝灾害频发、水质性缺水等问题,生物栖息地和迁徙廊道的大量丧失不仅破坏了自然生态环境和生物多样性,而且随程度恶化可能损害整个自然系统的生态服务功能。与此同时,工业的发展、人口的高度集聚、各种污染物排放

① 数据来源:《珠三角区域绿地规划》

量的激增，为本就净化能力有限的城市自然生态系统带来了巨大压力，造成大气污染、垃圾围城、水资源短缺、噪声和光磁污染等各种难以解决的环境问题，并进而威胁到整个区域的生态安全体系。

（三）区域生态安全体系受到侵蚀，生态要素之间缺乏联系，区域生态廊道建设十分缺乏

国土生态安全目前已成为继人口问题之后中国面临的最严峻的挑战。2004年的印尼海啸告诫世人，违背自然规律的城市建设终将酿成苦果。但珠三角地区持续快速扩张的城市建设很大程度上是以挥霍和牺牲自然系统的健康和安全为代价的。快速的城市化进程和无序扩张的城镇建设用地使自然过程的连续性和完整性受到严重破坏，使区域整体生态系统功能下降、防灾能力低，造成各种自然灾害，如不加以重视任其发展使整个自然系统生态服务功能遭到不可逆转的损害时，将可能最终导致整个发展大厦的倒塌。因此，目前急需采取有效手段，加强生态安全体系建设。

珠三角大部分城市分别进入城镇化的快速发展期（第二阶段）和平稳发展期（第三阶段），城镇化进程正由外延粗放式向内涵集约式发展转变，城镇化水平正由数量增加向质量提高转变。随着城市居民经济水平的逐步提高，人们对生活环境和生活品质的要求也越来越高，对郊外游憩活动的需求也与日俱增，具有优美田园风光和自然原始景观的区域绿地，常作为现代都市生活最高品质的游憩场所。

但是，目前广东省作为生态安全重要载体的区域绿地保护体系还未建立，区域绿地保护的现状还处于"局部化"、"破碎化"的状态。广东省核心的区域绿地——自然保护区面积比例仅占全省的6.14%，远远低于全国15.0%的平均水平，单个自然保护区平均面积仅占全国平均自然保护区面积的1/15，部分重要的自然生态资源未得到有效保护，同时，绝大多数的自然保护区属于"散点状"布局，连接重要节点的结构性生态廊道保护体系尚未建立，严重影响了区域生态安全和生态效益的发挥。随着经济的发展，这些已经划定的各类保护区正在变成城镇蔓延发展"石头森林中的孤岛"，面积太小的保护区无法起到综合的生态作用，外围保护区的过度开发也给生态保护带来越来越大的压力（图1-3）。

（四）城镇外延式的发展模式带来生态资源大量消耗，区域城镇空间布局不合理

随着珠三角城市化进程的加速推进，珠三角经济发展与资源环境紧缺之间的矛盾已成为制约其进一步可持续发展的最突出矛盾之一。这一矛盾很大程度上是珠三角地区长期以来粗放、外延式的发展模式所造成的：由于对产业用地、城镇建设用地的快速扩张缺乏有效控制，致使城市用地数量增长过快而自然资源极其短缺，城

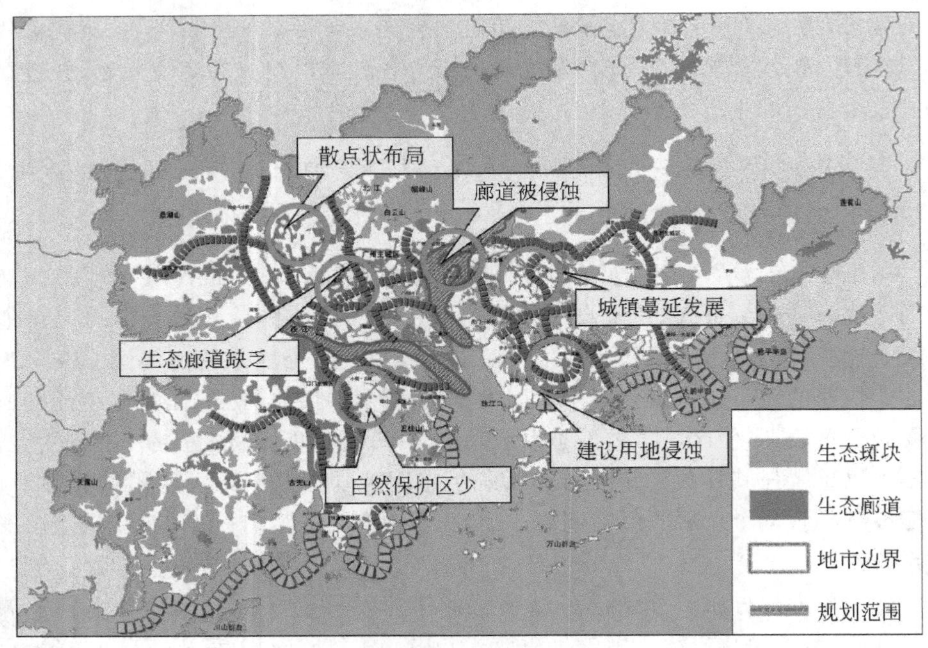

图 1-3　珠三角生态安全体系问题分析

市过度扩张而土地利用效率低下，导致该地区生态环境与自然资源已不堪重负，如深圳、东莞、佛山建设用地和生态用地的比例已经达到 1∶1.5，深圳、东莞两市，在 2005 年时建设用地规模占市域总面积均已达到 40%，超出一般认为 30%的安全底线，形成了目前人口、土地、能源和水资源、环境承载力等难以为继的困境(图 1-4)。

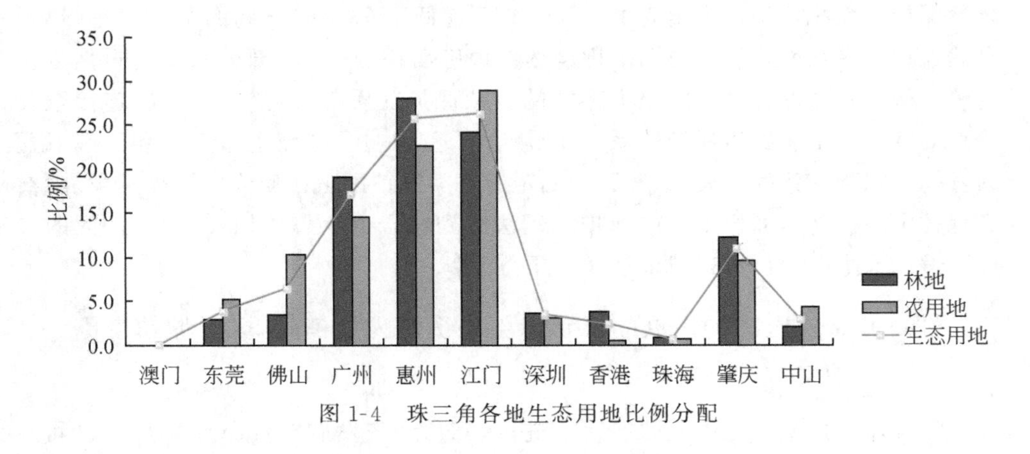

图 1-4　珠三角各地生态用地比例分配

此外，珠三角地区由于长期的城乡二元管理体制，带来了乡镇各自为政，粗放的建设用地扩张、生态环境恶化以及行政区交界地带线形生态空间受城市建设扩张、规划管理不力、保护意识薄弱等主客观原因的影响而时常遭受侵蚀等问题，为城镇的健康发展埋下了极大隐患。例如，广州与佛山、珠江口东岸地区、深圳与东莞之间目前已无大面积生态绿地进行有效生态隔离；部分高速公路的建设导致区域性廊道断裂，乡村地带不断遭受蚕食，城镇整体空间布局呈现一种外延式的、非健康的、连片发展与自然生态系统脱离的态势，不利于从区域整体上构建一个高效、和谐、既能保证自然生态系统连续性又保证有发展空间的城镇空间体系，不利于区域整体的可持续发展。

二、居民生活品质下降

2007 年中国环境绿皮书指出：中国的生态环境“局部治理，总体恶化”。中国正在为环境污染付出沉重的代价。世界银行 2001 年的发展报告中列举的世界 20 个污染最严重的城市，中国占了 16 个。中国许多大城市肺癌标化死亡人数增加了 8～10 倍。据研究，空气污染使得慢性呼吸道疾病成为导致死亡的主要疾病，其造成的污染和经济成本约占中国 GDP 的 3%～8%，相当于广东和上海 GDP 的总和。另一个数据是，到 2020 年，中国仅为燃煤污染导致的疾病就将付出 3900 亿美元。

据媒体调查，伴随经济和各项社会事业的发展，城市普通老百姓感受到的生活品质不但没有得到相应提升，反而有所下降。“我曾经经历许多，终于明白什么是幸福、恬静的隐居，做些简单有用的善事，一份有意义的工作，然后休息，享受自然、读书、听音乐、爱周围的人……”这句著名的电影台词说出了工业化浪潮席卷下许多都市人的心声——越来越多的都市人想“逃离城市”。广东省委书记汪洋就痛斥珠三角城市病：“城市大了，空间小了”。“城市里参加体育活动的居民并不多，不是大家不愿意锻炼，是因为没有场地，现在在城市里走路想找个清静的地方都不容易。”汪洋说，现在的楼越建越高，但蚁族和蜗居族却越来越多，城市活动空间也越来越少，最突出的就是没有体育场地。“人口多了，交往少了”。现代城市人与人之间的关系越来越冷漠，很多社区，市民下班回家看电视，对门、楼上住谁都不知道。

目前城市生态绿地少而零散，城市居民提升生活品质对休闲生态绿地的需求却在不断增长中，因此需要城市为居民提供集健身、游憩、娱乐于一体的绿色开敞空间，营造良好的人居环境。

第二节　生态保护管理中存在的问题

一、有效区域协调机制的缺失

改革开放之初，由于珠三角各城镇发展规模小，发展的外部效应还不明显，珠三角的总体发展格局有如“百舸争流”，尽管各城镇快速发展但彼此间矛盾较少。如今，当初的“百舸”已成了“超级舰队”，与此同时，区域的空间容量却没有增加，区域内各城镇出于自身发展诉求追求自身利益的最大化，导致发展的外部性越来越明显，个体区域空间开发的需求与其他个体生态环境的保护、整体区域生态安全体系构建要求之间的矛盾日益突出，“在多样的、相互分离的机构的责任分配中，每个当事者有各自的目标，但是缺乏连续一致的政策和统一的发展方向”（汪劲柏，2008），由于缺少一个有效的区域协调机制对其进行统一调控，各地方政府基于自身的理性发展意愿与行政区域内部规划应对，导致区域整体发展问题的进一步强化。

二、发展型政府的管理偏差

改革开放以来，中国的经济与政治体制发生了巨大的变化，其中一个最显著的转变就是，地方政府从原先计划经济体制下“中央政府的延伸部门”的被动角色，转变成了更加企业化的利益主体。同时，又由于政绩考核等相关政策制度以及所处发展环境与阶段的影响，以经济建设为中心成为了地方政府的基本政策，地方政府俨然演化为典型的发展型政府。在以经济目标为根本内在驱动力的情况下，传统增长目标型规划思维被惯性延续，规划执著于产业结构调整、空间组织结构及交通系统构建，而明显地对区域生态环境保护、社会公平的实现以及地方文化保护和居民生活质量的提高等方面关注不足。从珠三角的现实情况来说，也是往往较为重视国土空间支撑经济增长的功能，忽视其生活服务与生态的功能，生产空间建设强度往往重于生活、生态空间，其开发利用也长期优先于后者，导致生态空间质量呈逐步下降的趋势。

在我国现行的市县体制框架内，地方各级政府之间存在职能定位叠置的突出问题，地级政府与县（市）级政府一样，肩负着发展地区经济的重要职能，而从区域协调角度出发本应成为地级政府首要职能的市政基础设施的共建共享、改善区域生态环境等议题反而遭到弱化。因此，从这个意义上说，地方各级政府职能定位的叠置也成为区域空间开发问题愈益强化的原因之一。

非建设用地与城市建设用地此消彼长，非建设用地管理与城市建设用地管理是一个硬币的两面，因此两个方面只有高效、有机的结合才能真正形成规划的“全覆盖”，并对城市发展形成有序、有效的控制和引导。因此，应通过建立一种以保护城市可持续发展为基本出发点的规划体系，将城市控制职能与发展职能分离，扭转政府区域空间规划与管理的偏差，引导城镇健康发展。

三、保护与开发利用的尺度失衡

随着城市快速成长，城市土地利用结构与约束性开始发生根本性变化，非城市建设用地的总量、性质与功能也随之发生了巨大变化。尤其是在经济较为发达、城市聚集度高的地区，经济与空间的快速扩张，使得以“区域绿地”为代表的非建设用地边界不断遭到侵蚀，用地数量急剧下降，城市整体生态环境问题逐渐显现。

与此同时，从乡村地域为主转变为城市化地域为主的城市土地利用结构，使得非建设用地中农业种养用地和林业用地的传统生产性功能相对减弱，而生态效用和旅游休闲功能日益凸现与强化(图 1-5)。非建设用地量和质两方面的变化决定了必须确定新的用地经营原则、方向和空间布局结构，并对传统的非建设用地保护与利用政策和策略作出重大调整。

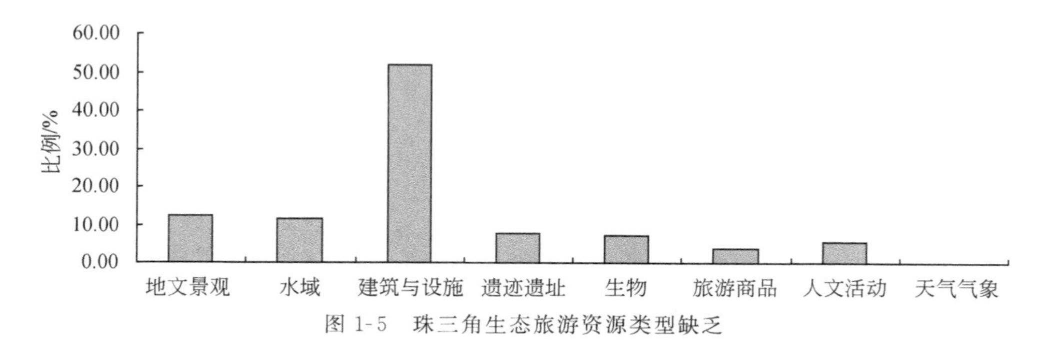

图 1-5 珠三角生态旅游资源类型缺乏

以珠三角地区区域绿地这一典型非建设用地的保护为例，其保护出现了两种极端：一种是以开发为主导，导致保护失效，表现在许多风景名胜区过度开发，使景观环境质量显著下降；另一种是从保护出发，普遍重视对于生态要素的保护，忽视生活功能；保护也是普遍重视环境质量、污染控制等硬性指标的约束，忽视提升生活品质、增强居民幸福感等软性要求。然而实践证明，这一僵化的保护思路并没有达到希望的保护效果，也未能充分发挥区域绿地应有的功能。

实际上，目前许多区域绿地中仍然存在着大量的建设活动，它们的存在是多种原因促成的，历史的、经济的、社会的等，如果不能相应的从历史、经济、社会等多角度，主动、务实、客观寻找解决办法，简单地将其划入保护范围实行僵化的管制措施是根本无法实施的。尤其是大型的区域绿地，事实上必然承担着以生态为主的多样性具体功能(罗震东等，2008)。伦敦、东京、北京、成都等国内外城市生态绿化的规划管理经验表明，非建设用地内并不完全、也不需要都作为绝对禁止建设的区域。根据空间发展的现状与规律，在非建设用地内有序而适度地发展与生态相融的生活与生产功能，将有效平衡发展与保护之间的矛盾，并有利于更好、更务实地实现宏观规划的意图，这事实上就是对非建设用地和生态空间的积极保护。

因此，我们应形成“由开发利用到保护利用”的发展思路，非建设用地必然是一个分层次的概念，根据用地本身的性质、功能和发展趋势可以形成多元的、多层次的保护与建设对策。即使是绝对保护的生态空间，同样需要针对空间的特质形成积极的保护与生态建设策略，消极的、被动的保护其实就是没有保护。

第二章

国外经验和绿道理念

第一节　相似的困境——19世纪末的伦敦

工业革命后，许多欧美发达国家在工业化快速发展进程中出现了城市无序蔓延、生态环境破坏严重等诸多问题。

19世纪末的伦敦，处于工业化快速发展的阶段，是全球闻名的“雾都”，城市环境十分糟糕。当时伦敦郡的议长罗斯伯里伯爵忧心忡忡：“非常严酷的事实是，几百万人在这条壮丽的河边犹如遭受灾难般的沮丧……，住房非常拥挤，城市被毫无顾忌地糟蹋，变得肮脏、污水横流，日复一日地变成人类的坟墓。”

伦敦的城市问题引起了许多有识之士的担忧和关注，现代城市规划思想的先驱——霍华德先生提出了“城市—乡村”结合的“田园城市”模式，试图解决这些问题。“把一切最生动活泼的城市生活的优点和美丽与愉快的乡村环境和谐地组合在一起。”“人民自发地从拥挤的城市投入大地母亲的仁慈怀抱——这个生命、快乐、财富和力量的源泉。”这为伦敦创造了“新的希望、新的生活、新的文明”。

第二节　解决之道——从“田园城市”到“绿道建设”

一、“城市—乡村”结合的“田园城市”模式

针对当时城市膨胀和生活条件恶化的情况，霍华德（图2-1）在1898年出版的《明日的田园城市》一书中提出了建设新型城市的方案（霍华德，2000）。新型城市建设的主要思路如下。

（1）解决城市问题的方案的主要内容是建设新型城市，即建设一种把城市生活的优点同乡村的美好环境和谐地结合起来的“田园城市”。

（2）田园城市实质上是城和乡的结合体：田园城市是为健康、生活以及产业而设计的城市，它的规模足以提供丰富的社会生活，城市与乡村应有便捷的联系，城

市的土地归公众所有。

(3)“田园城市”模式图是一个由核心、六条放射线和几个圈层组合的放射状同心圆结构,每一个圈层由中心向外分别是绿地、市政设施、商业服务区、居住区和外围绿化区,然后在一定距离上配置工业区,整个城市区被绿带网分割成不同的城市单元,每一个单元都有一定人口容量限制(约 30 000 人)(图 2-2)。

图 2-1 霍华德(Ebenezer Howard,1850—1928)

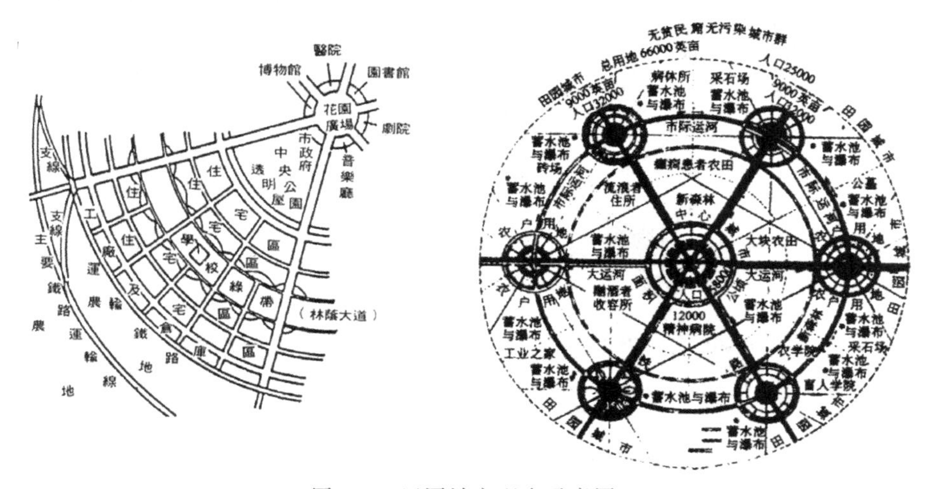

图 2-2 田园城市理念示意图

霍华德于1899 年组织田园城市协会,宣传他的主张。1903 年组织“田园城市有限公司”,筹措资金,在距伦敦 56km 的地方购置土地,建立了第一座田园城市——莱奇沃(Letchworth)。1920 年又在距伦敦西北约 36km 的韦林(Welwyn)开始建设第二座田园城市。田园城市的建立引起社会的重视,欧美各地纷纷效法。

霍华德针对现代社会出现的城市问题,提出带有先驱性的规划思想;针对城市规模、布局结构、人口密度、绿带等城市规划问题,提出一系列独创性的见解,是一个比较完整的城市规划思想体系。

田园城市理论对现代城市规划思想起了重要的启蒙作用,对后来出现的一些城市规划理论,如"有机疏散"论、"卫星城镇"的理论颇有影响。20 世纪 40 年代以后,在一些重要的城市规划方案和城市规划法规中也反映了霍华德的思想。

二、从"田园城市"到"绿道建设"

依据建设"田园城市"的主要理念,20 世纪 40 年代,大伦敦规划建设了环城绿带及与之相联系的绿色通道网络,绿色通道网络体系的建设后来逐渐发展成为国外大规模建设的"绿道"(图 2-3)。

图 2-3　各地绿道建设

第三节　绿道理念

绿道(greenway)是一种沿着诸如河滨、溪谷、山脊、风景道路等自然和人工廊道建立的,内设可供行人和骑车者进入的景观游憩线路,串联主要的公园、自然保护区、风景名胜区、历史古迹和城乡居民居住区等，以生态联系、户外运动、休闲旅游等为主要功能的线形绿色开敞空间。结合我国国情和珠三角的实际，绿道建设具有以下特点。

(1)绿道从乡村深入城市中心区，具有生态联系功能，可减缓城市热岛效应，改善人居环境，是城市的“风道”，符合建设低碳城市的发展要求。

(2)绿道是城乡联系的纽带，可为人们提供便捷的户外交往空间，增加城乡居民彼此交流的机会，有助于城乡统筹及和谐社会的建设。

(3)绿道除了设置游径、休息站、零售和简易餐饮服务等必要设施外，还可以在绿道周边结合旅游业的发展，建设酒店、度假村、运动俱乐部等设施，扩大内需，刺激经济增长。

(4)绿道建设基本不需要占用建设用地指标，投资少、见效快。

第四节　成功的经验——各国的绿道建设

一、英国：绿色项链串联开敞空间

1929 年，大伦敦区域规划委员会制定了《伦敦开敞空间规划》，引入了绿化隔离带概念(贾俊和高晶，2005)。1938 年，绿化隔离带法案获得通过，政府根据该法案在城市周边地区收购了大面积土地。但由于收购的土地与城市内部的开敞空间没有连接起来，且许多收购的土地未发挥休闲功能，导致这些土地大部分变成了地方政府所有的农田。1943～1944 年，由帕特里克·阿伯克龙主持的伦敦开敞空间规划丰富了绿化隔离带的思想并引入“绿道”的设想：用绿色通道将伦敦城内的开敞空间与大伦敦边缘的开敞空间连接起来，创建伦敦的绿色通道网络，其目的是让城镇居民从家门口通过一系列的连续性的开敞空间方便地进入乡村。这些连接性绿色通道的最大优点是扩大了开敞空间的影响半径，密切了开敞空间与周围居民的联系(图 2-4)。

(a) 林间步行道

(b) 观景台

(c) 滨水栈道

图 2-4　伦敦的绿色通道网络

1976 年后的伦敦开敞空间规划继承并发展了“绿道”理念，并将该理念加以延伸，形成包含不同类型的绿色通道组成的“绿链”(green chain)理念，其目的除了保护大多数开敞空间之外，还重视开发这些绿色通道的旅游休闲潜力。1991 年《绿色战略报告》中提出了由一系列绿色通道叠加的网络。其一是步行绿色通道网络，即为步行者服务，沿途贯穿不同人流地区，包括火车站、购物中心、学校、公园、河谷等(以休闲为特色的网络)；其二是自行车绿色通道网络，通过长约 1600m 的自行车线路网连接伦敦的主要地方中心(以通勤为主要功能，兼有休闲功能的网络)；其三是生态绿色通道网络，该网络是野生动物的栖息地，能在整个城市尺度上延伸，具备科研文化价值。

英国经过 20 世纪不同阶段的绿道系统规划，充分认识到绿道在城市开敞空间规划中的核心地位，并通过绿道构建城市生态网络的功能，有效地解决了城市污染严重、生活拥挤等问题，充分起到了保护城市生态结构、功能，保护生物多样性及为居民提供休闲游憩场所的作用(韩西丽和俞孔坚，2004)。

二、日本：通过绿道打造具有地方特色的自然景观

日本对国内主要河道一一编号加以保护，通过滨河绿道建设，为植物生长和动物繁衍栖息提供了空间；同时，绿道串联起沿线的名山大川、风景胜地，为城市居民提供了体验自然、欣赏自然的机会和一片远离城市喧嚣的净土(董福平和董浩，2002)(图 2-5)。

图 2-5　日本绿道沿线自然景观

北海道的富良野，开发观赏性较高的农业种植项目，发展农业大地景观观光项目。富良野被誉为东方的普罗旺斯，每年 6 月下旬至 8 月上旬，山坡与平原化为紫色花海，吸引大量的国内外游客蜂拥而来。整个富良野地区以“富田农场”的熏衣草花田最为壮观。日本农业公园把农产品生产场所、消费场所与观光游乐场所结合在一起建设，结合绿道的连通特性，将诸如葡萄园的游赏、葡萄的采摘、葡萄制品的品尝（如葡萄酒、葡萄汁、葡萄冰淇淋、葡萄大餐等）以及同葡萄有关的品评、写作、摄影、体验、竞赛与庆典活动融为一体。

三、新加坡：通过绿道扩大户外交往空间，促进社会和谐

新加坡于 1991 年开始建设一个串联全国的绿地和水体的绿地网络，通畅的、无缝连接的绿道为生活在高密度建成区的人们，提供了足够的户外休闲娱乐和交往空间，为多民族社会的和谐融合创造了物质基础。

新加坡是著名的“花园城市”，其公园绿地系统由区域公园、新镇公园、邻里公园、公园串联网络四级体系组成，其中公园串联网络相当于“绿道”，在公园绿地系统中发挥着重要的联通作用。新加坡于 1991 年在概念规划中提出建设一个遍及全国的绿地和水体的串联网络（图 2-6）。该系统公园串联网络连接自然的开敞空间（如红树林湿地、森林和自然保护区等），主要的公园（如区域公园等），体育与休闲用地（如高尔夫球场、露营地、体育场等），隔离绿带（如居住新镇之间的缓冲绿化带），局部的绿化通道（如在新镇内联系居住邻里和新镇中心的商业绿化步行街），其他开敞空间（如军事训练基地和农业用地等）等六类开敞空间，与滨海地区连接，计划 20～30 年完成。该系统不仅为居民提供散步、慢跑、骑自行车的健身径，还可以为野生动物提供栖息之所，保持生物多样性（图 2-7）。在此基础上，2001 年的概念规划进一步提出了提高绿地空间可达性的目标，要求通过公园串联系统将公园、新镇中心、体育设施和公共邻里连接起来（李斌等，2001）。在 2002 年《公园、水体规划及个性规划》中，提出了将串联绿化廊道的总长度从 2003 年的 40km 增至 2015 年的 120km 的目标。

新加坡通畅的、无缝连接的串联绿化廊道将外围的区域绿色开敞空间与城市开敞空间连接起来，在高密度的城市建成区提供了足够的场所和空间让人们去尽情娱乐和享受，并创造出城市在花园之中的感觉，使新加坡发展成为一个充满情趣、激动人心的城市（图 2-8）。

四、美国：通过复合功能的绿道建设，刺激经济增长

1987 年，美国总统委员会的报告正式提出了“绿道”一词。该报告对 21 世纪的美国作了一个展望：“一个充满生机的绿色网络……，使居民能自由地进入他们住宅附近的开敞空间，从而在景观上将整个美国的乡村和城市空间连接起来……，

图 2-6　新加坡“空中绿道”计划

图 2-7　新加坡“空中步道”

就像一个巨大的循环系统，一直延伸到城市和乡村。”

“绿道”一词来源于奥姆斯特德（Olmsted）规划的世界第一个公园系统——波士顿公园系统规划（Boston Park System）。波士顿“绿道”沿着淤积河泥的排放区域建造，长约25km，将富兰克林公园（Franklin Park）、阿诺德公园（Arnold Park）、牙买加公园（Jamaica Park）和波士顿公园（Boston Garden）及其他绿地系统有机联系起来。波士顿公园系统被认为是美国最早的真正意义上的“绿道”。

20世纪中叶，美国开始大规模建设连通各类绿地空间的区域“绿道”，期间，50%的州编制了州级绿道规划，全国逐渐形成了具有游憩、生态、文化功能的绿色网络（Fabos，2004）。1990年，美国实施Boulder绿道计划，开始建设沿城绿色通道

(a) 湖边景色

(b) 休息点

(c) 浪漫水岸

(d) 小鸟天堂

(e) 水上步道

图 2-8　花园城市新加坡

系统，内容包括建设城市、绿带城市绿色通道和恢复下游河道。康涅狄格等六州在内的新英格兰地区“绿道”网络规划，构建了跨区域性的“绿道”系统，其目的在于建立一个相互连通的多层次“绿道”网络——新英格兰地区州际层次、市级层次和场所层次。这一网络起到了三方面的作用：①为新英格兰地区人民提供了更多的游憩活动机会；②维护和改善了环境质量；③丰富了当地的旅游资源，促进了经济增长(刘滨谊和余畅，2001)。目前，美国每年正在规划和建设的“绿道”有几百甚至上千条。

美国的“绿道”建设兼顾生态、游憩和社会文化等功能的协调(李开然，2010)，其中游憩功能与其他国家和地区相比处于更为重要的位置，美国通过“绿道”的建设控制了不合理的建设活动，有效地保护和改善了城市的公共开敞空间，并通过“绿道”为市民提供休憩场所、追忆历史的长廊及运动健身的空间，为市民带来生活的愉悦(图 2-9)。

[专栏]美国绿道建设个案效益分析

案例一：美国东海岸绿道(East Coast Greenway)项目

美国东海岸绿道全长约 4500km，是全美首条集休闲娱乐、户外活动和文化遗产旅游于一体的绿道，可为沿途各州带来约 166 亿美元的旅游收入，为超过 3800

(a)观景台　(b)游客中心
(c)指示牌　(d)科普廊
(e)观光车站　(f)移动厕所

图 2-9　美国绿道设施

万居民带来巨大的社会、经济和生态效益。

美国东海岸绿道，实现了各大城市、绿色开放空间之间的连接，它不仅仅带来巨大的商机，刺激经济发展，为政府增加财政收入，更为重要的是，它改善环境，为市民提供更多的休闲娱乐空间，在提高身体素质、改善生活质量的同时，促进家庭内部、家庭之间以及社区之间人与人的交流互动，有利于社会稳定。

(一)项目背景和管理机构

美国东海岸绿道致力于打造成全美首条多用途的长距离城市绿道，它沿着美国东部海岸，从缅因州到佛罗里达州，途经 15 个州，1 个特区，连接 23 个大城市，122 个城镇，全长约 2808.9 英里(约合 4494.24km)。它宛如一条脊柱，将其他的长距离绿道如沿海岸分布的美国探索绿道(Coast-to-Coast American Discovery

Trail)、哈德逊河绿道(Hudson River Greenway)以及切斯比克—俄亥俄运河国家公园(C&O Canal National Park)连接起来,形成连贯的国家绿道体系。它连接了城市与城市、城市与市郊、市郊与农村地区,以及重要的州府、大学校园、国家公园、文化历史遗迹和地标,为主题旅游项目的开发提供可能。同时它将当地现有硬质绿道与新绿道连接起来,为不同使用群体提供安全舒适的道路环境,人们可在此进行散步、骑自行车、溜旱冰、滑雪和骑马等户外运动。它将成为美国首个集休闲娱乐、交通运输、户外活动和文化遗产旅游于一体的绿道,将为超过3800万居民带来巨大的社会、经济和生态效益。

1991年,来自新英格兰和中大西洋地区的徒步和自行车爱好者提出用绿道将东海岸各大主要城市连接起来,随后成立了东海岸绿道联盟(East Coast Greenway Alliance ,ECGA)。ECGA是一个非营利性机构,由来自绿道覆盖的15个州和华盛顿特区的理事组成,在每个州设立委员会,与当地、州、国家的有关机构在东海岸绿道项目的前线进行合作,以推动这一多用途综合绿道工程的进展、维护,正是它让东海岸绿道从梦想变为现实。

(二)项目投资和进展

据ECGA理事会预计,东海岸绿道工程的总造价约为3亿美元,需要25年的时间才能竣工。项目经费90%来自联邦政府、州政府以及当地政府的投资,10%为私人投资。

自1991年提出建设东海岸绿道起来,历经十几年的发展,东海岸绿道覆盖的区域包含了新英格兰地区、中大西洋区、南大西洋区以及东南区四大区域。截至2008年年底,已完成的绿道总长约为1076.4km,占总长度的23.95%。在未来,将会有更多的绿道纳入东海岸绿道体系,以满足公众的使用需求。

(三)投资及效益分析

1. 社会效益

(1)实现城市与城市、城市与市郊、市郊与农村地区,以及重要的州府、大学校园、国家公园、文化历史遗迹和地标之间的连接,有利于各地区资源的整合优化。

(2)改造废弃旧铁路,变废为宝,提高滨水地区的可达性,创造舒适安全的新公共空间,营造宜人的通勤、休憩活动环境,让沿途居民有更多的活动空间,提高健康指数。

(3)为人们的出行提供更多选择,汽车不再是唯一的交通工具,人们可根据实际需要,选择自行车或者步行,减少对汽车的依赖。

2. 经济效益

绿道能够使土地增值，促进商业、旅游业的发展，提供新就业机会，为政府增加财政收入。据2001年夏特曼咨询公司（Schatteman Consulting Services）为ECGA提供的《东海岸绿道当地及旅游业使用分析报告》（*Local and Tourism Use of the East Coast Greenway*）统计，东海岸绿道将为沿途各州带来约165.9亿美金的旅游收入。

3. 生态效益

(1)为人们提供更多的出行交通选择，有利于减少人们对汽车的依赖，从而减少能源消耗，降低空气及噪声污染。

(2)绿道全程为温室气体零排放，有利于缓解因气候变化带来的不良影响。

案例二：美国卡罗纳州螺纹游径（The Carolina Thread Trail）项目

卡罗莱纳州螺纹游径作为连接公园游径、廊道保护、维持公共开放空间之间的绿带，为23万市民带来很好的效益，刺激经济的发展，保护生态环境，增强社会体验（Conine et al.，2004）。

（一）项目背景

美国卡罗莱纳州螺纹游径，拟跨度约500英里（约合800km，事实上有可能超过900英里长），途经北卡罗纳州和南卡罗纳州，连接15个县，超过40个目的点，服务于23万公民。它是卡罗莱纳州首个集休闲、公共健康、选择性交通、公共通道、水质保护、野生生物栖息地为一体的区域网络绿道项目。此绿道的设计为“螺纹”形，像网一样把15个县的社区编织在一起。这条螺纹游径连接卡罗莱纳州地区内12个州立国家公园和森林、4个健身设施中心、5所大学/学院，还有许多中心景点，保护着卡罗莱纳州重要的自然资源，是探索自然、文化、科学和历史，家庭探险和庆祝活动的好去处。螺纹游径是一项具有里程碑意义的项目，预计将持续15～20年。

（二）项目投资和支持机构

卡罗莱纳州螺纹游径的运营费筹集和管理依靠政府，整个项目在15～20年间估计投入2.5亿美元，项目资金的92%会使用在土地获得与游径建设中。

在2005年，卡罗莱纳州基金会（FFTC）与超过40个社区和商业机构共同开展了区域环境保护的研究，此研究结果产生了卡罗莱纳州螺纹游径以及与此项目相关的一系列导向准则。最初由FFTC和耐特基金会提供资金，2007年11月，在政府的领导下超过650个地区的支持者参与了投资，使螺纹游径得以实现。该项目在2007年11月开始启动，截至2009年3月，已规划绿道为278英里（1英里≈1.609km），占总长度的55.6%，建成绿道24英里，占总长度的4.8%。

（三）效益分析

1. 社会效益

游径的规划、建设和使用有助于加强地方社区的组织，通过绿色设计，将毗邻地区和社会中心，如学校、公园及其他社区设施等连接起来，帮助社区居民认识当地历史，创造划时代的绿色开放空间，建立更大的社区，促进社区间的团结和建立。绿道游径为市民提供散步、跑步、溜冰和骑自行车等体育活动的场所，改善人民的生活质量，舒缓焦虑和提高自我修复能力。

2. 经济效益

绿道游径能增强土地财产价值和地方财产税收入，促进该地区的旅游业，吸引外来的新游客到该区域，建设投资游径将提升整体经济活动，提供就业机会，提高该地区的吸引力，增加康乐价值。根据2007年《拟议卡罗来纳州螺纹游径潜在的经济效益》中的可量化效益估算，绿道建成后的经济效益为18.81亿～19.59亿美元。具体见表2-1。

表2-1　卡罗来纳州螺纹游径潜在的经济效益

收入组成	经济效益估算/亿美元
“影响区”财产价值增值	17
物业税收入	0.17/年
总康乐价值	0.37～0.73/年
旅游业收入	0.42～0.84/年
新就业工作收入	0.85
总计	18.81～19.59

3. 环境效益

绿道游径作为替代公路运输的手段，促进不使用汽车、更大比例的工作和休闲旅行，从而降低二氧化碳排放量，同时也减少了噪声污染。树木覆盖的绿色通道，将大大提高空气质量，减轻空气污染和医疗负担，为社会提供了积极的社会环境。游径将减少雨水径流和增加地下水位补给，有助于减轻暴雨管理和处理问题。

五、德国:绿道成为推动旧城更新、提升土地价值的重要手段

德国鲁尔区将绿道建设与工业区改造相结合,通过七个“绿道”计划将百年来原本脏乱不堪、传统低效的工业区,变成了一个生态安全、景色优美的宜居城区。在改善居民生活质量的同时,也提升了周边土地的价值(图 2-10)。

(a)标识系统　(b)自行车步道

(c)宜人的河滨　(d)绿道平面图

图 2-10　鲁尔工业区绿道建设

鲁尔工业区是德国也是世界重要的工业区,于 1989 年开始实施的改造,将百年来原本脏乱不堪、传统低效的工业区,变成了一个 21 世纪生态景观的大公园。该区十年改造的核心计划之一,就是把原本破碎、闲置、边陲或荒废的土地,通过七个“绿道”计划及其他生态修复手法,串成网状的景观大公园(图 2-11)。

鲁尔区生态恢复中的 IBA 埃姆舍尔园和蒙斯特自行车道项目,是“绿道”应用的成功典范。IBA 埃姆舍尔园项目是通过治理埃姆舍尔河创造一个横贯鲁尔区东西的覆盖 $300km^2$ 的区域公园体系,使自然景观获得恢复,使埃姆舍尔河流系统恢复自然,并促进旅游等主题活动的发展。其中埃姆舍尔河流系统恢复自然的主题,是通过将水体、植被、河滩、湿地等恢复到自然状态,营造横贯鲁尔区东西重要的“绿道”,并以此联系其他的开敞空间,营造野生动物栖息地,为当地居民提供娱乐空间。

蒙斯特不属于鲁尔区,但其关于自行车道的设计理念,同样是“绿道”规划实践的经典案例。蒙斯特有超过 253km 的自行车道,城市内部有 9 个停车换乘站,提供了 300 多个自行车停车位。该市城墙和护城河所在地一部分已经改建成了向骑

车者和步行者开放的步行区和公园，连通后的自行车通廊增强了开敞空间和各生境斑块之间的连通性，保证了城市自然生态过程的整体性和连续性，不仅为居民提供了休闲和交通的便利，而且为鸟类和其他小动物提供了栖息地(Jongman et al.，2004)，减少了城市生物生存、迁移和分布的阻力(图 2-11)。

(a)改造前

(b)改造后

图 2-11　鲁尔工业区改造前后对比

德国鲁尔区绿道串联了 7 个都市绿地和 19 个景观公园，涵盖面积 300km^2，将景观、生态休闲和游憩等多种功能集聚为一体，在使被污染的埃姆舍尔河流域得到生态恢复的同时，充分发挥了其景观和休闲功能以及绿带的经济效益，并通过塑造自然与人文和谐共生的绿色空间增强了市民的交往与集聚。

第五节　绿道建设现实意义

国外绿道建设的成功经验，对珠三角等城镇密集地区城市建设具有较强的现实意义。首先，绿道建设是落实科学发展观、建设宜居城乡的重要内容。其次，绿道建设是提高城市化质量的有效途径。再次，绿道建设是促进消费扩大内需的创新手段。绿道成网后，集环保、运动、休闲、旅游等功能于一体，是城乡、区域生态网络系统的重要组成部分，是能将保护生态、改善民生与发展经济完美结合的有效载体(蔡云楠,2010)(图 2-12)。

图 2-12 绿道功能解析

第三章

生态保护方面的探索

第一节　生态政策与规划的制定——为绿道建设提供技术与理论支持

为实现区域资源有效配置，保障社会、经济和环境协调发展，广东省于 2003 年颁布了《广东省区域绿地规划指引》，探索“绿线管制”政策。同年 11 月颁布了《广东省中心镇规划指引》，提出“三区六线”的空间管制体系（宋劲松和罗小虹，2006）。2004 年，《珠江三角洲城镇群协调发展规划（2004～2020）》将区域绿地和区域性交通廊道纳入一级空间管制区。2008 年年底，《珠江三角洲改革发展规划纲要》出台，提出“优化区域生态安全格局，构筑以珠江水系，沿海重要绿带和北部连绵山体为主要框架的区域生态安全体系”的要求。2009 年印发《珠江三角洲区域绿地划定及管理工作方案》，在珠三角地区先行开展区域绿地划定工作。

区域绿地为绿道的生态基底，珠三角这些基础性、先导性的探索为目前大规模的绿道建设提供了重要的技术和政策支持。

第二节　生态建设计划与行动——为绿道建设提供实施基础

面对日益严峻的生态环境问题，珠三角各市近 10 年来实施了一系列生态环境改善工程。例如，广州从 1998 年开始实施“青山碧水蓝天工程计划”，结合第 16 届亚运会城市生态环境整治，2010 年广州环境面貌实现“一大变”。

绿道与绿网、水网、路网相互因借，互联互通。绿网水网是绿道的生态和环境基础，城市生态环境整治工程为绿道建设提供了载体，绿道又为生态工程注入了休闲、健身、慢行等人居民生方面的新内涵。

第三节 先行先试的示范点——为绿道建设提供实践经验

2005 年深圳市推出的“基本生态控制线”制度为绿道控制区的划定提供了实践经验，为更加切实有效地保护绿道绿廊系统提供了可借鉴的空间管制政策。

近年来，珠三角一些城市已在一定范围内开展了绿道前期建设的探索，成效初显。例如，广州增城已建成全长 50km 连接城乡的休闲健身自行车道（图 3-1），深圳市在盐田区打造一条长达 19.5km 的步行廊道和自行车道；广州拟沿着道路、河涌、江岸用生态廊道联系各个城区，实施环境整治与改造，建成 11 条总长约 145km 的富有特色的步行生态连廊，贯穿中心城区。

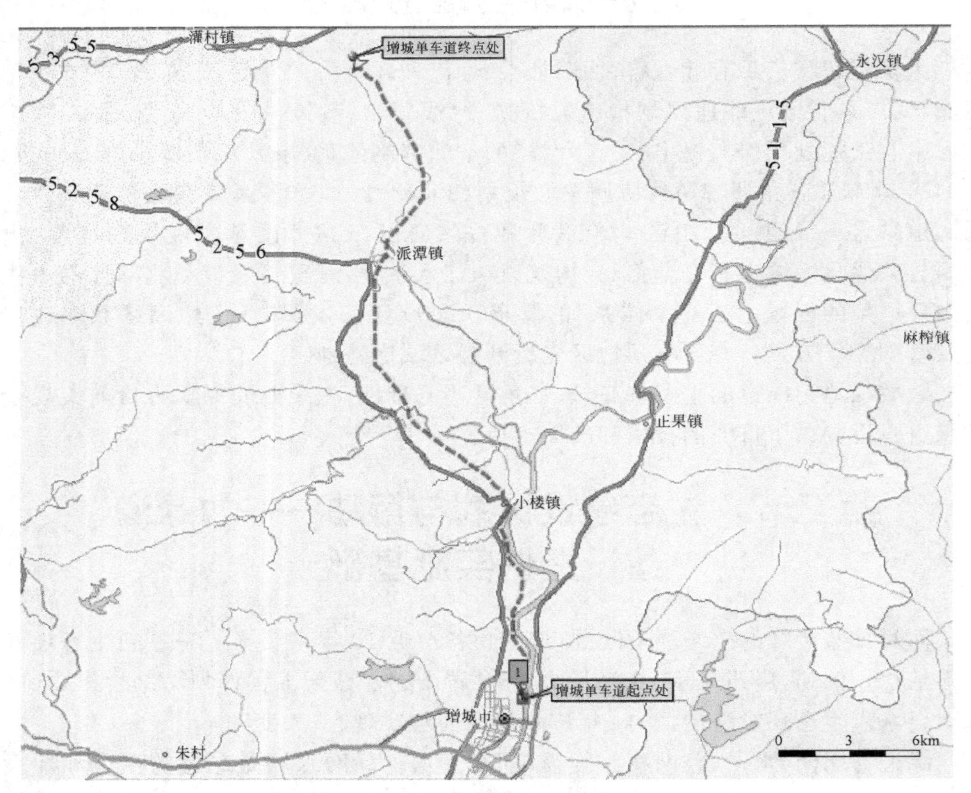

图 3-1 增城市绿道线路示意图

资料来源：增城市政府网站

[专栏]增城市建设自行车休闲健身道的实践与探索

为了深入实行全区域公园化战略，增城市自 2008 年起从市区到白水寨风景区建设了长达 50 多公里的自行车休闲健身道，将增江河岸山水、田园风光、果园红荔、竹林幽径、农家风情融为一体，力求将自行车休闲健身道打造成为具有岭南文化特点、国际化标准的特色旅游线路和广州东北部“绿道”。该绿道具有观光、健身、休闲功能，成为富有增城特色的旅游精品，既富裕了农民，又推动了生态文明建设和宜居城乡建设。

增城市的绿道建设是与生态旅游的发展密切相关的，而绿道的选线也是围绕着增城市的旅游布局展开的。增城市目前正致力于“一江三线六点”的旅游布局的形成，其中一江是指增江，三线是指增派公路、增正公路、新新公路，六点是指荔城、白水寨、仙姑庙、湖心岛、小楼人家、联安湖。以上景点都是最能反映增城市山水特色，并具有浓郁的生态文化特色的景点，而绿道正是一条沿着“一江三线六点”布局的延绵 50km 的自行车旅游线路。作为串联各个生态旅游景点的自行车旅游线路，绿道具有如下特点。

一是注重因地制宜(图 3-2)。根据地形现状并结合已形成的村道、机耕路、堤围和果园便道，沿路、沿江、沿村落穿行，遇村绕道，遇水搭桥，切实保护好原生态森林、植被、水体、湿地、古树名木，保护好历史民居、民俗风情，保护好特色建筑、文物古迹，基本不占用农田，减少树木砍伐，减少大面积土方挖填，多在自然景观好、视野开阔的地方设置观景台、亲水平台等，尽量使自行车道与周边的自然景观相协调，与健身、休闲、观光的功能相一致，体现了浓厚的增城地域特色。

图 3-2 增城市绿道的照片

二是注重串联重要景点(图 3-3)。设计适当路线，将白水寨、小楼人家、莲塘春色、增江画廊等核心景区以及增江沿岸风光、田园风光、山林风光和农家风光融入其中，使单车道宛如飘落在翡翠绿洲中的彩缎。

图 3-3　增城市以绿道串联重要景点

三是注重配套设施建设(图 3-4)。沿途规划设计了风格迥异的 4 种观光带和不同景观的 8 个主题路段,形成了“绿上添花”的独特景观。沿线每个驿站按照“五

图 3-4　增城市绿道的配套服务设施

个一”标准进行建设：即一个能停放10～20辆车的停车场、一个能容纳20～40人休息的休息场所、一间规模适中的公共卫生间、一家精致美观的便民士多店、一块醒目美观的旅游指示牌。

四是注重与农民发展相结合。绿道的建设不仅仅是对绿道本身的利用，同时也是对绿道周边农民的一种补偿。原有的农民可以就地转移、就地培训、就地就业，并且可以获得财产性收入、工资性收入、经营性收入与转移性收入，确保农民“有地也有利、失地不失利”。从这个意义上，绿道的建设，同时也成为一条新的农民致富路，成为一条脱胎于环境保护与有效利用的新路。

增城绿道建设的成功经验有以下几方面。

(1)以属地建设的管理方式形成良性工作机制，调动各方面的积极性。增城通过属地建设管理的方式建立健全了绿道的政府主导、市场运作的良性工作机制，调动了方方面面的积极性和创造性。增城市将绿道按行政区域位置分为不同路段，主线50km分别由荔城街、小楼镇、派潭镇全权负责本辖区内的建设任务，并将租地及清障任务分解到片、村、合作社，具体落实到户，形成镇、村、社三级联动的局面。其中派潭镇将绿道建设工程分为10个标段，实行“设计完成一段，招投标建设一段”的方式推进工程建设，严把工程招投标、监理关，使绿道项目建设得以顺利推进。由于最早建成的主线绿道社会经济效益非常明显，引起了拥有丰富生态资源的正果镇和增江街的浓厚兴趣，主动在自己区域内选择恰当位置建设绿道。其中正果镇的绿道让人在风光优美的湖心岛自由穿梭“榄园竹海”，增江街在增江东岸沿江修建的单车道连接“鹤之洲”湿地公园和“增江画廊”两个重要景区，这两条新绿道仅用了半年时间就建成使用，成为增城旅游新亮点。

(2)采取市场运作的方式保证绿道配套服务设施的经营与绿道的日常维护。增城市引入市场运作的模式，以保证绿道配套服务设施的经营与绿道的日常维护。各镇街所属的自行车租赁、修理等服务全部由企业自主经营，自负盈亏，确保单车旅游运营进入市场正轨，如荔城街委托安达国际旅行社经营自行车休闲健身道，运营半年多来共接待游客3.83万人次，其中本市游客1.26万人次，珠三角游客2.57万人次(其中港澳地区6000人次)，进入了良性循环。

(3)完善服务配套设施，充分发挥绿道各种功能。增城市的绿道建设关注绿道的多种功能的充分发挥和多样化价值的保存。充分发挥沿途各类公园的游憩、休闲、保健、浏览、游乐、科普等功能，确保原有生态环境的观赏价值、经济价值、文化价值等得到永续利用。定期举办自行车越野挑战赛、健身巡游活动等多项大型活动，营造崇尚健身、参与健身、追求健康文明生活方式的良好氛围。

(4)绿道与旅游紧密结合，特色鲜明。增城对绿道的设置注重与旅游项目相结合，通过自行车休闲健身道的修建，变资源优势为优势资源，走出了一条营造环境、发展旅游、带动农村发展和农民致富的有效途径，凸显了增城“生态健康休闲游”的主题。

(5)注重发展产业,强调公众参与,致富农民。增城的绿道建设,促进了生态产业化,推动生态休闲旅游大发展,既为当地农民提供更多更好的创业就业机会,又畅通农产品销售渠道,提高农产品价格,增加了农民收入。2008年上半年,增城市接待游客和旅游收入同比分别增长180.56%和171.02%,带动沿线的小楼、正果、派潭三个山区镇本级地方税收分别增长486%、87.02%和32.65%,全市农民收入增长15.4%,北部山区逐步实现“绿色崛起”。

另外,增城市的绿道建设发挥了公众参与的力量,农民成为绿道建设的重要一员。随着绿道建设不断推进,周边的生态环境得到进一步优化,促进了乡村休闲旅游蓬勃发展。农民从中看到了脱贫致富的希望,更加主动参与到新农村建设和农村“清洁美”工程中去,积极配合打通自然村道、栽树绿化、改造公厕,自觉做好门前保洁、村道保洁、池塘净化、污水处理等,还按照农家旅馆和旅游村的标准建设了新房新村,农村面貌焕然一新。

第四章 绿道规划理论与方法

第一节 绿道概念

目前国内外对绿道的权威解释有如下几种。

“一个充满生机的绿道网络,使居民能方便地进入他们住宅附近的开放空间,使整个美国在景观上能将乡村和城市空间连接起来,就像一个巨大的循环系统延伸穿过城市和乡村。”——美国总统委员会。

绿道是一种以土地可持续利用为目的而被规划或设计的包括生态、娱乐、文化、审美等内容的土地网络类型:①绿道的空间结构是线性的;②连接是绿道的最主要特征;③绿道是多功能的,包括生态、文化、社会和审美功能;④绿道是可持续的,是自然保护和经济发展的平衡;⑤绿道是一个完整线性系统的特定空间战略。——杰克·埃亨(Jack. Ahern)

“绿道就是沿着诸如河滨、溪谷、山脊线等自然走廊,或是沿着诸如用作游憩活动的废弃铁路线、沟渠、风景道路等人工走廊所建立的线型开敞空间,包括所有可供行人和骑车者进入的自然景观线路和人工景观线路。它是连接公园、自然保护地、名胜区、历史古迹及其他与高密度聚居区之间进行连接的开敞空间纽带。”——查理斯·莱托,《美国的绿道》

绿道是一种线形绿色开敞空间,通常沿着河滨、溪谷、山脊、风景道路等自然和人工廊道建立,内设可供行人和骑车者进入的景观游憩线路,连接主要的公园、自然保护区、风景名胜区、历史古迹和城乡居住区等。——广东省绿道概念

第二节 国内外绿道发展阶段

一、国外绿道发展阶段

随着绿道使用功能的不断完善,国外绿道建设大致经历了3个阶段。

第一阶段为以生态、景观为主要功能的绿道(约公元前1700～1960年)(图4-1)。主要有连接开放空间的各种轴线、林荫大道、公园道、河流廊道等形式,其历史至少可以追溯到古罗马时期的景观轴。

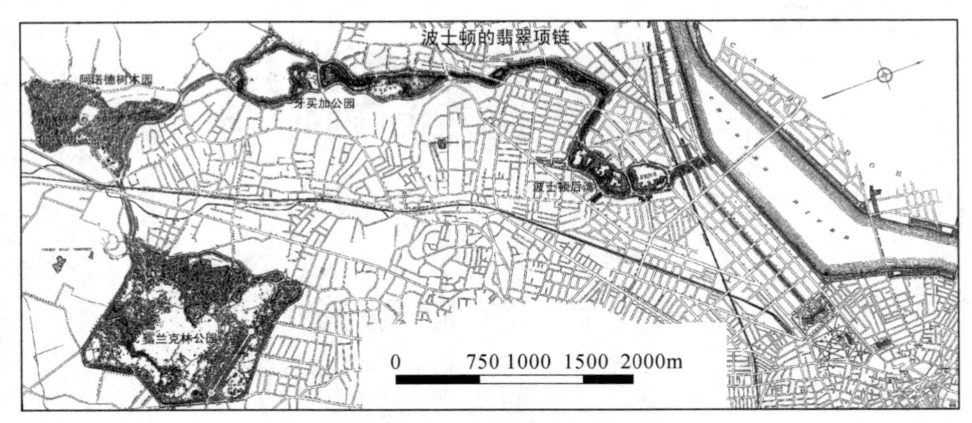

图4-1　第一阶段绿道规划案例

大多数文献认为,绿道思想的源头可以追溯到Frederick Law Olmsted和他1867年所完成的著名的波士顿公园系统规划(张云彬和吴人韦,2007)。该规划将富兰克林公园通过阿诺德公园、牙买加公园和波士顿公园以及其他的绿地系统联系起来。该绿地系统长达25km,连接了波士顿、布鲁克林和坎布里奇,并将其与查尔斯河相连。其后,Charles Eliot扩展了他的思想,将其绿色网络延伸到整个波士顿大都市区,范围扩大到了600km²,连接了5条沿海河流。

第二阶段为以休闲为主要功能的绿道(约1960～1985年)。以休闲为主要目的的各种小径提供了人们通往河流、山脉等自然廊道的非机动车交通方式(图4-2)。

在20世纪80年代,美国户外游憩总统委员会的报告强调了绿道给居民带来的接近自然的机会。在1990年,Little首次定义了绿道。在北美,这一阶段有上千个绿道的规划和实践项目,但研究工作严重滞后,大多数仅限于项目总结。

第三阶段为多目标的绿道(约1985年以后)。其功能通常包括野生动物保护、防洪、水源保护、教育、城市美化、休闲和其他功能。

这一阶段,绿道运动蓬勃发展,世界上有数千个国际、国家和区域层次的绿道项目。在理论研究方面,涌现出了大量的研究成果,出版了大量的研究专著,召开了不少绿道的学术会议,并出现了有关绿道方面的博士论文。有关绿道的互联网站也铺天盖地。

二、我国绿道发展阶段

我国最早涉及"绿道"研究的文章为1985年第2期《世界建筑》刊登的伊藤造

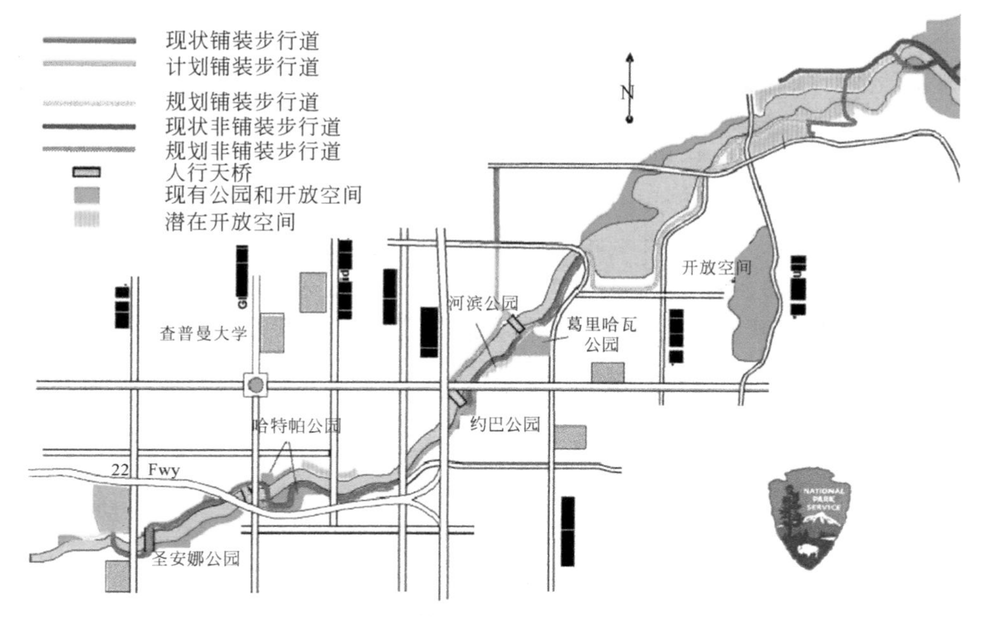

图 4-2　第二阶段绿道规划案例

园事务所设计的冈山市西川绿道公园介绍。之后，介绍国外绿道理论的相关文章逐渐出现，一些专家学者对绿道在我国的规划建设也开始了相关研究和探讨，以自行车道、滨海栈道为代表的"类绿道"建设在我国也逐渐出现。2010 年，随着《珠江三角洲绿道网总体规划纲要》的颁布，以及绿道在珠三角 9 个地市的建设实践活动的开始，绿道在我国的规划建设活动进入了一个示范带动和全面推广的崭新阶段。

绿道在我国的规划建设经历了 4 个阶段。

(一)绿道理论引入阶段

该阶段的时间为 1985～2008 年。阶段特征主要是绿道理论和相关规划方法介绍及我国绿道建设规划设想方面的研究较多，具体绿道建设实践活动较少，局部地区出现自行车道、滨海栈道、环城绿带等类绿道建设活动。

此阶段在绿道规划设计方法探讨等方面的研究主要包括徐文辉 2005 年对浙江生态省建设战略中的绿道网的规划构想；周睿 2006 年对武汉市的滨江绿道网的思考；谭晓鸽 2007 年在总结绿道基本理论的基础上，利用网络分析法构建了中心城区绿道网络方案，张笑笑在 2008 年结合绿道和游憩的概念，提出了游憩型绿道的概念，并利用 AHP 法对上海黄浦区等进行了绿道选线设想；田逢军等在 2009 年提出了上海市"一纵两横三环"的绿道格局等。

这一阶段国内的绿道实践主要是国土绿化和各个地区所进行的绿地系统规

划。《国务院关于进一步推进全国绿色通道建设的通知(国发[2000]31号)》中指出绿色通道建设是我国国土绿化的重要组成部分,主要任务是对公路、铁路、河渠、堤坝沿线进行绿化美化。高速公路、铁路、国道、省道绿色通道建设,应以防风固土、美化环境为主要功能。县、乡道路沿线绿化,应以防风固土、改善环境为主要功能。河渠、堤坝、水库沿线绿化应以保持水土、护坡护岸、涵养水源为主要功能。但这些绿道总体上还停留在小尺度、小范围、简单的绿化和美化上,分别以绿道中的单个功能为主,与绿道功能的综合性和生态性功能仍有所差距,可以认为是一种"类绿道"形式的线性景观。这些类绿道的建设活动大多从保护生态环境、控制城市过度蔓延、预留城市必要的生态廊道、带动旅游发展等目的出发,虽然这些项目在最初并不以绿道命名,但从实际建设情况看,可以作为我国绿道建设的雏形。

(二)绿道建设摸索阶段

该阶段的时间为2008～2010年。阶段主要特征是以珠三角地区为代表的我国一些经济发达地区,面对发展中的问题,将国外绿道理论与我国城镇建设实际情况相结合,探索绿道在我国建设的可行性和方法。

改革开放30年来,珠三角地区创造了经济发展的奇迹,成为我国城镇化水平最高、开发建设强度最大的城镇密集地区之一,但是随着城市快速成长,城市土地利用结构与约束性开始发生根本性变化,非城市建设用地的总量、性质与功能也随之发生了巨大变化,经济与空间的快速扩张,使得非建设用地边界不断遭到侵蚀,用地数量急剧下降,城市整体生态环境问题逐渐显现。为此广东省从1994年开始,进行了大量卓有成效的探索,先后提出生态敏感区、区域绿地、基本生态控制线等概念,深圳、东莞等地还通过立法形式明确了基本生态控制线的法律地位。但是这些保护行动,出现过于重视生态要素的保护,忽视生活功能和普遍重视环境质量、污染控制等硬性指标的约束,忽视提升生活品质、增强居民幸福感软性要求等问题。多年实践证明,这些保护措施既没有达到希望的保护效果,也未能充分发挥非建设用地应有的功能。与此同时,随着生活水平的不断提高,生活在"钢筋水泥"中的城市居民对"田园生活"的向往越来越强烈,而从乡村地域为主转变为城市化地域为主的城市土地利用结构,使得非建设用地中农业种植用地和林业用地的传统生产性功能相对减弱,而生态效用和旅游休闲功能日益凸现与强化。

基于以上原因,珠三角地区在不断探索基础上,借鉴欧美、日本、新加坡等地绿道建设经验,于2009年4月在向广东省委省政府提交的"关于借鉴国外经验,率先建设珠三角绿道网的建议"中,首次提出了在珠三角地区全面建设绿道网的建议。建议一经提出,受到广泛关注,随后在广东省住房和城乡建设厅组织下,拍摄了《绿道——建设宜居广东的希望之路》宣传片,对绿道在珠三角地区建设的重要意义、规划建设原则进行了富有成效的探索。绿道宣传片在广东省委十届六次全会播放后，反响强烈，受到了广东省委书记汪洋同志的充分肯定。汪洋书记对珠三角地区绿道建设提出了“一年基本建成，两年全部到位，三年成熟完善”的建设目标和“周密部署，合力推进；科学规划，精心设计；严格施工，打造精品”的工作要求。在汪洋书记的部署下，珠三角九大城市纷纷开展绿道建设。

（三）绿道建设实践阶段

该阶段的时间为2010～2011年。珠三角九大城市开展绿道的规划与实践活动是此阶段的标志。这一阶段绿道建设实践的特点是地方行政长官重视，将绿道建设作为一项改善民生、活跃经济的惠民工程积极推进，使得绿道建设得以快速推进。

2010年广东省住房和城乡建设厅组织编制了《珠江三角洲绿道网总体规划纲要》。规划遵循“生态化、本土化、多样化、人性化”的原则，以支持构建区域生态安全格局、优化城乡生态环境为基础，充分挖掘地方特色和人文内涵，形式多样，功能各异。珠三角绿道网总体布局结构为“6条主线、4条连接线、22条支线、18处城际交界面和4410km^2 绿化控制区”。在《珠江三角洲绿道网总体规划纲要》指导下，珠三角各地市纷纷编制了地市绿道网建设规划，具体指导本地区的绿道建设工作。

同时，在广东省委省政府的领导下，省及各地建立了绿道工作办公室负责组织开展绿道建设工作；广东省住房和城乡建设厅颁布了《广东省省立绿道建设指引》、《珠江三角洲区域绿道（省立）规划设计指引》、《广东省绿道控制区划定与管制工作指引》等技术规程明确了绿道建设标准；珠三角各地通过实践摸索初步建立了区域、城市、社区层面的绿道规划体系。在省市共同努力下，绿道在珠三角地区迅速建设起来，取得了良好的建设效果。目前绿道建设“全部到位”的工作已完成，珠三角省立绿道线路已建成，并正向广东省北部和东西两翼地区延伸；绿道设施配套不断完善，控制区初步划定，绿道培绿、连接线建设等稳步推进，绿道运营管理制度及成效机制逐步建立，城市绿道建设全部铺开，广东绿道建设正向广度、深度、精度发展。

（四）绿道全国推广阶段

该阶段的时间为2011年以后，在珠三角绿道建设的带动下，山东、福建、浙江、四川、湖北、广西等省区借鉴广东经验，纷纷开展绿道建设，全国范围内掀起了绿道建设热潮。

山东青岛借助世界园艺博览会召开的契机，开展绿道建设。《青岛市绿道系统规划》提出以青岛市“山、海、城、河、岛、滩、湾”的特色景观资源为基底，以自然生态环境的保护与提升为基础，串联自然、人文等历史与现代景区、景点，规划形成多网串联的倒T形绿道系统结构，构筑以“红瓦绿树、碧海蓝天”、“奥帆之都多彩青岛”城市特色为背景的市域、城区、社区绿道系统网络。

四川绵阳将绿道建设作为实现“六个绵阳”(森林绵阳、畅通绵阳、清洁绵阳、科教绵阳、宜居绵阳、和谐绵阳)的重要抓手,提出“健康绿道”建设思路,旨在通过绿道建设引领城乡居民健康生活。《绵阳市健康绿道系统规划》提出以低碳生态、健康环保、科技创新、多元文化融合为理念,通过绿道网络与城市生态系统的有机结合,充分发挥绵阳科技、历史、山水景观、多元文化优势,形成6条市域绿道、12条城市绿道及若干社区绿道构成的健康绿道系统。目前绵阳在绿道总体规划指导下,正在开展涪江滨江绿道的建设工作。

福建省学习珠三角经验,于2012年年初,结合“点、线、面”工作开展全省绿道建设活动,提出“规划建设福建省绿道网,是落实科学发展观和实施区域一体化发展战略的具体行动,是加快建设更加优美更加和谐更加幸福的福建的重要举措”,并将绿道建设纳入“城市建设战役实施项目”中,作为重点考核的内容。

第三节 绿道类型及构成

一、绿道分类

根据不同分类标准和要求,绿道可以有不同的分类类别。

根据形成条件与功能的不同,美国绿道分为城市河流型、游憩型、自然生态型、风景名胜型、综合型绿道等。

根据地域特征和功能的不同,珠三角绿道分为生态型、郊野型和都市型绿道。

下面着重介绍一下珠三角的绿道分类。

(一)生态型绿道

生态型绿道主要沿城镇外围的自然河流、小溪、海岸及山脊线建立,通过栖息地的保护、创建、连接和管理来保护和维育珠三角地区的生态环境和生物多样性,可供进行自然科考及野外徒步旅行(图4-3)。生态型绿道控制范围宽度一般不小于200m。

图4-3 生态型绿道

(二)郊野型绿道

郊野型绿道主要依托城镇建成区周边的开敞绿地、水体、海岸和田野，通过登山道、栈道、慢行休闲道等形式而建立，旨在提供人们亲近大自然、感受大自然的绿色休闲空间，实现人与自然的和谐共处(图 4-4)。郊野型绿道控制范围宽度一般不小于 100m。

图 4-4　郊野型绿道

(三)都市型绿道

都市型绿道主要集中在城镇建成区内，依托人文景区、公园广场等以及城镇道路两侧的绿地而建立，为人们慢跑、散步等提供场所，对珠三角区域绿道网起到全线贯通的作用(图 4-5)。都市型绿道控制范围宽度一般不少于 20m。

图 4-5　都市型绿道

二、绿道构成

绿道由绿廊系统和人工系统构成，具体包括绿廊系统、慢行系统、交通衔接系统、服务设施系统、标志系统五大系统，五大系统下辖十六个基本要素(方正兴等，2011)(图 4-6)。

(一)五大系统

1. 绿廊系统

绿廊系统是指绿道慢行道两侧由一定宽度的植物、水体、土壤等构成，以生态

图 4-6 绿道典型断面示意图

维育、生产防护、户外休闲、安全防护等为主导功能，经划定需要加以保护的绿化控制带。由绿化保护带和绿化隔离带组成，是绿道的生态基底。

2. 慢行系统

慢行系统包括步行道、自行车道、综合慢行道，可根据现状情况选择其一建设，一般应建设自行车道，生态型、郊野型绿道可建设综合慢行道。

3. 交通衔接系统

绿道作为联系区域主要休闲资源的线性空间，在局部地区会与国省道、轨道交通、主要城市干道共线或接驳。由于绿道以慢行交通为主，与以轨道和机动车为主的城市道路交通系统存在较大的差异，这使两者在交汇处会产生交通方式不兼容的问题，因此需要考虑区域绿道与轨道交通、道路交通及静态交通的衔接。

4. 服务设施系统

服务设施系统包括管理设施、商业服务设施、游憩设施、科普教育设施、安全保障设施和环境卫生设施等。

5. 标志系统

绿道网标志系统包括：信息标志、指路标志、规章标志、警示标志、安全标志和教育标志等六大类。绿道网各类标志牌必须清晰、简洁，并进行统一规范，按照规定进行严格设置，应满足绿道网使用者的指引功能。

(二)十六要素

1. 绿化保护带

是指绿道慢行道两侧由一定宽度的地带性植物群落、水体、土壤等构成，以生态维育、生产防护、户外休闲等为主导功能，经划定需要加以保护的绿化控制带。

2. 绿化隔离带

是指不同慢行道之间，慢行道与外围车行区域、周边建筑之间的安全防护绿带。

3. 步行道

是指绿道中主要供行人步行的道路。

4. 自行车道

是指绿道中主要供自行车通行的道路。

5. 综合慢行道

是指以自行车道为主体，兼具步行或其他慢行功能的混行道(图 4-7)。

图 4-7　综合慢行道断面示意图

6. 衔接设施

是指为实现绿道网络与城际轨道、城市公交系统、城市慢行系统的“无缝衔接”，确保绿道使用者在各交叉口“安全通过”而设置的高效衔接绿道网络及其他交通方式的“零距离”衔接设施。

7. 停车设施

是指绿道中为车辆停放而专门设置的场地和其他必备的使用设施(图 4-8)。

图 4-8　出租车停靠点示意图

8. 管理设施

是指统一对绿道的服务系统进行管理和调控的设施(图 4-9)。

图 4-9　游客服务中心示意图

9. 商业服务设施

是指统一为绿道提供商业服务的设施,主要包括售卖点、自行车租赁点、饮食点等(图 4-10)。

图 4-10　餐饮设施示意图

10. 游憩设施

是指为绿道使用者提供文体活动场地以及休憩点的设施(图 4-11)。

图 4-11　游憩设施示意图

11. 科普教育设施

是指为绿道在使用过程中提供宣传、解说、展示功能的设施，一般设置在驿站、风景名胜区、森林公园、地质公园、野生动物观测点、天文气象观测点、历史文化遗址遗迹等需要解说、展示的区域(图 4-12)。

(a) 电子触摸屏示意图

(b) 科普展示厅示意图

图 4-12　科普教育设施示意图

12. 安全保障设施

是指为绿道的使用提供安全防护的设施，主要包括治安消防点、医疗急救点、安全防护设施、无障碍设施等(图 4-13)。

图 4-13 治安点示意图

13. 环境卫生设施

是指为保证绿道所在区域的环境整洁,将绿道中所产生的生活废弃物收集、清除、运输、中转、处理、处置、综合利用的相关设施,主要包括公厕、垃圾箱、污水收集设施等(图 4-14)。

图 4-14 厕所示意图

14. 信息墙

是指为绿道使用者提供区域信息服务,可作为引导、解说功能的载体[图 4-15(a)]。

15. 信息条

是指为绿道使用者提供终端信息服务,可作为解说、指示、命名、禁止、警示功能的载体[(图 4-15(b)]。

16. 信息块

是指体量较小,用于近距离信息提示,作为解说、警示、禁止、命名等功能的标识载体[图 4-15(c)]。

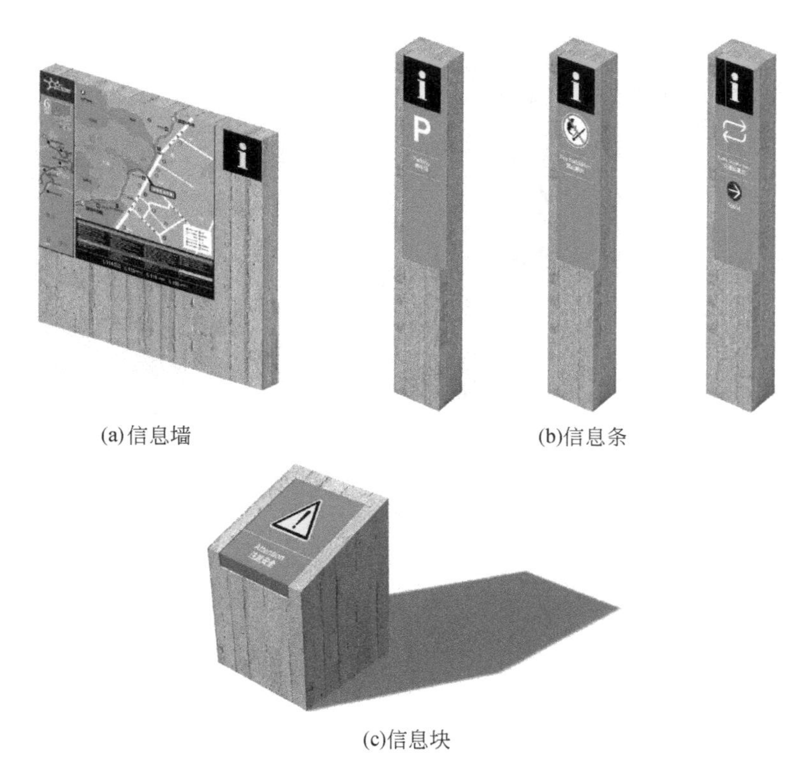

(a)信息墙　(b)信息条

(c)信息块

图 4-15　绿道标志系统

资料来源:中山大学,广州共生形态工程设计有限公司. 2009. 标识系统方案设计

第四节　绿道分级

为划分事权,明确不同级别绿道建设目标、标准和要求,将绿道分为区域绿道、城市绿道和社区绿道(图 4-16)。各级绿道的具体内涵与作用如下。

一、区域绿道

连接城市与城市,对城乡区域空间格局构建、区域生态保护和生态网络体系建设具有重要影响的绿道。

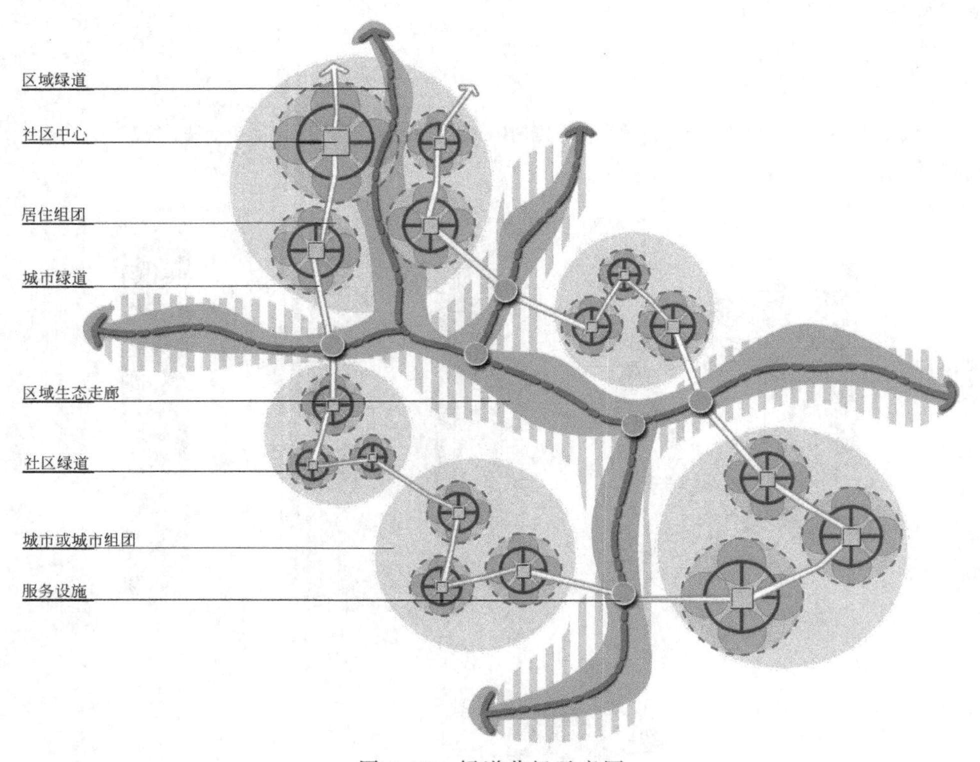

图 4-16 绿道分级示意图

二、城市绿道

是连接城市重要功能组团，串联市域范围内各类绿色开敞空间和重要的自然与人文节点，对保护与优化城市生态系统、引导形成合理的城乡空间格局、提供休闲游憩和慢行空间具有重要影响的绿道。

三、社区绿道

指连接社区公园、小游园和街头绿地，主要为附近社区居民服务的绿道。

第五节 绿道规划体系

一、国外绿道规划编制体系介绍

国外绿道规划一般分为总体规划和具体线路的景观建设规划两个层级。

(一)绿道网总体规划

美国在绿道研究及规划建设方面一直处于世界领先水平。20 世纪 80 年代，Forman 和 Godren 提出景观结构“斑块—廊道—基底”模式，斑块与廊道可以连接成网络，网络结构增加了城市系统的稳定性和复杂性。这就引导美国各级政府从多层次上对成千上万的公园及开敞空间进行连通性规划建设，最终形成全美综合绿道网络(图 4-17)。

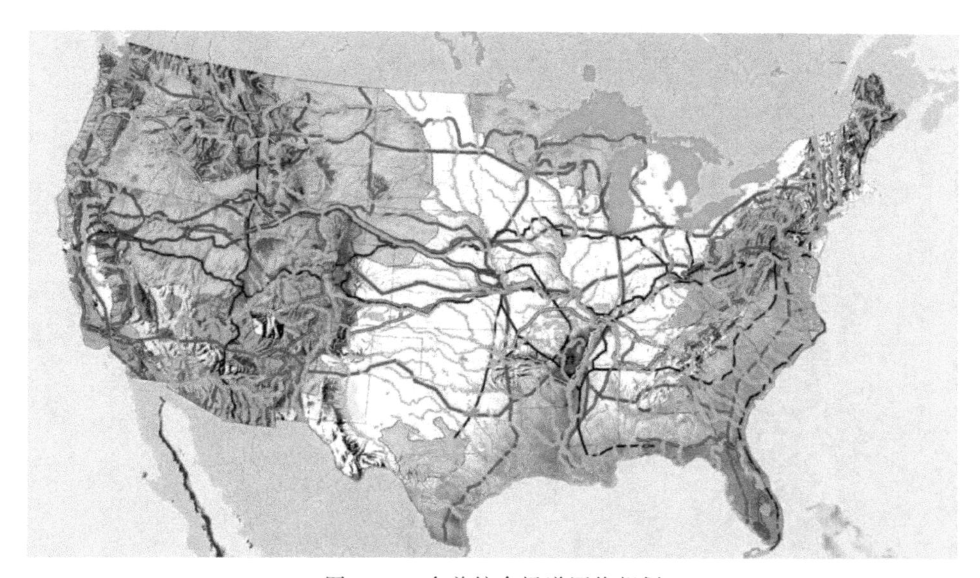

图 4-17　全美综合绿道网络规划

新英格兰地区的绿道网络规划(图 4-18)。通过对现状绿道的分析评价，按照三个步骤进行规划：首先，绘制规划现状图；其次，将各零散的通道和绿地连通起来，形成一个综合性的绿道网络；最后，将纽约州和加拿大的绿道连通起来。

奥克兰地峡绿道网规划(图 4-19)。绿道网规划的最终目标是为改善奥克兰地峡城市的可持续发展，主要通过土地覆盖评估、节点分析、连接性分析、网络产生和评价输出的规划路径，借助地区连接及连接性需求基础上提供可持续发展的多样性选择、地方政府保护土地发展及控制城市蔓延的决策、开放空间与绿地系统、学校、商业及社区设施用慢行系统连接起来等方面的实施路径，建立了奥克兰地峡的绿道网。

(二)具体线路景观建设规划

为具体指导某个地区或路段的绿道建设，国外一般会编制具体绿道建设线路的景观建设规划。

迈阿密河绿道规划(图 4-20)。迈阿密河绿道位于横穿美国南部佛罗里达州的

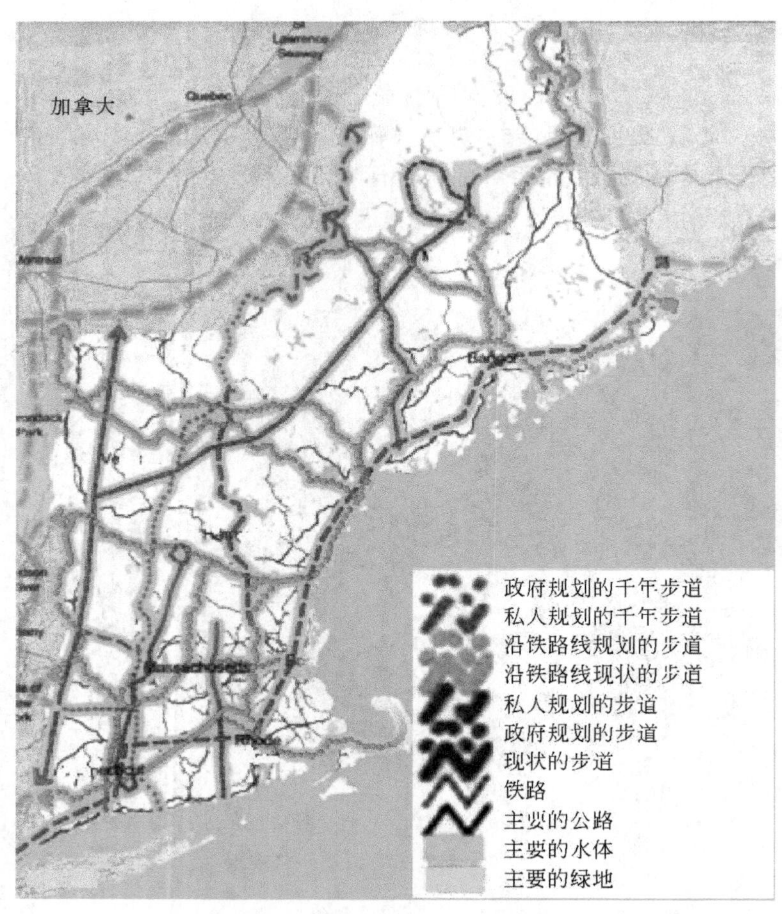

图 4-18 新英格兰地区绿道网络规划

迈阿密河沿岸，在过去的 50 年中，迈阿密河一直是一条工业河流，该地区是几十家海洋产业公司的聚集地，经营范围包括专业化的船舶制造、服务和维修。“迈阿密”的意思是“甘甜的水”，但长时间以来，它却是犯罪活动的避风港、毒品交易地以及社区的下水道。1998 年，联邦政府任命的迈阿密河委员会应美国非营利性环保组织——公共土地信托基金会之邀与其一起来治理迈阿密河，使其恢复原有状态，迈阿密河绿色通道由此应运而生。该绿色通道项目是一项绿色基础设施项目，也是意义重大的城市保护计划，主要包括绿道沿线景点路线的规划、街道的改善、照明设施、路边椅子、标志系统、历史纪念碑以及其他便利设施的配置等内容，项目内容涵盖土地征用、环境恢复、总体规划、政策制定以及与对迈阿密河感兴趣的选民们所达成的共识等工作。在过去 10 年里，随着照明设施、标志系统、历史纪念碑和其他设施的完善，绿色通道已成为景观大道和散步道，为居民及游客提供服务。

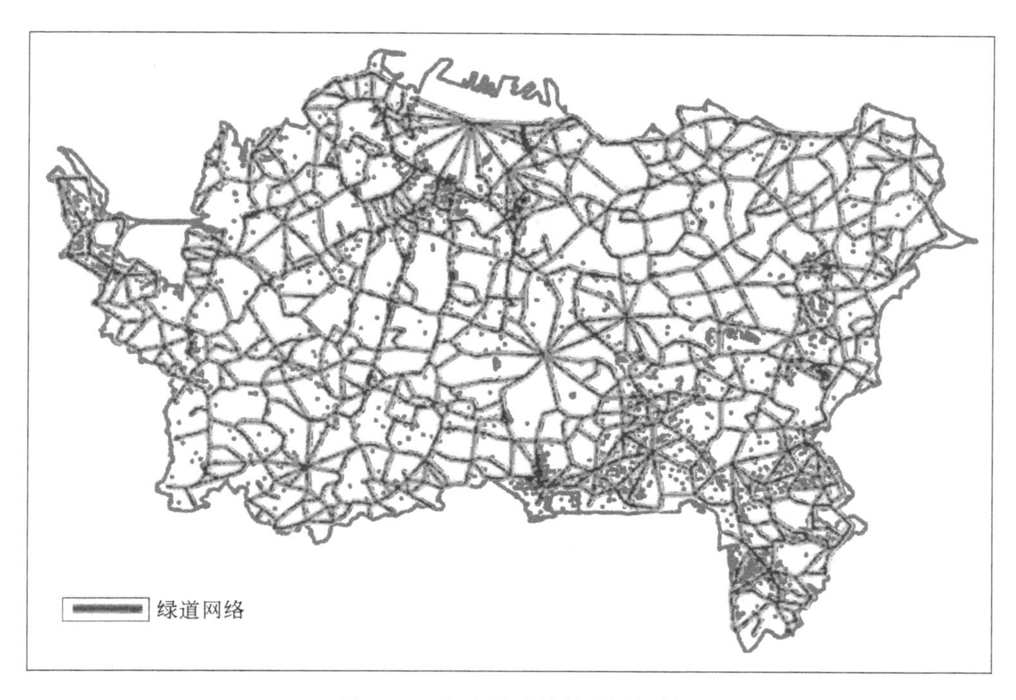

图 4-19　奥克兰地峡绿道网规划

图 4-20　迈阿密河绿道规划

威拉米特河绿道规划。威拉米特河贯穿于俄勒冈州西南部,总长187英里,作为该州最长的河流,对当地居民的生活、经济发展、环境保护都有非常重要的作用。威拉米特河绿道规划建设于1967年,起初被俄勒冈州立法机构作为威拉米特河沿线土地征用项目中的州公园的补助项目,被规划为"州公园和休憩地",1972年被重新定位为自然走廊,明确指出建设威拉米特河绿道的主要目的是,"在保证经济发展的同时保护和养护好威拉米特河沿线的土地,并维护好绿道沿线的风景名胜,文化历史遗产等"。

二、我国绿道规划体系构建设想

根据广东省绿道网规划的实践,结合我国规划体系特点,绿道网规划体系可以分为区域绿道网规划、城市绿道网规划和社区绿道网规划三个层级,包括总体规划和详细规划两个层面。根据我国目前的"一级政府、一级规划、一级事权"的划分,宏观区域层次的线路走向和指导政策的制定,地方城市层面组织实施的绿道线路布局及配套设施安排,具体场所层次的社区绿道详细设计,在各级政府编制的对应规划类型中都有明确的分工,工作范围和工作深度也较为清晰。三级规划体系基本达到使各级政府的工作任务和工作目标与政府的事权划分挂钩,并且在三个层次上做到相互衔接和控制(图4-21)。

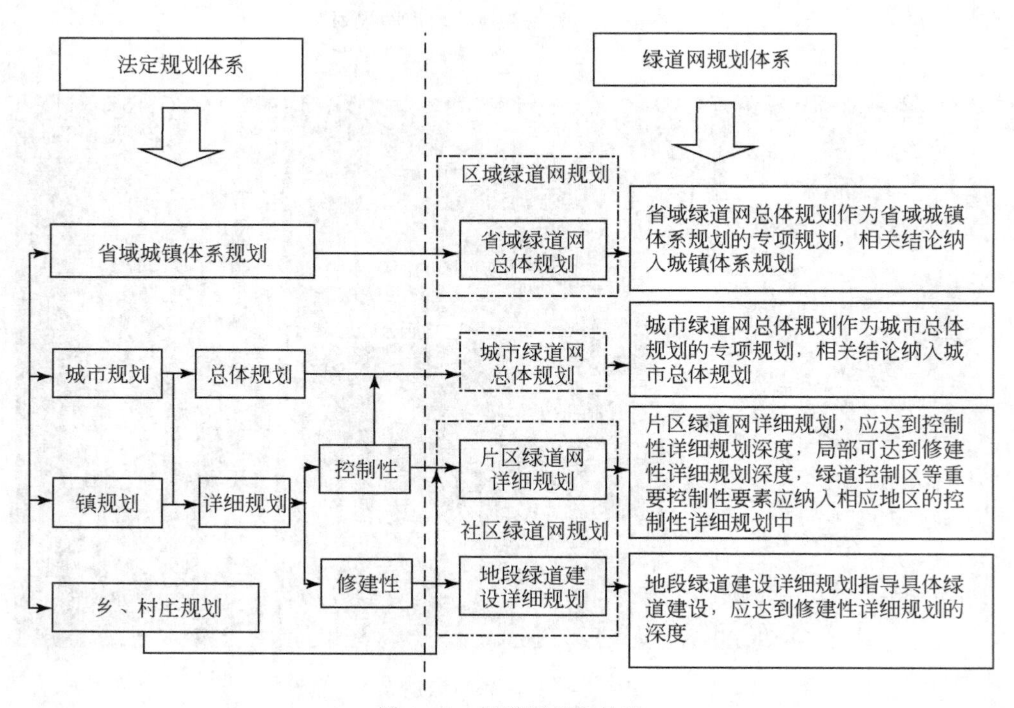

图4-21 绿道网规划体系

(一)区域绿道网规划

区域绿道网规划是指在国家、省域或较大区域空间层面,结合区域生态发展战略,根据区域生态结构特征,依托重要区域生态廊道,区域绿地、自然及文化旅游资源,将绿道基本走向及配套专项设施的建设及管制要求进行地域分工,综合协调各城市的总体布局,为开展区域绿道建设及编制下层次城市及社区绿道规划建设提供重要依据。区域绿道网规划立足于区域生态建设与生态保护,控制区域主要生态廊道,串联主要城镇居民点、重要风景名胜区、森林公园等,重点要求解决绿道建设的区域协调,实现城乡统筹发展等问题。

区域绿道网规划应确定区域绿道(省立)建设目标和空间布局,明确绿道控制区及其控制要求,提出绿道系统的布局原则、建设标准和各市绿道建设任务。其主要内容如下所述。

1. 前期研究

研究规划背景及意义,确定规划目标及原则,开展区域景观环境、政策需求调查等规划前期研究。

2. 绿道总体布局规划

根据现状基础条件的分析,从宏观层面确定区域绿道线路走向,确定绿道空间结构和类型,确定绿道的主要作用和功能。

3. 绿道专项配套指引

进行绿道系统的交通衔接、标志系统、城际交界面、综合功能开发、生态化建设等配套专项的指引。

4. 分类建设指引

针对生态型、郊野型、都市型不同绿道的特征,提出不同的建设要求,分类指导建设。

5. 分市建设指引

提出区域内各市绿道系统规划建设的任务目标、绿道线路走向要求,指导下一步工作。

6. 综合功能开发指引

针对不同绿道特点,提出绿道发展主体功能指引,促进绿道生态、社会、经济、环境多重功能的发挥。

7. 分期建设指引

提出区域绿道分阶段的规划建设指引。

(二)城市绿道网规划

城市绿道网规划是指在市域(或者城市规划区)空间范围内,依据城市自然环境特点、景观资源条件、现状建设及政策需求情况,统筹兼顾、综合部署,落实区域绿道线路走向,合理安排城市绿道线路分布,配套各类专项设施及管制要求,进行区县建设指引,安排社区绿道的建设意向。为开展城市绿道建设及编制下层次社区绿道规划建设提供重要依据。

城市绿道网规划要注重与上层次区域绿道网规划相衔接,落实区域绿道线路及各项规划指引要求,安排市域及城市绿道的总体布局,对各项配套专项设施进行专项安排,合理解决区县绿道建设分工及衔接,制定社区绿道规划建设指引和绿道分类建设导则。

城市绿道网总体规划应明确落实区域绿道的建设目标和空间布局,合理安排城市绿道的基本走向,明确绿道控制区及其控制要求,提出绿道系统的布局原则、建设标准和各区、县(市)绿道建设任务(金云峰和周煦,2011)。其主要内容如下所述。

1. 前期研究

研究规划背景及意义,确定规划目标及原则,开展区域景观环境、政策需求调查等规划前期研究。

2. 绿道总体布局规划

根据现状基础条件的分析,从市域层面确定城市级绿道线路走向,确定绿道空间结构和类型,确定城市绿道的主要作用和功能。

3. 绿道绿廊控制规划

根据绿道规划布局,综合划定绿道控制区和绿化缓冲区,并提出绿道控制区空间管制要求和绿化缓冲区生态保育要求。

4. 交通衔接规划

结合城市综合交通规划,促进绿道与交通系统的有效衔接,实现“零换乘”,推动绿道网与城市慢行系统的融合。

5. 标志系统研究

提出标志系统规划建设要求及标准，促进绿道统一标志建设。

6. 城际交界面规划

进行城际交界面（绿道跨区域之间的衔接面）规划，协调各区（县级市）绿道的走向和建设标准，保障形成一体化的绿道网络体系。

7. 绿道综合功能开发规划

针对不同绿道特点，提出绿道发展主体功能，促进绿道生态、社会、经济、环境多重功能的发挥。

8. 绿道生态化建设标准

提出绿道生态化建设标准与措施，促进绿道生态建设。

9. 分期建设规划

针对规划区内市域、城市、社区三级绿道的建设，提出远期、中期、近期三个阶段的实施规划。

（三）社区绿道网规划

社区绿道网规划是面向建设层面的实施性规划，主要是将绿道通过多种手段延伸至社区尺度，因此在较小的空间尺度，一般指城市功能组团或较小规模的城镇范围内，依据上层次的绿道网规划，对该地域内的绿道及配套设施等各类建设活动进行具体的空间安排。社区绿道网规划的深度一般应达到控制性详细规划（片区绿道网详细规划）或者修建性详细规划（地段绿道建设详细规划）的深度。

社区绿道网规划主要面向线性景观要素（如城市河流、文化线路、道路系统等）以及点状的配套设施的建设控制，应充分考虑社区绿道线路的实际建设条件和景观条件，注重场地的绿化景观设计及公共空间的营造（高阳等，2011）。结合社区居民日常生活需要，着力打造可为人们提供便捷的户外交流空间，增加城乡居民彼此交流机会，安排健身的户外活动空间，配备一定规模的健身运动设施。其主要内容如下所述。

1. 前期分析

综合研究规划背景，明确设计任务要求，进行上位规划解读，合理确定规划设计技术路线。

2. 基地分析

进行现状基地地形条件、道路交通条件、景观资源条件、公共服务和基础设施情况的分析。

3. 功能定位

根据确定规划设计的总体思路，确定规划定位、规划目标与原则，及各线路段的功能定位。

4. 规划总平面设计

确定规划结构和总体设计方案，进行绿道绿廊系统、慢行系统、服务系统等各专项设施的空间安排。

5. 重要节点及标准段面详细设计

进行局部重要节点放大的景观详细设计和各标准断面的详细设计及设计意向。进行绿化景观、道路横断面、绿道标识标牌、服务设施等的详细设计。

6. 建设实施计划

安排线路的分期建设设施计划，按绿道建设方式的不同，按单位工程造价进行投资估算。

第六节 绿道规划设计方法

一、绿道规划设计技术路线

绿道规划一般应该经过资料收集、数据分析(GIS)、现场踏勘、方案制定、公众参与等相关步骤，美国的洛林·LaB. 施瓦滋等编著的《绿道——规划·设计·开发》一书中提到绿道规划设计程序基本可以概括为：选定绿道—调查分析—制定概念规划—制定最终总体规划。这四个步骤虽然是立足于美国的实际情况制定的，但它基本含括了绿道规划设计的主要流程，为我们进行绿道规划设计提供了一个基本框架(图 4-22)。

根据实际工作经验，结合我国实际，一个区域的绿道网规划设计的技术路线应包括现状调研及分析、目标定位、规划方案、建设指引、近期建设规划和规划实施保障措施等内容(图 4-23)。

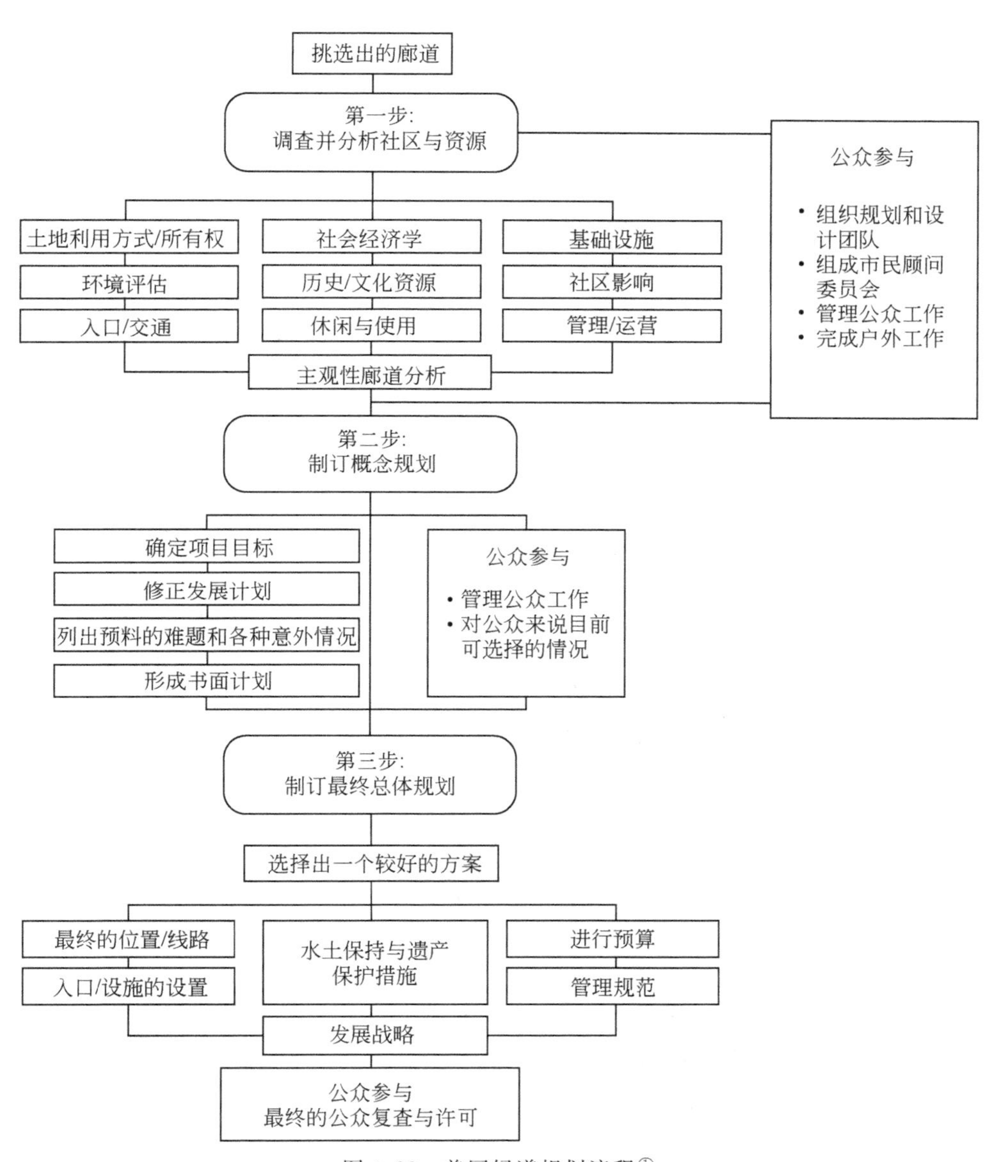

图 4-22　美国绿道规划流程①

① 资料来源:洛林 · LaB. 施瓦滋,查尔斯 · A. 弗林克,罗伯特 · M. 西恩斯著;绿道——规划 · 设计 · 开发. 余青,柳晓霞,陈琳琳译. 北京:中国建筑工业出版社,2009

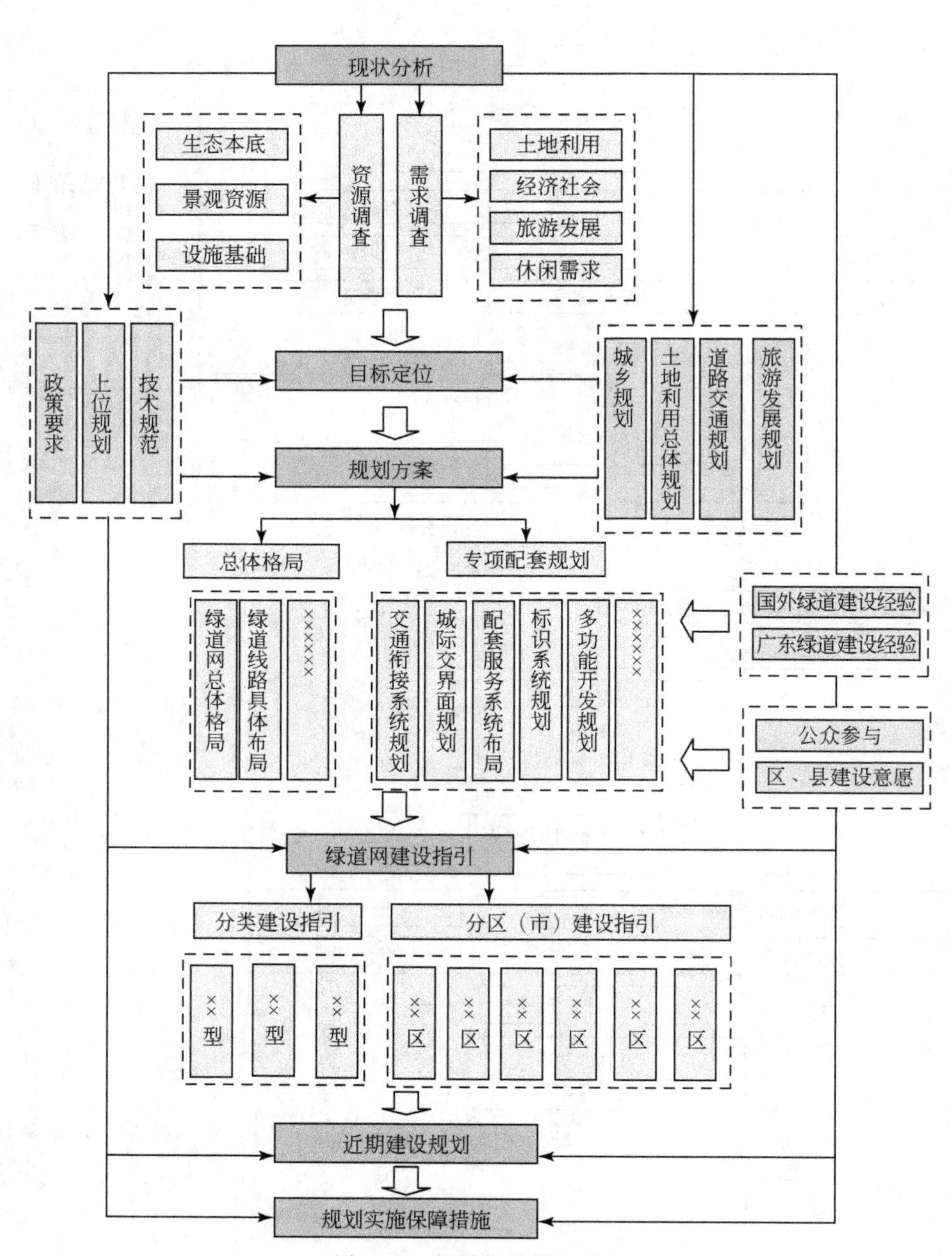

图 4-23　绿道规划技术路线

二、绿道规划基本原则

（一）生态化

以支持构建区域生态安全格局、优化城乡生态环境为基础，充分结合现有地形、水系、植被等自然资源特征，避免大规模、高强度开发，保持和修复绿道及周边地区的原生生态功能，协调好保护与发展关系，保持和改善重要生态廊道及沿线的生态功能、生态景观，体现生态化。

（二）本土化

充分挖掘地方特色和人文内涵，突出地方人文特色，尊重地方风俗习惯和民族特色景观，立足于地方历史文化遗迹的有效保护，并结合各条绿道的自然特点，优先选用本地树种和铺装材料，体现本土化。

（三）多样化

结合地方资源环境和基础条件，为满足不同文化层次、职业类型、年龄结构和消费层次人群的需求，打造形式多样、功能各异的绿道，展现不同的目标和主题，体现多样化。

（四）人性化

突出以人为本，以慢行交通为主，减少与机动车的冲突，同时充分保障游客的人身安全，完善绿道的标志系统、应急救助系统，以及与游客人身安全密切相关的配套设施，体现人性化。

三、现状调研

现状调研是绿道规划的基础。现状调研可采取现场踏勘、资料收集、座谈、问卷调查等多种形式，重点对规划编制范围内的绿道建设的资源本底和需求情况两方面内容进行调查，调查的主要内容应包括生态本底、景观资源、交通设施、土地利用、土地权属、经济社会、旅游及休闲需求、地方发展设想等方面，具体见表 4-1。

表 4-1　绿道规划现状调研要素

<table>
<tr><th>调研内容</th><th>项目</th><th>类型</th><th>种类</th></tr>
<tr><td rowspan="22">资源情况</td><td rowspan="7">生态本底</td><td rowspan="3">地形地貌</td><td>坡度</td></tr>
<tr><td>高程</td></tr>
<tr><td>山体</td></tr>
<tr><td rowspan="2">河流水系</td><td>河流</td></tr>
<tr><td>湖泊、水库</td></tr>
<tr><td rowspan="2">海岸岛屿</td><td>岛屿</td></tr>
<tr><td>海岸线</td></tr>
<tr><td rowspan="12">景观资源</td><td rowspan="8">自然景点</td><td>森林公园</td></tr>
<tr><td>自然保护区</td></tr>
<tr><td>水源保护区</td></tr>
<tr><td>地质公园</td></tr>
<tr><td>郊野公园</td></tr>
<tr><td>农业观光园</td></tr>
<tr><td>旅游度假区</td></tr>
<tr><td>城市公园、大型绿地</td></tr>
<tr><td rowspan="4">人文景点</td><td>遗址公园</td></tr>
<tr><td>文物古迹</td></tr>
<tr><td>历史街区</td></tr>
<tr><td>古村落</td></tr>
<tr><td rowspan="5">交通设施</td><td colspan="2">轨道交通</td></tr>
<tr><td colspan="2">公路网络</td></tr>
<tr><td colspan="2">城市道路</td></tr>
<tr><td colspan="2">慢行系统</td></tr>
<tr><td colspan="2">交通设施</td></tr>
<tr><td rowspan="13">需求情况</td><td rowspan="4">土地利用与权属</td><td rowspan="3">土地利用</td><td>居住社区</td></tr>
<tr><td>公共中心</td></tr>
<tr><td>教育机构</td></tr>
<tr><td>土地权属</td><td>绿道沿线土地权属</td></tr>
<tr><td rowspan="5">经济社会</td><td colspan="2">经济发展</td></tr>
<tr><td colspan="2">人口分布</td></tr>
<tr><td colspan="2">城镇分布</td></tr>
<tr><td colspan="2">休闲需求</td></tr>
<tr><td colspan="2">旅游需求</td></tr>
<tr><td rowspan="4">规划要求</td><td colspan="2">城市发展</td></tr>
<tr><td colspan="2">空间结构</td></tr>
<tr><td colspan="2">绿地系统</td></tr>
<tr><td colspan="2">生态廊道</td></tr>
</table>

四、绿道线路选择

绿道选线的确定应在土地适宜性（侧重绿道的供给）和绿道使用需求要求（侧重绿道使用者的需求）分析的基础上，与相关规划衔接，充分征求相关利益主体意见，综合评估明确下来。具体来说所谓土地适宜性分析，即对规划区域的生态本底、景观资源、设施基础等情况利用 GIS 等现代分析技术进行分析，重点是明确哪些区域适宜建设绿道（如河流、生态廊道等），从而明确绿道可能的潜在位置。而绿道使用需求分析，则侧重土地利用、社会经济条件、旅游休闲需求等方面对居民对绿道使用需求的分析，明确居民对绿道使用需求，评估绿道使用需求。在进行以上分析基础上，还应该与绿地系统规划、土地利用总体规划、城乡规划、道路交通规划进行充分衔接，并进行现场踏勘，明确绿道建设的可能性，并充分征求绿道通过的土地所有者、绿道使用者和绿道管理者的意见，最终确定规划区域内绿道网络的总体布局（图 4-24）。

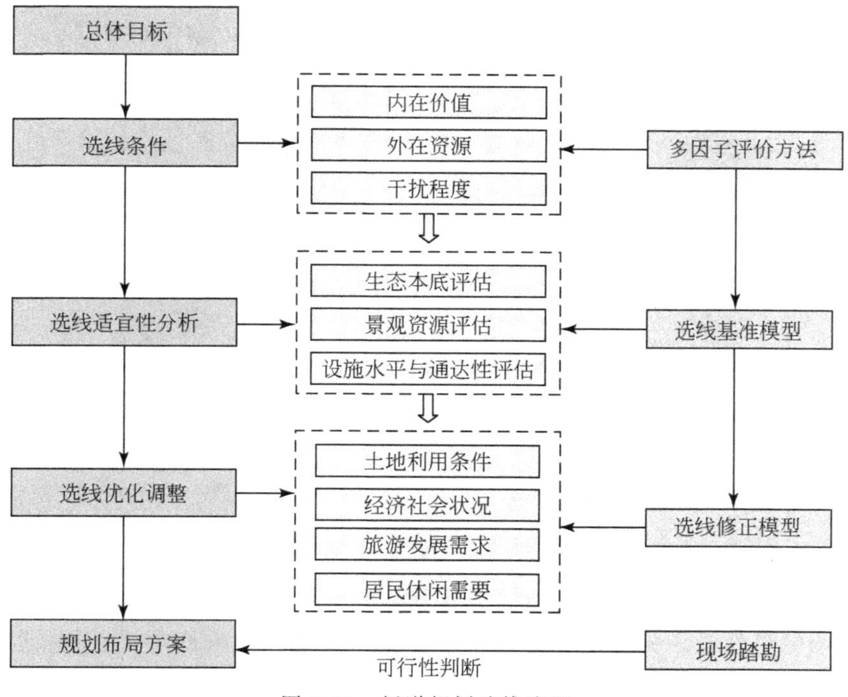

图 4-24 绿道规划选线流程

在广州绿道规划中选线模型包括基础选线模型和选线修正模型。基础选线模型在生态优先、突出特色原则指导下，以生态本底、景观资源和基础设施条件作为选线普遍的和全局的影响因素，通过空间叠加法（overlay）、多因子评价以及德尔菲专家评分法，对选线的空间适宜度进行定量为主的分析评价(图 4-25)，通过对基于单一主导因素形成的空间假设的叠加，形成体现共性与差异的复合“图底关系”，得出适合绿道选线的空间适宜度评价分级。修正模型是在空间适宜度评价的基础上，从城市空间发展战略、绿道需求等方面采取定性修正，综合确定“千年羊城，南国明珠”广州具有岭南特色的绿道布局网络。

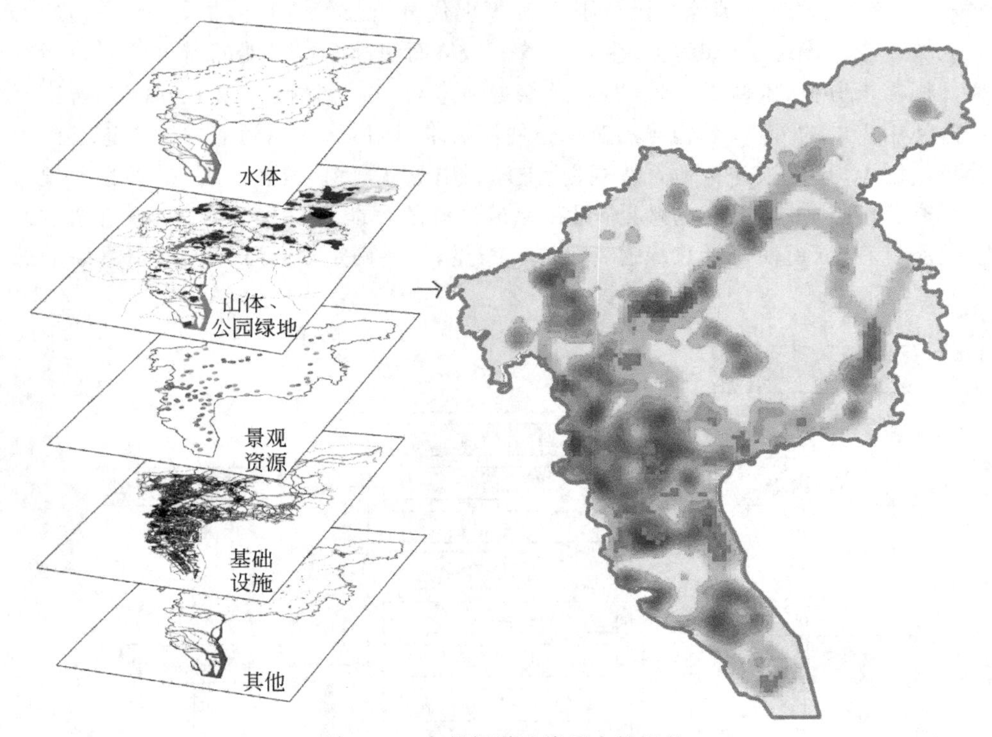

图 4-25 广州绿道选线适宜性评价

五、绿道控制区划定方法

绿道控制区主要是为保障绿道的基本生态功能、维护各项设施与环境的和谐运转，由有关管理部门划定、受到政策管制的线性空间范围，在绿道控制区范围内仅允许与绿道建设相关的建设行为，严格禁止其他各项建设行为，主要包括绿廊系统、慢行系统、交通衔接系统、服务设施系统、标志系统以及其他划入控制区的户外空间资源。

绿道控制区的划定应按照不同类型的绿道，既能满足隔离人类活动对自然生态环境和动植物繁衍生存干扰的要求，又能满足人的休闲与游憩空间需求和动植物繁衍、生存和迁徙的要求入手。

(一)划定依据

绿道控制区划定应遵循《中华人民共和国城乡规划法》、《中华人民共和国土地管理法》、《中华人民共和国环境保护法》、《中华人民共和国文物保护法》、《中华人民共和国森林法》、《城市绿化条例》、《中华人民共和国自然保护区条例》、《风景名胜区条例》、《村庄和集镇规划建设管理条例》和《历史文化名城名镇名村保护条例》等有关法律、法规所确定的原则、标准和技术规范。

(二)划定原则

绿道控制区的划定应遵循以下原则。

1. 生态性原则

绿道控制区是作为具有生物栖息地、生物迁移通道、防护隔离等功能的生态廊道,因此为发挥绿道控制区的作用,保障绿道的基本生态功能,绿道控制区划定应首先体现生态性原则。具体划定时应按照绿道生态控制要求,结合当地地形地貌、水系、植被、野生动物资源等自然资源特征进行。从生态角度讲,如果缺少详细的生物调查和分析时,绿道设计可参考以下一般的生态标准:最小的线性廊道宽度为9m;最小的带状廊道宽度为61m。

2. 连通性原则

绿道控制区的划定不仅应具备一定的宽度,还应是一个连续的完整的空间。因此连通性是绿道控制区划定的主要原则之一。连通性一方面可以连通绿道周边各类自然、人文景观及公共配套设施,构筑连续而完整的空间环境,满足人的休闲游憩需求;另一方面可以保证以绿道为载体的生态廊道的连续贯通,保障生物繁衍生存、迁移的要求。

3. 衔接性原则

绿道规划作为城市专项规划,其控制区划定应落实上层次及相关规划要求,并与绿地系统规划、蓝线、绿线、紫线等规划相互衔接。同时,绿道控制区划定应与法定规划建立衔接关系,其中绿道控制区的划定要求与标准应落实在城市总体规划相关内容中,绿道控制区边界等应落实在控制性详细规划中。

4. 差异化原则

绿道控制区划定应根据绿道不同类型采用差异化的划定方法。例如,珠三角地区按照生态型、郊野型和都市型三种绿道类型的不同要求划定。其中,生态型绿道控制区宽度一般不少于200m,以保育城镇外围的自然生态环境为主;郊野型绿道控制区宽度一般不小于100m,以维护城镇建成区周边的半自然、半人工的生态环境为主;都市型绿道控制区宽度一般不少于20m,以保护城镇建成区内的人工和生态要素为主。

六、绿道服务设施规划

绿道服务设施系统包括管理设施、商业服务设施、游憩设施、科普教育设施、安全保障设施和环境卫生设施,其布局应在尽量利用现有设施的基础上,协调生态保护和需求之间的关系,按照"大集中小分散"的原则进行布局,主要的服务设施应集中采用驿站方式布局。驿站是绿道使用者途中休憩、交通换乘的场所,是绿道配套设施的集中设置区。驿站的规划建设应符合以下原则。

(一)分级设置、合理布局的原则

对不同服务范围、服务内容的驿站,按照级别设置布局标准和建设标准,明确每个等级驿站的建设内容,保证绿道的正常使用。同时与相关规划衔接,合理布局各级驿站。目前绿道驿站一般分为三级。

一级驿站是根据绿道网规划确定的"区域级服务区",主要承担绿道管理、综合服务、交通换乘等方面功能,是绿道的管理和服务中心。建设间距是20~30km,建设规模控制在100~200m²。

二级驿站是绿道沿线城市级服务区,主要承担综合服务、交通换乘等方面功能,是绿道服务次中心。建设间距是10~15km,建设规模控制在50~100m²。

三级驿站是绿道沿线社区级服务点,主要提供售卖、休憩、自行车租赁等基础服务设施。建设间距是3~5km,建设规模控制在20~30m²。

(二)依托现状、复合利用的原则

驿站建设应尽量利用现有设施,如城区内的驿站主要依托绿道沿线公园、广场服务设施进行建设;城区外驿站主要依托风景名胜区、森林公园等发展节点或绿道沿线城镇及较大型村庄的服务设施进行建设。绿道周边地区可结合驿站,建设科普教育、文化传播等活动设施,提高驿站的复合功能,将驿站从单纯的功能性服务设施变为功能多样的活动节点,体现绿道的多重功能,从而带动绿道周边地区的发展。

广东省梅州市进行绿道网规划时,结合驿站建设,对其周边地区开发利用进行了有效引导,促进了绿道多功能开发(图4-26)。

(三)以人为本、保障功能的原则

驿站建设应以人为本,体现人文关怀。绿道功能设置应满足最基本的管理、餐

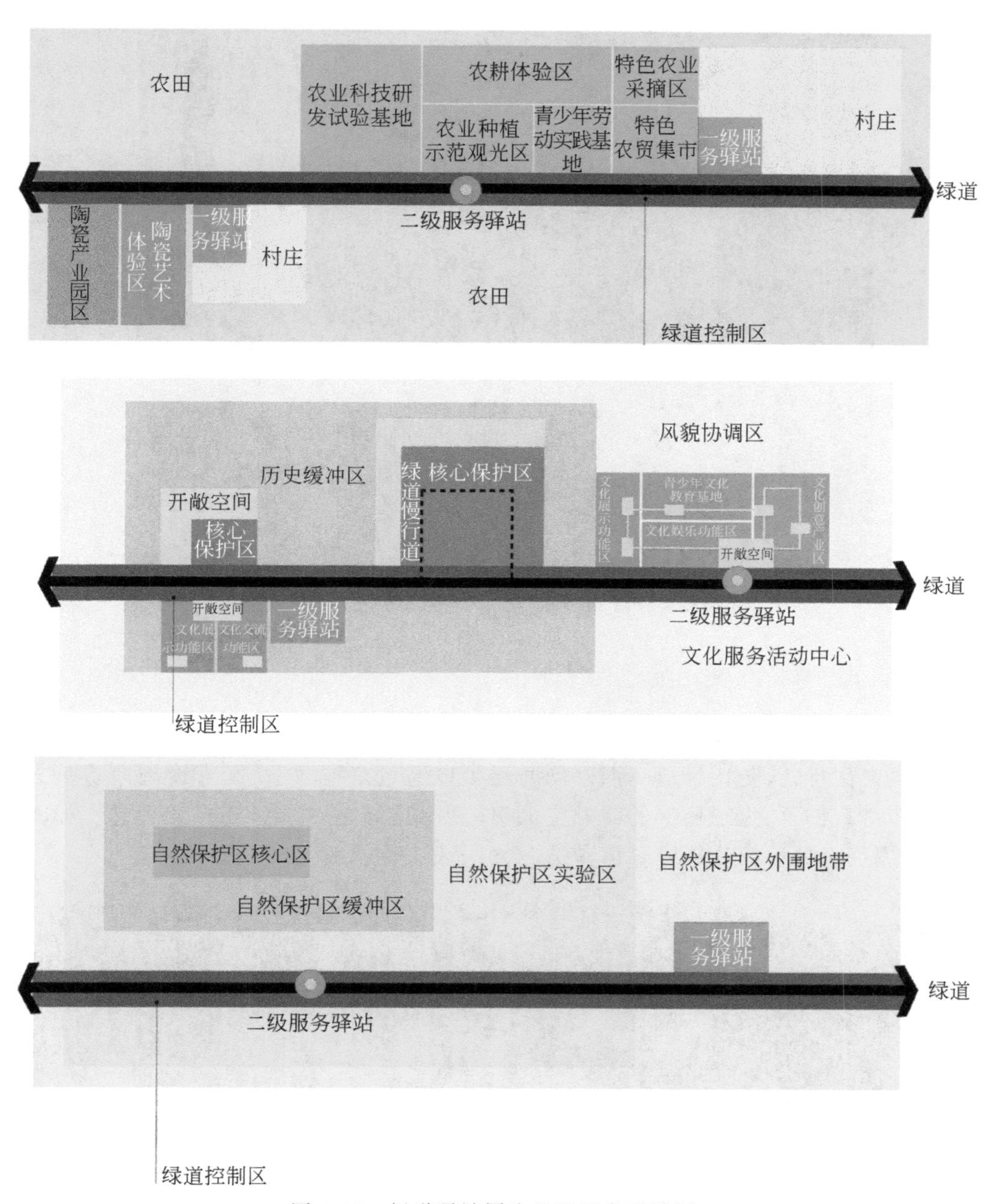

图 4-26 绿道驿站周边地区开发引导图

饮服务和医疗服务功能，方便绿道使用者使用；主要地区驿站建设要考虑残疾人使用要求，设置无障碍设施；驿站周边应设置儿童活动场地，为儿童和青少年提供活动场所（图 4-27）。

图 4-27　残疾人游绿道

(四)因地制宜、突出特色的原则

驿站建设应通过设施功能设置、建筑形式和景观环境塑造，突出地方自然山水、历史文化特色，防止千道一面。同时还可以通过宗地改造、废弃设施改造等方式，创造富有创意、生态环保的驿站空间，体现绿道绿色、生态、环保的理念。如深圳市利用废弃集装箱改造成绿道驿站，赢得了很好的社会反响(图 4-28)。

图 4-28　深圳集装箱改造的驿站

七、绿道交通衔接系统规划

绿道交通衔接系统规划主要包括绿道与常规交通方式的接驳，以及绿道线路与机动车交通共线和交叉两方面内容。规划时应满足以下要求。

(一)建立与常规交通良好的衔接关系,提高绿道可达性

方便可达性是评价绿道网络合理性的重要原则之一。只有与常规交通建立良好的衔接关系,才能提高绿道的可达性,方便使用者使用。绿道网与常规交通系统的接驳方式主要有两种。

一是通过在火车站、客运站、轨道交通换乘站点、公交站点、出租车停靠点、停车场等设置自行车租赁设施、指引牌,并建设与站点绿道之间的绿道联系线的方式,实现绿道与常规交通的接驳;二是通过建立主要交通站点(如飞机场、火车站、客运站、轨道交通换乘站点、公交枢纽站等)与绿道出入口或驿站之间的专线运营巴士的方式解决绿道与常规交通的接驳,方便使用者达到绿道(表4-2)。

表4-2　交通站点绿道交通衔接设施设置要求

常规交通站点	自行车租赁点	绿道指引标志	接驳巴士点	绿道连接线	咨询服务中心
(1)火车站	●	●	●	○	●
(2)客运站	●	●	●	○	●
(3)公共停车场	●	●	—	○	—
(4)机场	●	●	●	○	●
(5)渡口	●	●	○	○	○
(6)轨道交通站点	●	●	—	●	—
(7)公交站点	●	●	—	●	—

“●”表示必须设置,“○”表示可设,“—”表示不须设置

(二)合理处理共线和交叉问题,体现连续安全原则

绿道作为联系区域主要休闲资源的线性空间,在局部地区会与省道、县道和主要城市干道共线或交叉,具体处理方式如下。

(1)绿道与国道、省道、主要城市干道共线时,要做好绿道与机动车交通的隔离措施,共线长度不宜过长,同时对机动车交通应进行交通管制,保障绿道安全使用。

(2)绿道与省道、县道、城市干道交叉的处理方式包括平交式、下穿式和上跨式三种,可以利用交通灯管制和绿道专用横道横穿道路或者利用现有涵洞下穿道路以及利用或新建人行天桥上跨道路等衔接方式(图4-29)。

(3)绿道与高速公路、铁路交叉。绿道与高速公路、铁路交叉的处理方式包括下穿式和上跨式两种,可以借道现有桥梁上跨轨道或者利用现有涵洞下穿轨道,在涵洞周边设置安全护栏和警示标志牌。

(4)绿道与河流水系交叉。绿道与河流水系交叉的处理方式包括上跨和横渡

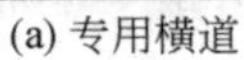
(a) 专用横道

(b) 现有涵洞

(c) 人行天桥

图 4-29 绿道与城市道路交叉方式

两种方式，可以利用现有桥梁和新建栈道通过河流水面或者结合渡口以轮渡的方式通过河流水面(图 4-30)。

(a)现有桥梁涵洞

(b)新建木桥通过

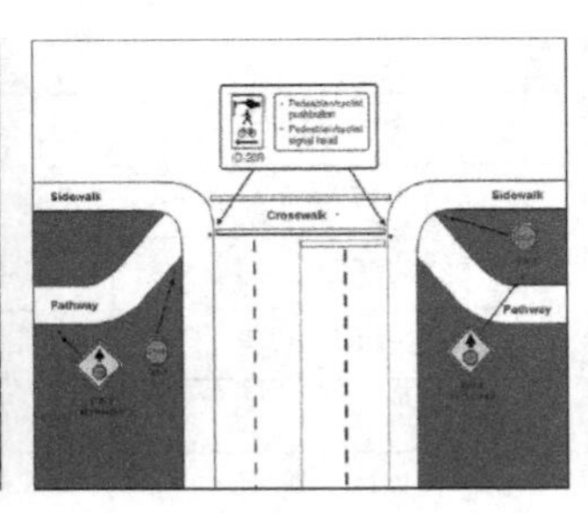

(c)轮渡

图 4-30 绿道与水系交叉处理方式

(5)在绿道使用者较多地区，要合理设计绿道断面，尽量采用分离式综合慢行道断面形式，分离绿道中自行车交通和人行交通，保障行人安全(图 4-31)。

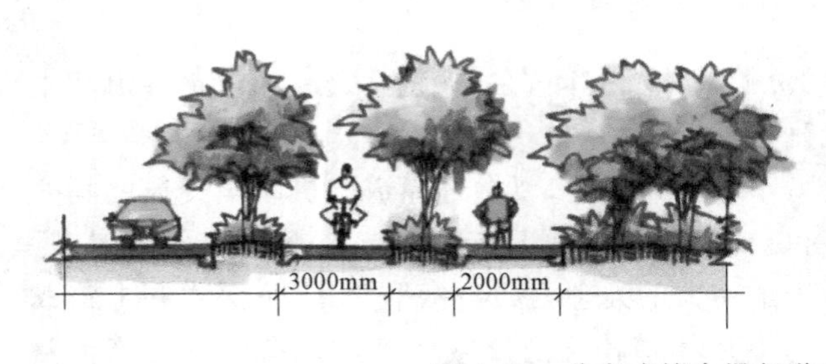

图 4-31 分离式综合慢行道示意图

八、交界面控制

交界面是指市域绿道跨区市的衔接面，交界面控制的主要任务是通过统筹规划，协调各市绿道的走向和建设标准，将各市孤立的绿道通过灵活的接驳方式有机贯通起来，形成一体化的区域绿道网络体系。

交界面主要有三种类型：河流水系型、山林型和道路型(图 4-32)。河流水系型交界面可以通过现有桥梁改造、新建桥梁和水上交通换乘进行衔接；山林型交界面可以通过现有山路改造或新开辟道路进行衔接；道路型交界面可以通过改造现有道路或利用收费站、检查站等人行或非机动车通道进行衔接。

(a) 河流水系型交界面

(b) 山林型交界面

(c) 道路型交界面

图 4-32　交界面类型

交界面设计的具体控制要求如下。

(1)交界处 500m 范围，绿道设施由双方相关部门通过协调会等方式，统一风格后建设，如统一宽度、铺装、标志以及绿化等。

(2)交界处 1km 范围，双方相关部门通过协调会等方式共同管理维护，包括路面改造、生态环境建设等。

第二篇

标 准 篇

为了要与自然环境，现有资源和形式特征相适应，每一特定城市与区域应当制定合适的标准和开发方针。这样做可以防止照搬照抄来自不同条件和不同文化的解决方案。

——《马丘比丘宪章》1977 年

第五章

标 准 综 述

为有效指导绿道的规划建设，全国各地区相继出台了一些技术标准和指引，如《广东省省立绿道建设指引》、《成都市健康绿道规划建设导则》、《武汉市绿道规划建设技术指引》等。其中由于在全国范围内广东省的绿道规划建设开展较早、开展范围广、系统性强，所以制定的相应的规划建设方面的技术标准也较为全面，主要包括《珠江三角洲区域绿道（省立）规划设计指引》《广东省省立绿道建设指引》《绿道连接线建设及绿道与道路交叉路段建设指引》《广东省绿道控制区划定与管制工作指引》《广东省城市绿道规划设计指引》等，下面就针对广东省这些主要的技术标准进行解读，总结绿道规划建设的重要要求和规定。

第一节　规划设计类

一、《珠江三角洲区域绿道（省立）规划设计指引》

该指引从界定绿道基本概念入手，提出生态性、连通性、安全性、便捷性、可操作性和经济性等绿道规划设计原则，并针对绿廊、慢行道、节点系统、标志系统、服务系统、基础设施等提出具体的规划设计指引，指导绿道规划设计工作。指引主要内容包括：①总则；②区域绿道（省立）的定义和功能；③区域绿道（省立）的分类和组成；④规划设计原则和基本要求；⑤绿廊系统规划设计；⑥慢行道规划设计；⑦节点系统规划设计；⑧标志系统规划设计；⑨服务系统规划设计；⑩基础设施规划设计。

二、《广东省城市绿道规划设计指引》

该技术指引是针对广东省城市绿道规划设计的重要技术性文件。指引首先明确了城市绿道内涵，提出建设城市绿道对于保护与优化城市生态系统、引导形成合理的城乡空间格局、提供休闲游憩和慢行空间具有重要意义，然后提出规划目标和原则、选线方法与基本要求等相关内容。该指引共包括 7 部分内容：①总则；②含义及构成;③目标和原则;④选线方法;⑤基本要求;⑥典型地段城市绿道规划指引;⑦城市绿道构成要素规划指引。

第二节 建设管理类

一、《广东省省立绿道建设指引》

该指引在分析绿道建设误区和明晰绿道相关概念基础上,借鉴国内外相关经验,将广东省区域绿道(省立)分为三大类型(生态型、郊野型、都市型)、五大系统(绿廊系统、慢行系统、交通衔接系统、服务设施系统、标志系统)、十六个基本要素进行建设控制,同时按照"基本建成、全部到位、成熟完善"三个建设阶段对基本要素提出相应的配置要求和具体建设标准,全面指导广东省区域绿道(省立)的建设工作。该指引主要内容包括:总则、建设要素和配置要求、建设要求及相关附录四大部分。

二、《绿道连接线建设及绿道与道路交叉路段建设指引》

该技术指引对绿道连接线及绿道与道路(主要指公路、城市道路等的机动车道路)交叉口的规划建设提出了相应的技术指引和建设要求,是确保绿道网的连续性和完整性的重要技术性指导文件。该指引已全面应用到珠三角地区区域绿道(省立)的规划建设中,并对其他地区及其他绿道类型的规划建设起到了很好的借鉴作用。指引主要内容包括:①总则;②绿道连接线的构成;③绿道连接线规划建设指引;④绿道与道路交叉路段建设指引。

三、《广东省绿道规划建设管理规定》

该规定在对绿道规划、建设、管理与维护、开发利用的全过程研究的基础上,确定广东省绿道规划建设管理运营总体框架及具体方法,将绿道规划建设工作法定化、长期化,指导广东省绿道规划建设和管理工作。

第三节 综 合 类

《广东省绿道控制区划定与管制工作指引》中,绿道控制区是指为保障绿道的基本生态功能、营造良好的景观环境、维护各项设施的正常运转,沿绿道慢行道路缘线外侧一定范围划定并加以管制的空间,主要包括绿廊系统和为设置各类配套设施而应保护和控制的区域。该指引从绿道控制区的划定标准和方法,及绿道控制区划定后的管制措施等方面进行了相关规定,是广东省绿道控制区管制方面重要的指引性文件。该指引包括 4 部分内容:①总则;②绿道控制区划定原则、依据与方法;③绿道控制区的范围与宽度;④绿道控制区的保护与管制。

第六章 工作组织

第一节 组织管理

以珠三角为例，广东省建设宜居城乡联席会议制度为区域绿道建设协调机构，负责珠三角区域绿道建设统筹、区域绿道建设专项资金管理、区域绿道验收工作，省住房和城乡建设厅（以下简称省建设厅）负责《珠江三角洲绿道网总体规划纲要》（以下简称《规划》）的组织编制工作，并为绿道网建设提供技术和政策指引。区域绿道建设实行任务到市、管理到市、责任到市和省监管、综合协调、专项验收的管理方式，各市辖区内的区域绿道规划与建设项目由各市负责实施。政府相关职能部门各司其职，各负其责，分工协作，共同推进绿道建设和管理工作。

各市将绿道建设工程作为重点民生工程，纳入宜居城乡建设项目库及政府的重要议事日程，根据实际情况确定各自的建设及管理模式，制定落实管理办法，配套落实项目资金，切实推进工程建设，保质保量完成任务。

绿道建设的组织程序一般经过以下环节：省市制订计划、项目可行性研究、土地获得、制定规划、绿道建设、项目验收与考核、使用与管理（图 6-1）。

第二节 项目计划

一、制订计划

各市（县）地方建设主管部门，依据省区域绿道建设计划中确定的本行政辖区内区域绿道建设任务和建设进度安排（各市区域绿道建设总长度、线路安排、建设要求、实施时序），会同市相关行业主管部门，组织编制绿道建设计划。主要包括以下内容。

（1）项目实施机构及项目责任人。

（2）主要建设内容和任务。包括绿道名称、起止点、建设长度、主要建设内容。

（3）设施配套计划。现有设施调查、规划设施需求评估、规划设施种类及规模、

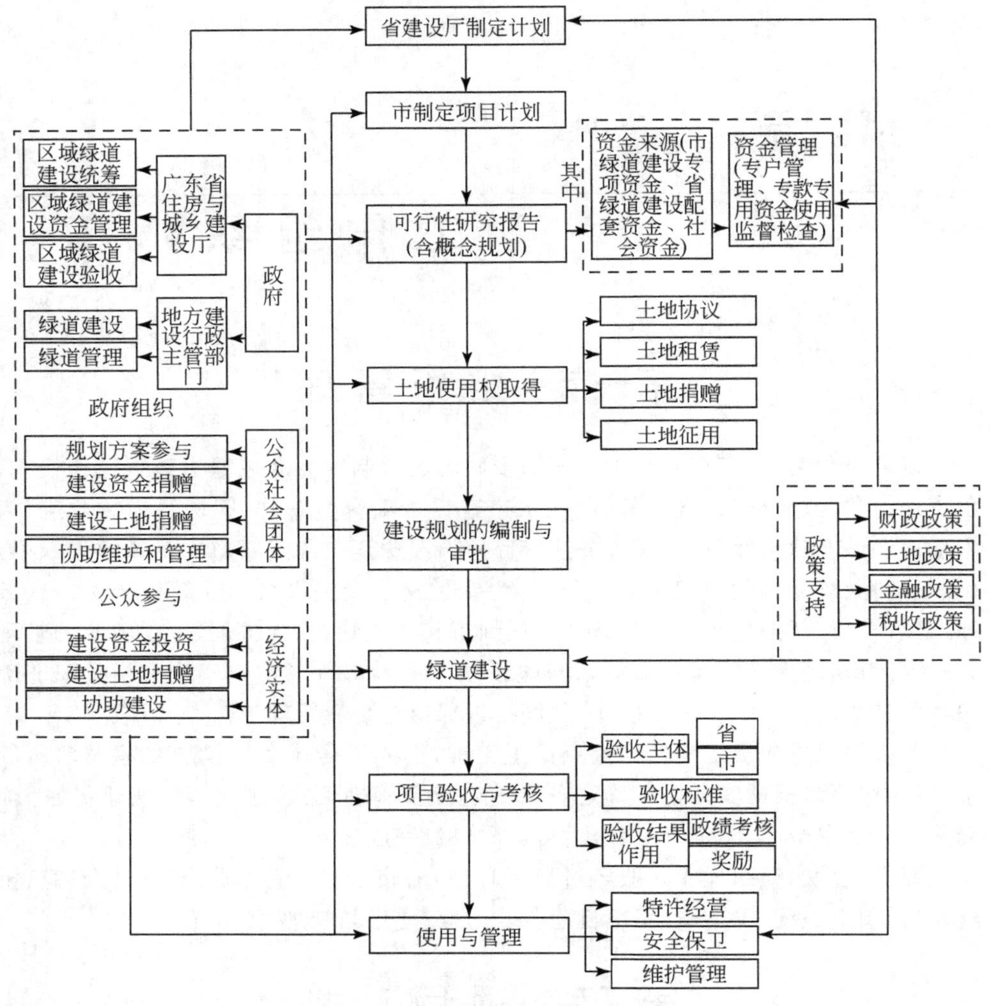

图 6-1　珠三角绿道建设工作流程

规划设施建设及运营机制。

(4)投资测算。按工程量进行项目总投资估算，拟定资金来源、分项投资额度。

(5)工作进度计划。根据《规划》规定的建设进度安排制定绿道建设年度计划，包括各年度完成的绿道建设项目名称、建设规划、建设内容、项目投资、建设周期、年度投资额、项目完成的保证措施及对策等。

(6)保障措施。包括组织领导、资金管理和配套政策措施等。

二、工作进度

各市(县)区域绿道建设项目按《规划》确定的建设进度安排在三年内建成完

善,主要工作进度计划安排如下。

(1)第一年度:基本建成。根据确定的区域绿道选线方案完成主要的区域绿道道路设计与建设,或建成一定长度(30km以上)、相关设施已基本配套完善的区域绿道。

(2)第二年度:全部到位。区域绿道道路、路附属工程应全部建设完成,区域绿道的环境景观、绿化景观配套设施应全部建成并投入使用。

(3)第三年度:成熟完善。区域绿道的配套公用建筑应全部建成完善。

三、计划管理

各市(县)地方建设主管部门依据区域绿道建设计划及年度计划,组织编制项目可行性研究报告,包括对计划中确定的区域绿道线路方案、项目资金来源、项目组织管理等进行分析论证,报送市发展和改革部门审批。审批通过后市政府下达绿道年度建设任务书,由地方建设主管部门按基建程序办理相关手续。

第三节 资金筹措

一、资金来源

绿道项目的建设资金,主要由市财政负责提供。各市设立市绿道建设专项资金,省设立省绿道建设配套资金,并建立政府投入为主、社会资金投入为辅的绿道建设投融资机制,做好各种渠道资金的衔接工作。地方建设主管部门应积极向社会公众、经济组织宣传推广绿道项目,争取向社会筹措资金,开展绿道建设活动。

(1)省绿道建设配套资金可纳入省级基本建设投资补助计划。市绿道建设专项资金作为各市辖区内的区域、城市、社区级绿道建设资金,可纳入地方人民政府基本建设计划,由市财政每年划拨;也可联合市林业、交通、水利、环保等部门,或与相关项目合作出资建设,或从绿道建设相关项目中获取部分配套资金支持。

(2)地方建设主管部门可通过招募会员、举办慈善晚会、举行活动等方式向社会宣传推广绿道项目、塑造绿道社会信誉度、筹集绿道建设资金。同时可通过社会捐赠、企业认建、出资命名、工程捆绑等方式向私人或私人基金会申请资金捐赠。

二、资金使用

省绿道建设配套资金由省财政部门根据投资补助项目预算每年予以划拨,作为区域绿道建设的前期启动与考核奖励资金,主要用于区域规划纲要的编制和示范段绿道建设项目的审批与考核。

市绿道建设专项资金的管理和使用可按地方自行制定的绿道建设和管理实施细则执行。

三、资金专户管理

绿道工程建设资金(包括省绿道建设专项资金、市绿道建设专项资金、银行贷款和社会筹集资金等)必须纳入专户管理,专款专用。资金主要用于绿道路径、游憩设施、标志系统、服务设施、交通接驳、景观绿化等工程的建设及管理维护,不得挪作他用。

四、资金使用的监督检查

地方有关部门应定期对资金的拨付、到位、使用情况进行追踪检查,发现问题应及时纠正,严肃处理。地方建设主管部门应自觉接受审计、稽查部门的审计和稽查。项目竣工验收时,要附有审计部门的审计报告。

第四节 土地来源

一、土地协议

绿道建设通过农业、林业、国土、水利、海洋渔业、文物保护等行政主管部门管理的国有土地范围时,可采用协议管理的方式,由建设行政主管部门与相关部门签订管理协议,由其无偿提供土地使用权,建设行政主管部门结合现有设施建设绿道。

二、土地租赁

绿道建设经过农村集体用地以及由单位或个人使用的国有土地时,可以采用土地租赁的方式,由建设行政主管部门作为承租人,向土地所有方或使用方缴纳租金,建设绿道相关设施,尽量不新增建设用地。

三、土地捐赠

绿道需要穿过农村集体用地以及由单位或个人使用的国有土地时,可由村集体、农民、单位或个人自愿捐赠土地使用权,并在绿道建设过程中采取认建认养的方式,签订认建、认养协议,明确责任和权利。认建认养的绿道及其相关配套设施的产权不作变更,仍为原产权单位所有。

四、土地征用

绿道建设确实需要通过征地获得土地使用权的,建设行政主管部门按照城市园林绿化基建工程的征用方式进行征用。

第五节　验收与考核

一、验收程序

区域绿道建设任务完成三个月内，由各市建设行政主管部门完成建设项目的竣工验收工作，并将验收结果纳入绿道建设工程年报，省建设厅根据年报内容适时组织领导和专家对绿道进行检查。

二、验收标准

省建设厅制定珠三角绿道建设项目验收工作大纲，绿道建设项目验收标准应参照珠三角绿道建设项目验收工作大纲执行。

三、考核与奖励制度

绿道建设项目综合考评结果与领导政绩考核直接挂钩，纳入各市创建宜居城乡工作绩效考核的指标体系。考核由各市建设行政主管部门牵头，原则安排在每年年末。综合考评结果由地方建设行政主管部门汇总上报省建设厅确认，对考核先进的城市由省建设厅奖励一定资金作为绿道建设、管理和维护费用。

第七章 规划建设

第一节 我国绿道规划建设误区

一、绿道规划建设存在的问题

绿道在实际建设中，由于有些地方对绿道概念内涵的理解出现偏差，使得具体建设很容易出现以下几点误区(方正兴等，2011)。

(一)长距离借道城市道路和公路的非机动车道

根据相关要求，绿道网选线应串联城乡聚居区、重要的自然和人文景观，在保障绿道慢行系统线路连通的同时与区域性交通网络、轨道交通站点保持便捷联系。部分地区理解绿道选线要求时出现误区，认为为保障绿道的贯通，又避免大规模的开挖和建设，最便捷的方法是将绿道选线与城市道路相结合，有的干脆直接借道城市道路或公路，并在相当长的范围内都是借道使用。这种做法成本低见效快，但并不能为行人提供一个绿色的慢行空间，因此是有违绿道建设初衷的(图 7-1)。

图 7-1 长距离借用城市主干道的非机动车道

(二)只建车道,不划廊道

很多地方将绿道简单理解成为单车道,其实绿道除了为人们提供更多贴近自然的活动场所外,还有一项非常重要的功能是生态功能。绿道建设的初衷是希望通过绿道建设将城镇密集地区具有关键作用的生态过渡带、节点和廊道保护起来,为城镇建设区提供通风廊道,缓解热岛效应。因此绿道建设在建设慢行车道的同时,还应划定绿廊建设和控制空间,充分体现绿道的生态功能。

(三)只建车道,不管配套

绿道系统除了包括绿廊和慢行道以外,还应包括相应的配套服务设施。部分地区在进行绿道建设时,为求建设速度,只建车道不管配套(图 7-2)。车道建了很长却发现完全没有休憩、指示、停车、换乘、卫生、安全等服务设施,这样的绿道根本无法正常使用,更别说能够让游客便捷、有效、安全地使用。

图 7-2　只建车道,不管配套

(四)过于人工化,不生态

生态化和本土化是绿道建设应遵循的基本原则,即在绿道建设过程中要充分体现自然与本土特色,遵循因地制宜、低碳节约原则。然而部分地区在进行绿道建设时,并未注意充分结合现有地形、水系、植被等自然资源特征,依然采取大填大挖的方式,毁坏了大量自然或人工植被。在建筑选材方面也没有根据乡土和地方特色,选取易于施工、方便后期维护管理的材料,导致绿道中出现过多的“人工因素”,使得绿道建设过于人工化,不生态(图 7-3)。

图 7-3　过于人工化，不生态

二、绿道规划建设问题产生原因

(一)缺乏规划编制方面的标准

绿道建设在我国尚属于起步阶段，绿道规划建设的内容是什么，是一个不断探索的过程，如在珠三角绿道规划建设之初，各层级绿道规划编制应解决的重点问题还没有相关标准明确规定，所以各地从自身需要出发编制了内容形式各不相同的绿道规划，有些规划难免内容不全，无法全面指导绿道建设。

(二)直接建设，规划落后或缺乏规划

在绿道建设过程中，为赶工程进度，有些地区对绿道网总体规划工作极不重视，在没有或未认真进行选线和服务设施综合布局的情况下，直接进行建设，导致绿道选线不合理，服务设施布局不到位。

(三)对绿道内涵的理解存在偏差

绿道由“绿廊＋慢行道＋配套设施”构成。绿廊主要承载的是绿道的生态功能，是绿道的生态本底；“慢行道”是绿道休闲运动功能的主要载体；建设基本的“配套设施”是为方便居民正常、安全使用绿道。只有构成完整、串联成网，绿道才能充分发挥其生态、休闲、教育、经济等多重功能。但是在绿道的实际建设中，有些建设者把绿道理解成“非机动车道”、“自行车道”，在这种错误理解的指导下，建设绿道时就容易出现直接在现有道路上画线作为绿道，不建绿道配套服务设施，不进行绿

廊划定等建设误区。

(四)重视工程建设,忽视生态建设

把绿道等同于普通建设项目,在建设过程中,重视人工设施的设计施工,忽略绿道整体景观环境的营造,对绿道建设中应重点关注的生态建设、生态维育的内容普遍忽视,造成建设过程中过于人工化、不生态(方正兴等,2011)。

第二节 绿道规划建设基准要素体系

要保障绿道建设效果,发挥绿道生态、休闲、游憩、教育和经济等多重功能,需要从绿道建设地区地域特点、绿道使用者的便利程度和安全程度等方面考虑,确定合理的建设要素体系。

一、"3、5、16"基准要素体系确定原则

(一)分类设定原则

绿道建设的基准要素体系的确立利用类型学研究方法,将绿道分为生态型、郊野型、都市型三种类型,把握不同类型绿道的类型特征和建设关键要素,分类设定建设要素和建设标准,提高建设标准的针对性和指导性。

(二)便利性原则

绿道建设基准要素的确定要充分考虑绿道使用的便利性,考虑到使用者在绿道使用过程中必须设置的设施。例如,为方便居民和游客进入,要设置绿道网与公共交通网的衔接系统;为方便居民和游客更好地使用绿道,要设置配套齐全的服务设施。

(三)体现人性、保障安全的原则

绿道建设基准要素确定突出以人为本,以慢行交通为主,减少与机动车的冲突,同时充分保障游客的人身安全,完善绿道的标志系统、应急救助系统,以及与游客人身安全密切相关的配套设施,体现人性化。

二、"3、5、16"基准要素体系框架与内涵

绿道分为三大类型(生态型、郊野型、都市型),由五大系统(绿廊系统、慢行系统、交通衔接系统、服务设施系统、标志系统)构成,涵盖16个基本要素(表7-1)。

表 7-1 绿道建设基本要素表

系统代码	系统名称	要素代码	要素名称	备注
1	绿廊系统	1-1	绿化保护带	
		1-2	绿化隔离带	
2	慢行系统	2-1	步行道	根据实际情况选择其中之一
		2-2	自行车道	
		2-3	综合慢行道	
3	交通衔接系统	3-1	衔接设施	包括非机动车桥梁、码头等
		3-2	停车设施	包括公共停车场、公交站点、出租车停靠点等
4	服务设施系统	4-1	管理设施	包括管理中心、游客服务中心等
		4-2	商业服务设施	包括售卖点、自行车租赁点、饮食点等
		4-3	游憩设施	包括文体活动场地、休憩点等
		4-4	科普教育设施	包括科普宣教设施、解说设施、展示设施等
		4-5	安全保障设施	包括治安消防点、医疗急救点、安全防护设施、无障碍设施等
		4-6	环境卫生设施	包括公厕、垃圾箱、污水收集设施等
5	标识系统	5-1	信息墙	参照《珠三角绿道网标识系统设计》规定执行
		5-2	信息条	
		5-3	信息块	

三、绿道建成标准

根据绿道的建设实施情况，参考国内外的相关经验，绿道的建设在不同阶段有不同的建成标准，可分为“基本建成”、“全部到位”、“成熟完善”等三个阶段。

（一）“基本建成”

基本建成事实上是绿道建设从无到有的过程，在此阶段，建设的要求以实现“可游赏、可通行、可到达、可停留、可识别”的“五可”标准为主，是满足绿道连通与使用的最基本要求。

在此阶段，珠三角地区要求完成不少于 70％规划长度的区域绿道线路建设，完成绿道慢行道的路面铺装，建设必要附属配套工程和标志系统，达到以上各项工程建成的标准，使区域绿道基本满足使用要求。具体而言，是指通过划定和建设绿廊，使绿道两侧拥有可游赏沿线景致，满足“可游赏”的要求；通过建设慢行道（包括自行车道或综合慢行道），达到“可通行”的要求；通过建设公交站、停车场，或是设置到达交通枢纽或地铁站点的接驳线路，实现“可到达”的要求；通过建设最基本的服务设施，满足游客最基本的服务需求，满足“可停留”的要求；通过建设信息、指示、安全等最基本、必需的标志系统，满足“可识别”的要求。

“基本建成”阶段设施标准的相关案例——增城市50km自行车道建设。

增城市自2008年起从市区到白水寨风景区建设了长达50多公里的沿增江的自行车休闲健身道（图7-4），穿越风光优美的绿色地区，慢行系统基本建成，各类服务设施、标志设施初步齐备。

图7-4　增城市自行车道

（二）“全部到位”阶段的建成标准

“全部到位”阶段实际上是绿道建设“从有到好”的阶段，因此，这阶段的总体建设要求是保证绿道全线贯通，各类设施完善到位，标识系统齐备，达到技术建成的标准，符合正常使用的要求。珠三角地区在此阶段提出，应完成区域绿道（省立）全线建设，划定并对绿道控制区实施有效管制，各项配套设施全部建成，全面完善沿线绿化，保障城际交界面互联互通，打造不少于总长度10%的区域绿道（省立）展示段，达到技术建成的标准，能满足群众正常使用要求。

“全部到位”阶段设施标准的相关案例——中国香港的麦理浩径。

麦理浩径是香港最长的远足径，长达100km，起于西贡北潭涌，穿越香港八大郊野公园，分为长度不等的10段。

麦理浩径全线连通，各类服务设施、标志完备，如每 500m 设置标距柱，在无电信信号处设置紧急求助电话等。

麦理浩径交通驳接便利，并于绿道出口处设置清晰的指引。

（三）“成熟完善”阶段的建成标准

“成熟完善”阶段实际上是绿道建设“从好到精”的过程，通过不断完善各种绿道配套设施，对区域绿道进行美化、优化，使绿道具备安全、舒适、便捷的游览环境，节点丰富多彩，串联重要地区，同时与旅游、教育等多种人文活动结合。具体而言，是指使区域绿道（省立）与城市绿道（社区绿道）实现无缝衔接，完善绿道生态化建设，健全提升配套设施，使其具备安全、舒适、便捷的游览环境，能成熟运营，使绿道网综合功能和效益得到充分发挥（表 7-2）。

表 7-2 不同建设阶段的区域绿道（省立）建成标准

系统代码	系统名称	要素代码	要素名称	生态型			郊野型			都市型			备注
				基本建成	全部到位	成熟完善	基本建成	全部到位	成熟完善	基本建成	全部到位	成熟完善	
1	绿廊系统	1-1	绿化保护带	●			●			○			
		1-2	绿化隔离带			○			○	●			
2	慢行系统	2-1	步行道	●			●			●			根据实际情况选择其中之一，一般应修建自行车道
		2-2	自行车道	●			●			●			
		2-3	综合慢行道	●			●			●			
3	交通衔接系统	3-1	衔接设施		●			●			●		包括非机动车桥梁、码头等
		3-2	停车设施	●			●			●			包括公共停车场、公交站点、出租车停靠点等
4	服务设施系统	4-1	管理设施		●			●				●	包括管理中心、游客服务中心等
		4-2	商业服务设施	●			●			●			包括售卖点、自行车租赁点、饮食点等

续表

系统代码	系统名称	要素代码	要素名称	生态型			郊野型			都市型			备注
				基本建成	全部到位	成熟完善	基本建成	全部到位	成熟完善	基本建成	全部到位	成熟完善	
4	服务设施系统	4-3	游憩设施	●			●			●			包括文体活动场地、休憩点等
		4-4	科普教育设施			●			●			●	包括科普宣教设施、解说设施、展示设施等
		4-5	安全保障设施	●			●			●			包括治安消防点、医疗急救点、安全防护设施、无障碍设施等
		4-6	环境卫生设施	●			●			●			包括公厕、垃圾箱、污水收集设施等
5	标志系统	5-1	信息墙	●			●			●			
		5-2	信息条	●			●			●			
		5-3	信息块			○			○			○	

"●"表示必须设置,"○"表示可设置

"成熟完善"阶段设施标准的相关案例——美国东海岸绿道。

东海岸绿道全长约 4500km,途经 15 个州、23 个大城市和 122 个城镇,连接了重要的州府、大学校园、国家公园、历史文化遗迹。

该绿道是全美首条集休闲娱乐、户外活动和文化遗产旅游于一体的绿道,起到繁荣各类人文活动,促进社会和谐及各民族融合的作用。

同时,该绿道为沿途各州带来约 166 亿美元的旅游收入,为超过 3800 万居民带来巨大的社会、经济和生态效益。

第三节　绿道控制区划定与绿廊系统建设

一、绿道控制区划定

(一)绿道控制区及相关概念

绿道控制区是绿道的核心管制区域,为动植物生存繁衍和迁徙、人的休闲和游憩提供设施与空间,同时与外围城镇建设区、核心资源保护区进行缓冲、隔离。主要包括慢行道、标志系统、基础设施、服务系统、自然生态绿廊，以及其他划入控制区的户外空间资源等[①]（图7-5）。

绿化缓冲区是绿道的外延空间区域，指包含绿道控制区以及绿道串连的自然资源、历史人文资源和游憩资源的空间区域。主要包括风景名胜区、森林公园、郊野公园、河流湖泊、农田、古村落、历史文化保护单位、旅游度假区、城市广场、城市公园等[②]（图7-5）。

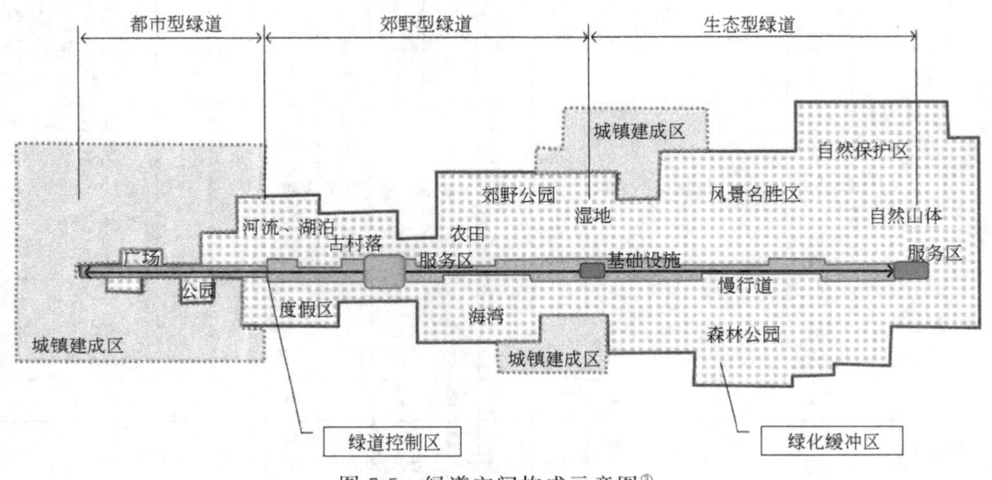

图7-5 绿道空间构成示意图[③]

（二）绿道控制区划定标准

生态型绿道控制区以自然生态要素为主，包括贯穿、经过和连接的自然河流、溪谷、水库、湖泊、海岸及山体的空间范围，主要是作为动植物栖息地保护与维育、保障生物多样性、可供自然科考以及野外徒步旅行等活动的空间区域。宽度应能满足创造自然的、物种丰富的、适宜动植物繁衍、迁徙和生存的生态环境，同时应能有效避免人的活动对自然生态环境及动植物繁衍、迁徙和生存造成干扰的要求，其控制宽度一般不小于200m。

郊野型绿道控制区以半自然半人工要素为主，为人们提供亲近大自然、感受大自然的绿色休闲空间，是联系城市与乡村的绿化廊道。宽度应能满足创造半自然半人工的，满足动植物迁徙和生物多样性保护的，满足人们亲近大自然、感受大自然的生态环境，同时应能有效避免人的活动对自然生态环境及动植物繁衍、迁徙和生存造成干扰的要求，其控制宽度一般不小于100m。

---

①②③均引自深圳市规划国土发展研究中心的《广东省绿道控制区划定与管制工作指引研究》

都市型绿道控制区以人工要素为主，对珠三角绿道网起到串连的作用，同时承担城市内部与外部动植物迁徙通道的功能。宽度应能满足创造人工的、满足动植物迁徙的、满足绿道网络串连作用的生态环境的要求，其控制宽度一般不宜小于20m，其中绿道慢行道边线与城镇建设区域的单侧距离不宜低于8.0m。

（三）绿道控制区建设管制要求

绿廊控制线应纳入城市基本生态控制线管理，实行严格的空间管制政策。绿廊控制线内应严格限制与绿道功能不兼容的项目进入，保护绿廊自然生境。绿道配套设施的建设应满足绿廊资源的生态承受力要求。绿道建设必须符合表7-3的规定。

表7-3　绿道建设管制要求

<table>
<tr><th colspan="3">允许建设项目</th><th rowspan="2">禁止建设项目和活动</th></tr>
<tr><th>设施类型</th><th>基本设施</th><th>其他允许建设项目</th></tr>
<tr><td>交通设施</td><td>慢行道（步行道、自行车道、综合慢行道）
交通衔接设施（桥、摆渡码头等）
停车设施（公共停车场、出租车停靠点、公交站点等）</td><td>划船道、栈道、游船码头等
绿道穿梭巴士停靠站（场）</td><td rowspan="9">（1）开发类项目：如房地产开发、大型商业设施、宾馆、工厂、仓储等
（2）污染绿道环境的项目，如不符合环境保护要求的农家乐、餐饮服务设施、油库及堆场等
（3）对绿道环境保护构成破坏的活动，如砍伐树木、伤害动物、拦河截溪、采土取石等</td></tr>
<tr><td>管理设施</td><td>管理中心、游客服务中心</td><td></td></tr>
<tr><td>商业服务设施</td><td>售卖点、自行车租赁点、饮食点</td><td>流动售卖、露天茶座、户外运动用品租售点等</td></tr>
<tr><td>游憩设施</td><td>文体活动场地（儿童游憩场地、群众健身场地、篮球场等）、休憩点</td><td>公园、露营设施、烧烤场、垂钓点、高尔夫练习场、滑草场、骑马场、马术表演场、休闲运动中心、运动俱乐部、游泳、水上竞速、漂流、攀岩、蹦极、定向越野等</td></tr>
<tr><td>科普教育设施</td><td>科普宣教设施、解说设施、展示设施</td><td>宣教栏、纪念馆、展览馆、鸟类及野生动物观测点、天文气象观测点、特殊地质地貌考察点、生态景观观赏点、古树名木及珍稀植物观赏点等</td></tr>
<tr><td>安全保障设施</td><td>治安消防点、医疗急救点、安全防护设施、无障碍设施</td><td>医疗保障点、水上救援站、救生岗塔等</td></tr>
<tr><td>环境卫生设施</td><td>公厕、垃圾箱、污水收集设施</td><td>生态环保型污水处理设施、定点拦截设施</td></tr>
<tr><td>其他基础设施</td><td></td><td>保障绿道使用的其他市政公用设施，如照明、给水、排水、电信设施等
国家、省、市的重大道路交通设施和市政公用设施等</td></tr>
</table>

二、绿廊系统功能及组成

(一)绿廊定义

绿廊系统主要由地带性植物群落、水体、土壤等一定宽度的绿化缓冲区构成，是绿道控制范围的主体(参见《珠江三角洲绿道网总体规划纲要》)。

绿廊系统是区域绿道的生态基底和基本组成部分，具有生态维育、隔离防护、物种保护、动物迁徙廊道、净化空气水体、预防自然灾害和教育游憩的作用，应满足自然、连续、统一、安全和实用的基本要求。

(二)绿廊功能

根据《珠江三角洲绿道网总体规划纲要》对生态型绿道和郊野型绿道的定义，“生态型绿道主要沿城镇外围的自然河流、小溪、海岸及山脊线建立，通过栖息地的保护、创建、连接和管理来保护和维育珠三角地区的生态环境和生物多样性，可供进行自然科考及野外徒步旅行”。“郊野型绿道主要依托城镇建成区周边的开敞绿地、水体、海岸和田野，通过登山道、栈道、慢行休闲道等形式而建立，旨在提供人们亲近大自然、感受大自然的绿色休闲空间，实现人与自然的和谐共处。”

生态型绿道的绿廊主要以生态维育、生态保护、生物廊道的功能为主，兼具科普教育功能，根据自然生态学相关研究，15m 宽的生态带是保证生态系统正常运行的最小宽度，因此生态型绿道绿廊应保证慢行道单侧至少 15m 宽的保护带，根据绿道所处实际条件增加。

郊野型绿道的绿廊主要以自然维育和保护的功能为主，兼具科普教育和景观休闲的功能，因此郊野型绿道绿廊应保证慢行道单侧至少 10m 宽的保护带，根据绿道所处实际条件增加。

都市型绿道一般沿城市绿地、水域、道路分布，为避免相互干扰，绿道与城市其他公共设施应采取一定的隔离设施，因此都市型绿道绿廊功能主要以隔离为主，应设置绿化隔离带。

(三)绿廊组成

组成绿廊系统的要素可以是自然植被、自然水体、湿地、耕地、菜地、园地、林地和人工绿地等。

绿廊系统包括绿化保护带和绿化隔离带两个组成部分。生态型绿道和郊野型绿道设置绿化保护带，都市型绿道设置绿化隔离带。

三、绿廊建设标准及要求

(一)总体要求

绿廊内植被系统建设应遵循“生态优先、保护生物多样性、因地制宜、适地适树”的原则,符合植物自然演替规律,最大限度地保护、合理利用现有自然和人工植被,维护区域内生态系统的健康与稳定。不得随意改变、破坏绿廊内原有河道形态、自然植被和地质地貌,对生态退化和破坏的区域,应采用各种生态技术手段及时进行生态修复。

植物种植应满足安全、教育、交通引导、休闲游憩和观赏的要求。绿廊内新增植物应根据“适地适树、乡土树种优先”的原则,选择适应性强、病虫害少的乡土树种合理配置,满足生物多样性和景观多样性,同时与环境相协调。禁用未经国家批准引进的外来植物和有毒、枝叶尖刺和容易引起人们不适感的植物。绿廊内名木古树、珍稀植物必须全部保留。

绿廊内各种水上游览项目的开发利用应以水资源、水环境保护为前提和原则,科学评估,合理规划,严格监管,实现区域水资源的可持续发展。不宜采用截弯取直、渠化、固化等的人工方式破坏河流生态环境。不宜为保障绿道的通达性而在绿廊中新建人工水工构筑物,如混凝土堤坝、浆砌石坝、堆石坝和橡胶坝等。进行生态恢复的河道应采用自然驳岸形式,如乱石驳岸、漫滩式驳岸和湿地驳岸等。

城市河流的廊道建设应与城市雨水和污水排放系统相协调,禁止向河道内排放有污染的水体。绿廊建设应充分考虑廊道内水土保持,应做好预防水土流失的措施,尤其是考虑慢行道建设对自然边坡植被的直接影响,可结合边坡防护措施和植被措施进行保护和预防。不得在绿廊内随意填埋固体废弃物、污染物和有毒物体。不得在绿廊内随意开挖和建设。

绿廊内野生动植物资源利用应贯彻“严格保护、合理恢复”的方针,严格保护野生动物生境,不得大幅度开发建设,结合植物建设,逐步恢复生物多样性。慎重引入外来物种(包括植物和动物),引入物种以适合珠三角地区生长种类为准,避免外来物种入侵影响本土物种生存和发展。

(二)绿化保护带建设标准

生态型绿道和郊野型绿道必须划定绿化保护带。绿化保护带划定应避免生态敏感区,生态条件好的绿化保护带应以保护为主,尽量减少人工干预。生态条件较差的绿化保护带应以维育为主,绿化树种应采用本地乡土植物。

生态型绿道单侧绿化保护带宽度不宜小于15m。

郊野型绿道单侧绿化保护带宽度不宜小于10m。

(三)绿化隔离带建设标准

都市型绿道应建设绿化隔离带,绿化隔离带应尽量结合现有绿化设置,考虑与城市绿地的连接和联系,考虑景观的连续性与协调性;与城市干道相邻的都市型绿道其绿化隔离带应采用防噪音、吸尘、防污染树种,具体建设标准参照国家相关设计规范。

新城区绿化隔离带宽度不小于3m,旧城区绿化隔离带宽度不小于1.5m,旧城中心或改造难度较大的地区绿化隔离带宽度不小于1m。

第四节　慢行系统规划建设

一、慢行系统的内涵

城市慢行交通系统是城市绿色交通系统的首要构成及综合交通体系的重要组成部分,由步行系统与非机动车系统两大部分构成。慢行交通隐含了公平和谐、以人为本和可持续发展的理念。

绿道慢行系统包括步行道、自行车道、综合慢行道,可根据现状情况选择其一建设,一般应建设自行车道,生态型、郊野型绿道可建设综合慢行道。

二、国外研究成果

“慢行系统”一词是国内提出概念,国外绿道研究中与此类似的概念是游径(trail)。国外对游径的研究主要集中在游径类型、游径选线和游径建设标准三个方面。

(1)游径类型研究。将游径分为四种类型:基于水面的、基于地面的、单人游憩为主的和多人游憩为主的。

(2)游径的选线要求。对绿道选址标准进行了研究:①必须与目的地地形相适应;②必须有足够的承载容量以容纳数量庞大的游客;③必须设立安全通道;④必须能够让游人在游览的同时体会到保护环境的重要性;⑤建设和保养必须具有成本效益,且要具有实效性。

(3)游径的建设标准。包括对自行车道宽度、各类游径道路宽度、游径坡度的建设标准进行了研究(表7-4～表7-6)。

表7-4　AASHTO(美国州际公路运输协会)自行车道宽度标准

AASHTO标准	推荐最小宽度
单行自行车道	5英尺(1.5m)
双向自行车道	10英尺(3m)
三向自行车道	12.5英尺(3.8m)

表 7-5　各类游径推荐路面宽度

游径使用者类型	推荐路面宽度
自行车使用者	10 英尺(双向道)(3m)
远足/散步/慢跑/跑步者	乡村道 4 英尺(1.2m),城市道 5 英尺(1.5m)
穿越乡村的滑雪者	双向道 8～10 英尺(2.4～3m)
雪橇使用者	单向道 8 英尺(2.4m),双向道 10 英尺(3m)
小型车辆	供两轮交通工具使用,5 英尺(1.5m);供 3～4 轮交通工具使用,7 英尺(2.1m)
骑马者	路面宽度 4 英尺(1.2m),净宽 8 英尺(2.4m)
轮椅使用者	单向路 5 英尺(1.5m)

表 7-6　游径纵坡与横坡设计建议

游径使用者	平均速度/(英里/h)	纵坡	横坡
远足者	3～5(5～8km/h)	没有限制	最大 4%
残疾步行者	3～5(5～8km/h)	2%为宜,最大 8%	2%为宜
自行车运动者	8～15(13～24km/h)	3%为宜,最大 8%	2%～4%
骑马者	5～15(8～24km/h)	5%为宜,最大 10%	最大 4%
越野滑雪者	2～8(3～13km/h)	3%为宜,最大 5%	2%为宜
雪橇使用者	15～40(24～64km/h)	10%为宜,最大 25%	最大 2%～4%

三、国内规划建设标准规范

与绿道慢行系统建设标准有关的规划标准主要有《城市道路设计规范(CJJ 37—90)》和《城市道路和建筑物无障碍设计规范(JGJ 50—2001)》。

(一)《城市道路设计规范(CJJ 37—90)》

1. 步行道

1)步行道宽度

步行道最小宽度见表 7-7。

表 7-7　步行道最小宽度

项目	人行道最小宽度/m	
	大城市	中、小城市
各级道路	3	2
商业或文化中心区以及大型商店或大型公共文化机构集中路段	5	3
火车站、码头附近路段	5	4
长途汽车站	4	4

2)步行道铺装

步行道铺装结构设计应贯彻因地制宜、合理利用当地材料及工业废渣的原则,并考虑施工最小厚度。

步行道铺装面层应平整、抗滑、耐磨、美观。基层材料应具有适当强度。处于潮湿地带时,应采用水稳定性好的材料。

步行道面层应与周围环境协调并注意美观。

2. 自行车道

1)自行车道宽度

自行车道路路面宽度应按车道数的倍数计算,车道数应按自行车高峰小时交通量确定。自行车道路每条车道宽度宜为1m,靠路边的和靠分隔带的一条车道侧向净空宽度应加0.25m。自行车道路双向行驶的最小宽度宜为3.5m,混有其他非机动车的,单向行驶的最小宽度就应为4.5m。

2)自行车道坡度

自行车道纵坡度宜小于2.5%。大于或等于2.5%时,应按表7-8规定限制坡长。

表 7-8 自行车道纵坡限制坡长

纵坡坡度/%	3.5	3	2.5
限制坡长/m	150	200	300

各级道路纵坡变更处应设置竖曲线,竖曲线采用圆曲线,设计中应采用大于或等于表最小半径值,自行车道的竖曲线的最小半径为500m。

3)自行车道路面结构

自行车道路面应根据筑路材料、施工最小厚度、路基土种类、水文情况以及当地经验,确定结构组合与厚度。

路面结构应有足够强度。面层应平整、抗滑、耐磨。

基层材料应具有适当强度和水稳定性。处于潮湿地带及冰冻地区的道路应设垫层。

4)自行车道其他要求

自行车道路应按设计速度11~14km/h的要求进行线型设计。交通拥挤地区和路况较差的地区,其行程速度宜取低限值。

自行车专用道应按设计速度20km/h的要求进行线型设计。

(二)《城市道路和建筑物无障碍设计规范(JGJ 50—2001)》

与慢行系统相关的《城市道路和建筑物无障碍设计规范(JGJ 50—2001)》包括城市道路无障碍设计等章节内容,这里不再罗列。

四、珠江三角洲绿道慢行道建设标准及要求

参考国外研究成果以及国内相关的规划建设标准规范，结合珠三角实际建设条件，对绿道慢行系统建设标准与要求进行研究。

(一)一般要求

(1)慢行系统选线应满足绿道规划要求，并与基本生态控制线、绿地系统规划相协调。

(2)慢行系统应连接城市与城市之间、城乡之间重要的自然生态斑块、公园、人文景观，并尽可能做到两侧有景可观，步移景异，避免景观单调平淡。生态型绿道慢行道选线应遵循最小生态影响的原则，不应在生态敏感区开辟慢行道，避免过度干扰野生动植物的生境。

(3)慢行系统应与区域性交通网络、轨道交通站点保持便捷的联系，增强可达性。

(4)慢行系统建设应因地制宜，充分利用现有河堤、机耕路、道路防护绿带，避免大填大挖，做到技术可行、经济合理。

(5)慢行系统应保证线路连通，当绿道跨越河流、山体、铁路、高快速路、城市道路等障碍物时，可采用轮渡、架设人行天桥、道路路面画线、借用城市桥梁和隧道等方式保证连通。

(6)慢行系统一般不得直接借道公路和城市道路。起连通作用的，借道长度不得超过 2km，同时必须与机动车道有安全隔离设施，借道路段前方机动车道必须设置减速带和警示标志。

(7)慢行道不应经过有滑坡、塌方、泥石流等危险的地质不良地段。

(8)慢行道路面铺装在满足使用强度的基础上，应采用环保生态、渗水性强的当地自然材料。

(二)步行道建设标准与要求

(1)步行道最小宽度应符合表 7-9 的规定。

表 7-9 步行道宽度最小要求 (单位：m)

类型	都市型	郊野型	生态型
单独设置	2	1	1
与市政道路结合	3	1	1

(2)步行道横坡度不得超过 4%，纵坡度不得超过 12%，当纵坡坡度大于 12%时，应辅以梯步解决竖向交通。

(3)步行道铺装面层应平整、抗滑、耐磨、美观。基层材料应具有适当强度。处于潮湿地带时，应采用水稳定性好的材料。

(4)都市型绿道的步行道应考虑残疾人的使用要求，满足无障碍设计的要求，并符合《城市道路和建筑物无障碍设计规范(JGJ 50—2001)》的规定。

(三)自行车道建设标准与要求

(1)自行车道路面宽度单车道不应小于1.5m，双车道不应小于2.5m。

(2)自行车道横坡度不得超过4%。纵坡度宜小于2.5%，最大不应超过8%，大于或等于2.5%时，应符合表7-10的规定。

表 7-10　自行车道纵坡限制坡长

纵坡坡度/%	3.5	3	2.5
限制坡长/m	150	200	300

(3)自行车道纵坡变更处应设置竖曲线，竖曲线采用圆曲线，竖曲线的最小半径为500m。

(四)综合慢行道建设标准与要求

综合慢行道宽度应满足人与自行车混行的要求，最小控制宽度应符合表7-11的规定(图7-6、图7-7)。

表 7-11　综合慢行道最小控制宽度

类型	都市型	郊野型	生态型
宽度/m	6	3	2

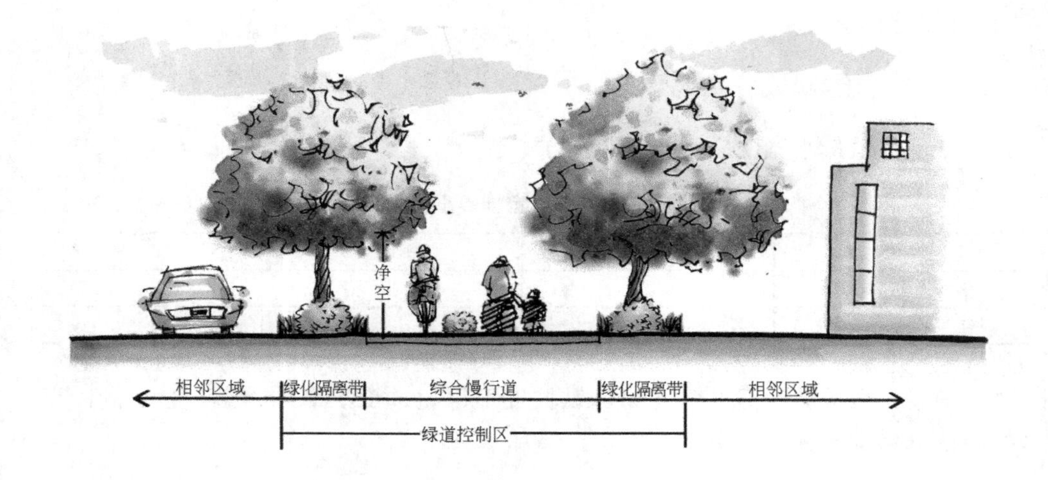

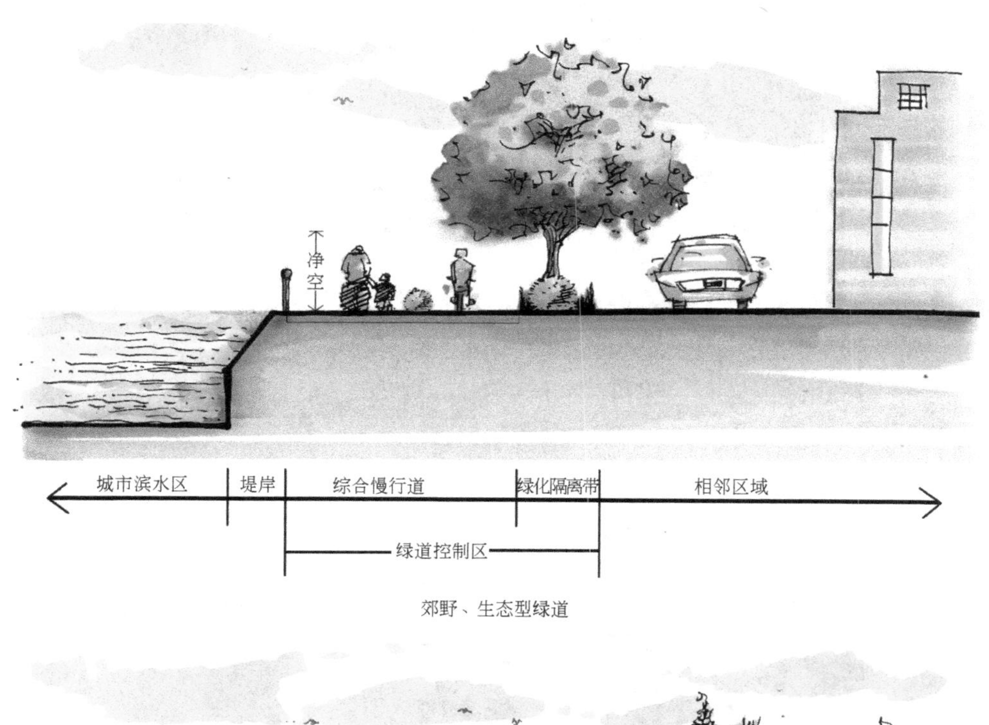

图 7-6 综合慢行道横断面形式建议

(a) 都市型绿道

(b) 郊野型绿道

(c) 生态型绿道

图 7-7　综合慢行道形式建议

第五节　交通衔接系统建设

一、交通衔接系统组成

交通衔接系统包括衔接设施和停车设施。衔接设施包括非机动车桥梁、码头、隧道等。停车设施包括公共停车场,公交站点,出租车停靠点等。

二、衔接设施建设标准及要求

(一)与道路交通的衔接

(1)绿道建设应充分考虑与轨道交通、道路交通及静态交通的衔接,主要有平交、立交和平行的关系。由于绿道以慢行交通为主,应尽量避免与高等级公路交通、轨道交通交叉,如必须相交时应采用立体交叉形式,并设置自行车坡道,在满足交通需求情况下应采取简单形式,简洁大方。绿道沿线有轨道交通,应处理好与轨道交通站点和换乘点的衔接,提高绿道可达性。生态型绿道应考虑绿道与省道、国道、铁路等快速交通的衔接,应尽量避免与高等级公路交通、轨道交通交叉,如必须相交时应采用立体交叉形式(人行天桥或隧道),并设置自行车坡道,在满足交通需求情况下应使用当地建筑材料。如平交方式应划有醒目的斑马线,并设置清晰的标志和减速区。

(2)与主要干道系统衔接,市民可以在道路沿线通过机动车换乘进入绿道。交叉口处理尽量采用立体交叉,如条件不允许,采用平交方式应划有醒目的斑马线,同时设置清晰的标志和严禁机动车进入绿道的障碍物。在自行车道与机动车交叉口 30m 距离内设置减速区和障碍物,使自行车使用者推行过马路。

(3)与绿道内部衔接,应设置清晰的衔接标志。

(二)与静态交通的衔接

都市型绿道:与停车场衔接时,应在离出入口 50m 处设立醒目的标志,并在步行道和自行车道与停车场出入口 30m 处路面上设置减速带,并设置严禁机动车进入绿道的障碍物。与广场或其他设施出入口衔接时,应在离出入口 10m 处设立醒目的标志。

郊野型绿道:与广场、公园等其他设施出入口衔接时,应在离出入口 30m 处设立醒目的标志。并设置绿化缓冲区,服务面积为不小于设施使用面积的 3%。

生态型绿道:与现有停车场衔接时,应在离出入口 50m 处设立醒目的标志,并设置减速带,并设置严禁机动车进入绿道的障碍物。对动物野外栖息地等生态保育地区应设置醒目标志提醒游人注意。

(三)与桥隧的衔接

绿道与城市桥梁、隧道合并设置时,通过设置交通换乘点,提供自行车租赁、停车等服务实现绿道与道路交通的接驳。绿道经过轨道交通站点的地段,应设置换乘点与区域公交进行接驳,以方便居民便捷进入绿道。自行车道宽度不应小于 2m,且自行车道、人行道与车行道之间应以防护栏形式进行隔离(参考《城市桥梁设计准则》)。

三、停车设施建设标准与要求

(一)公共停车场

1. 设置原则

图 7-8　停车场立式指引牌

应在绿道出入口,结合驿站设置公共停车场。根据城市停车场规划统一协调,应当配建停车场而未配建或停车场地不足的,应逐步补建或扩建,并尽可能地保留现有设施。公共停车场应考虑自行车停车、残疾人停车等非机动车停车需求及交通换乘和游客滞留空地。凡超过 50 个泊位的公共建筑停车场,按停车位总数的 1%～2%设置残疾人专用停车位。停车场宜采用软性铺装或自然地面,考虑残疾人使用的停车场应铺设硬质地面。机动车停车场规模应根据游客流量按最小容量确定,都市型绿道应通过管理确保周边公共停车场为绿道使用者服务。停车场的设计要符合周边规划容量和使用标准,服务半径市中心地区不应大于 200m;一般地区不应大于 300m。绿道与机动车停车场衔接时,应在停车场出入口设立醒目的标志,并在步行道和自行车道与停车场出入口设置减速带。出入口应设置醒目标志(图 7-8)。

郊野型绿道结合沿线现有设施停车场设置,尽量靠近换乘处及大型公共设施、公园出入口等周围空地,场地材料采用当地石子铺砌或生态停车场,应与周围环境相融合。应结合自行车停车场布置,停车场出口的机动车和自行车的流线不应交叉,并应与城市道路顺向衔接,设置间距按 2km 计算。

生态型绿道根据绿道沿线现有设施设置,设置间距按 5km 计算,应选用生态材料铺地,结合周边自然空地设置,不得占用农田、自然景观等用地。设置明显出入标志。

2. 配置标准

应结合自行车停车场布置,停车场出口的机动车和自行车的流线不应交叉,并应与城市道路顺向衔接。机动车停车场内必须按照国家标准 GB 5768—86《道路交通标志和标线》设置交通标志,施划交通标线。

(二)自行车租赁点

1. 设置原则

公共自行车应以公益性为主,定位全民健身、休闲兼公共交通工具。生态型绿道自行车主要提供自然科考及野外徒步旅行使用，应结合绿道交叉口、沿线设施合理布置提高使用率。

2. 配置标准

中心城区应每隔 500～1000m 设置一个自行车租赁点，一般地区应每隔 1000～3000m 设置一个租赁点，站点布局时考虑到沿线已建好和规划待建的社区、大型超市、景点、广场、码头、车站、大型餐饮设施，结合设置自行车存车换乘处，应另外附加面积。一般一个租赁点放置 30 辆左右。每个租赁点设置专门维修人员进行巡查，服务半径为 3km。

郊野型绿道应每隔 3000～5000m 设置一个租赁点，站点布局时考虑到沿线公园、度假区、风景名胜区以及公共设施，结合设置自行车存车换乘处，一般一个租赁点放置 30 辆左右。每个租赁点设置专门维修人员进行巡查，服务半径为 5km。

生态型绿道靠近中心城区应每隔 3000m 设置一个自行车租赁点，一般地区应每隔 5000m 设置一个租赁点。一般一个租赁点放置 50 辆左右。每个租赁点设置专门维修人员进行巡查，服务半径为 5km。

3. 管理模式

采用“通借通还”的租车方式，通过“公共自行车管理系统”来管理租赁点的自行车，每辆自行车都单独有一个可以锁自行车的装置和读卡租车、还车的读卡器，市民可用交通卡智能化使用归还自行车。租赁自行车后可获得一本骑行手册，上面不仅标有路线图，还附有沿途风光和周边休息点介绍。都市型和郊野型绿道可规定 0.5～1h 免费使用，超过时间就计费使用，每 30min 的收费将出现成倍递增，以鼓励人们提高自行车的使用效率，防止有人恶意占用公共设施。

生态型绿道自行车使用率相对较低，主要集中在节假日及大型活动期间，应采用“通借通还”的租车方式，通过“智能化自行车管理及跟踪系统”来管理租赁点的自行车。规定按次收费。

4. 停靠方式

主要分为斜列式和垂直式两种。根据场地情况设定(图 7-9、图 7-10)。

5. 样式选择

公共自行车可选择特制的，采用不充气的实心橡胶轮胎，而且所有配件都不是标件，防止有人恶意拆卸。外观、式样、颜色可根据地方文化、特色而设计、制作，以更好地诠释城市的人文特点。生态型绿道公共自行车可根据生态健康主题设计、制作，以更好地进行生态宣传教育。

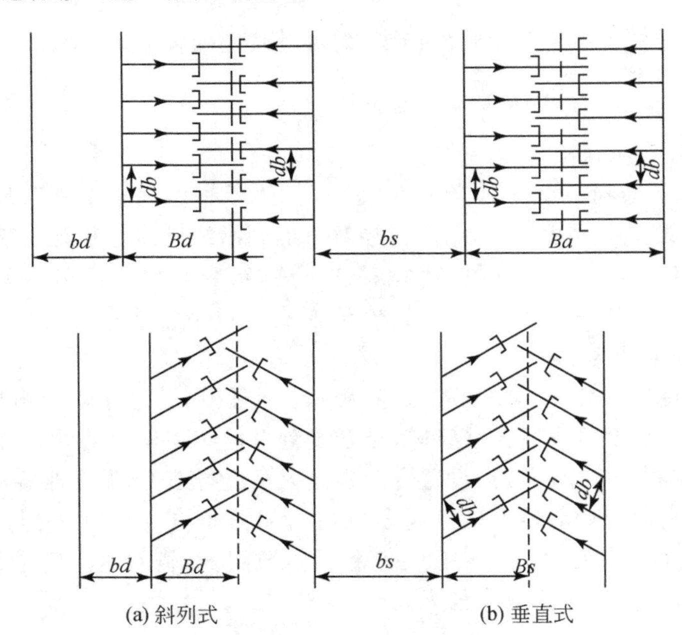

图 7-9 自行车停车场停靠方式示意图

图 7-10 自行车停靠点示意图

(三)公交站点

1. 设置原则

绿道出入口、驿站等人流的集散点应配置相应公交停靠站。公交站点间距500～800m,公共交通停靠站不应占用车行道。停靠站应采用港湾式布置,长度应至少有两个停车位。公交站点应设置快速进入绿道的通道和缓冲区域,公共交通车站服务面积,以300m半径计算,不得小于城市用地面积的50%;以500m半径计算,不得小于90%。郊野型绿道公共交通车站服务面积,以1000m半径计算。

公交站点应设置快速进入绿道的通道和缓冲区域，并设置明显标志。

2. 配置标准

路段上，同向换乘距离不应大于 50m，异向换乘距离不应大于 100m；对置设站，应在车辆前进方向迎面错开 30m；在道路平面交叉口和立体交叉口上设置的车站，换乘距离不宜小于 150m，并不得大于 200m；公共交通车站应与快速轨道交通车站换乘。

(四)出租车停靠点

1. 设置原则

出租车停靠点应结合绿道出入口、驿站设置。出租汽车采用路抛制服务时，在商业繁华地区、对外交通枢纽和人流活动频繁的集散地附近，应在道路上设出租汽车停车道(图 7-11)。出租车停靠点应画线标明停靠限时 10min 及停靠车数量，在繁华地段应设置出租车即停即走标志。出租车停靠点与绿道衔接时应设置缓冲区，并在衔接出入口增设醒目标志。

郊野型绿道应结合沿线现有风景点、公园、度假村等大型公共设施及车站设置停靠点，画线标明停靠时间限时 30min 及停靠车数量。

图 7-11 出租车停靠点示意图

2. 配置标准

除十字路口、禁停区域外，设立间距一般在 200m 左右，在繁华区域应标明即停即走的标志，并禁止私家车占用停靠点，停靠点应设有直接进入绿道的通道。

第六节 服务设施系统(驿站)建设

一、服务设施的内涵

服务设施系统包括管理设施、商业服务设施、游憩设施、科普教育设施、安全保障设施和环境卫生设施等。

二、国外研究成果

国外对绿道服务设施的研究与国内的提法存在内涵上的差异，与此类似的研究对象是“绿道场地要素”。相关研究主要包括车辆栏障与围栏等保障使用者安全的设施；游径起点区、长椅、垃圾箱、遮蔽亭等提供舒适和便利的设施；露营设施等提供进入自然环境通道的设施三大类。

（一）保障使用者安全的设施

车辆栏障：车辆栏障提供了一个限制机动车进入游径的方法，屏障物通常被设置在混凝土地基上，沿着公共可通行的边界、私人领地、绿道之间的财产边界进行布局。车辆栏障物设置高度可以不同，但是推荐高度为高出地平面 36 英寸(0.9m)。

围栏：绿道围栏具有功能分区、通道控制、降低噪声和减缓风力以及装饰等几大功能，围栏的样式要与周围自然环境保持一致。植物是绿道护栏材料中受欢迎且效果好的一类选择。

（二）为使用者提供舒适和便利的设施

游径起点设计：游径起点通常设计在公共通道附近，而且起着绿道公共入口通道的作用。由于游径起点能够让游客留下对绿道的第一印象，因此要将注意力集中于它的外形和功能上。游径起点包括房屋、牌示、围栏、信息栏或信息亭等。应该在主要地段考虑设置自行车柱或自行车架，这样可以避免游客使用树木、路灯或者长椅来停靠自行车。

长椅：舒适度和设置点是需要考虑的两个关键问题。绿道的长椅要让普通成年人坐起来舒适。长椅高度一般 18 英寸(45cm)较为适合，椅深则最少要 15 英寸(38cm)。绿道的一级和二级入口都应该设置长椅，并根据绿道类型，在固定间距的位置上也应该设置长椅。如果是野外游径，两个长椅设置点之间的距离可以为 5 英里(8km)，长椅可以坐 2～4 人；如果是乡间游径，半英里设置一处，长椅可坐4～6人；如果是城市游径，长椅设置点就要尽可能密集些，以供大量游客休息使用。

垃圾箱：建议使用半敞口型或加盖型的垃圾箱。垃圾箱应该方便游客和养护工人使用。最起码要在每一游径入口和长椅休息区设置 22 加仑(83L)或 32 加仑(121L)的垃圾箱。垃圾箱应该设置在离游径边缘 3 英尺(0.9m)处。其他垃圾箱要根据商店和绿道邻近设施的位置，以及游客一般群聚区域来设置。

遮蔽亭：遮蔽亭为绿道游客提供了暂时躲避糟糕天气或者群聚的场所。遮蔽亭可以是多功能的，如作为休息亭、商铺设施，甚至是过夜住宿的设施。

（三）为使用者提供进入自然环境通道的设施

露营设施：绿道露营设施应该为游客提供住所而又不损毁景观。对设计的考虑包括,保证露营区远离绿道区,并提供车辆通道和停靠点、厕所和卧室、饮用水、餐桌,以及垃圾处理区。帐篷露营区需要平坦、平滑且柔软的地面,最好是建在周围风景较好,排水便利的地方。应该要有能够点火和控制其燃烧的场所。

三、国内规划建设标准规范

与服务设施建设标准有关的规划标准主要有《城市道路公共服务设施设置规范(DB11/T 500—2007)》(北京市地方标准)和《城市道路和建筑物无障碍设计规范(JGJ 50—2001)》。

(一)《城市道路公共服务设施设置规范(DB11/T 500—2007)》(北京市地方标准)

该标准规定了城市道路公共服务设施的设置总则、设置一般要求、设置位置、设置密度和尺寸要求。该标准适用于城市道路公共服务设施的设置,包括废物箱、交通类护栏、街牌、步行者导向牌、公交车站设施、信筒、公用电话亭、信息亭、自行车存车架和围栏、座椅、活动厕所、报刊亭。

1. 与服务设施系统相关的一般要求

沿车行道边的设施带内,不应设置座椅、活动厕所、报刊亭。

沿车行道边的设施带内的设施,外缘不应越出设施带范围。

通行带宽度不应小于1.5m,沿车行道边的设施带宽度不应超过2.0m。

通行带除必要的交通设施外不应设置公共服务设施;路口人行带除必要的交通设施和废物箱外不应设置公共服务设施。

盲道及盲道两侧各0.25m,人行道空间内不应设置公共服务设施。

设施的外廓距路缘石外沿的最小距离为0.25m。

设施高度不应高于3m;设施周边应留出合理的使用空间。

设施的设置宜满足视距要求和通透性要求,不应阻挡通行视线,不应影响城市环境景观。

设置位置和密度应与所在街道功能相适应,根据使用人数量、使用频次、使用方式、服务半径确定合理间距。

人流密度大的区域,如交通枢纽、商业区、景区景点、大型文化体育设施等场所周边人行道上的公共服务设施的密度可适当加大。

设施应结合周边建筑已有的公共服务设施及相关设施设置,适当整合,避免重复。

公共服务设施的造型与风格应与周围环境相协调。

设施不应占压市政管线检查井,并留出管线维修的合理空间;满足环境卫生和园林绿化的作业要求。

设施不应压占设施带内绿化树池,不影响行道树的生长环境。

设施应安装牢固,安装后地面应平整,基础部分不得裸露出路面。

2. 废物箱

设置密度:废物箱的同侧设置间隔宜符合下列规定,并可根据人流量的大小适当增减。

商业、金融、服务业街道等人流密度大的地区的人行道 30～50m;其他道路的人行道 100m 左右。

每个公共电汽车站应至少设置 1 个废物箱。

基本尺寸:废物箱的投放口大小应方便行人投放废弃物;箱体高度为 0.8～1.1m。

3. 交通护栏

人行道护栏:人行道护栏应根据道路等级、人流密度和交通管理需要来设置。护栏高度不应超过 1.3m。

人行道桩:人行道桩设置应当满足交通管理要求,不妨碍行人通行安全,做到设置规范、整齐、美观,降低对道路景观的不良影响。高度不低于 0.4m。桩间距应控制在 0.8～1.5m。不应妨碍无障碍通行。

4. 公用电话亭

设置密度:一般道路人行道上电话亭同侧设置间隔应不小于 500m;临近火车站、商业集中区、长途汽车站、医院、学校等流动人口聚集区的道路人行道上公用电话亭设置密度可根据需要适当增加。

限制尺寸:电话亭宜采用单机设置的方式,长度不大于 1.0m,宽度不大于 1.0m,高度不大于 2.2m。

5. 信息亭

设置位置:宽度 3.5m 以下的人行道不应设置信息亭。距人行天桥、人行地道出入口、轨道交通站点出入口、公交车站的人流疏散方向 15m 范围内的人行道不应设置信息亭。

设置密度:一般道路人行道上信息亭同侧设置间距应不小于 1000m。在临近火车站、商业集中区、长途汽车站、医院、学校等流动人口聚集区的道路人行道上,设置密度可适当增加。

限制尺寸:长度不大于 1.0m,宽度不大于 1.0m,高度不大于 2.2m。

6. 自行车存车架和围栏

自行车存车架和围栏的设置应与道路、交通组织和市容管理要求相适应。

宜与交通护栏结合设置。

宽度3m以下的人行道不应设置自行车存车架,确需设置的应保证至少1.5m的通行带。

宽度5m以下的人行道不应设置自行车围栏。

存车架的设置应保证自行车车身放置不超过路缘石外沿。

围栏高度不应超过1.3m。

7. 座椅

设置位置:宽度5m以下的人行道不应设置座椅。

基本尺寸:普通座面高度38~40cm,座面宽40~45cm。普通座椅标准长度:双人椅1.2m左右;3人椅1.8m左右。

8. 活动厕所

设置位置:宽度5m以下的人行道不应设置活动厕所。距人行天桥、人行地道出入口、轨道交通站点出入口、公交车站的人流疏散方向15m范围内的人行道不应设置活动厕所。在周围500m范围内没有固定公共厕所的,可设活动厕所,其设施配置及设置地点应符合《公共厕所建设标准》的规定。

限制尺寸:长度不大于3.5m,宽度不大于2.0m。

(二)《城市道路和建筑物无障碍设计规范(JGJ 50—2001)》

与服务设施系统相关的《城市道路和建筑物无障碍设计规范(JGJ 50—2001)》包括建筑物无障碍设计、建筑物无障碍标志与盲道等章节内容,这里不再罗列。

四、珠三角建设标准及要求

参考国外研究成果以及国内相关的规划建设标准规范,结合珠三角实际建设条件,绿道服务设施系统建设标准与要求如下所述。

(一)一般要求

(1)服务设施布局应相对集中与适当分散相结合,方便使用者,利于发挥设施效益,便于经营管理与减少干扰。服务设施布局建议采用驿站形式,服务设施应充分利用周边现有设施,如风景名胜区、森林公园等服务设施,附近城镇、村庄的服务设施等,既减少建设和维护成本,又可防止规模过大造成对生态环境的破坏。对新建驿站规模应进行控制，具体见表 7-12。

表 7-12　驿站建设规模控制表

类型	一级驿站	二级驿站	三级驿站
建筑面积/m^2	100～200	50～100	20～30

(2)服务设施建设应美观、舒适、经济、实用，与当地景观特色协调，并尊重当地文化习俗、生活方式和道德规范，凸显地方特色。

(3)服务设施设置应符合当地用地条件、经济状况及设施水平。

(4)生态敏感区内不得设置服务设施。

(5)服务设施建设应符合无障碍设计要求，并配备必要的照明设施。

(6)驿站建设设施要求见表 7-13。

表 7-13　驿站建设设置标准

类别	项目	一级驿站	二级驿站	三级驿站	设置要求及服务内容
停车设施	公共停车场	●	●	○	(1)驿站建设应优先利用现有设施，严格控制新建服务设施的数量和规模 (2)自行车租赁点可包含户外运动用品等设施的租赁 (3)在观鸟点、古树名木及珍稀植物观赏点应设置科普及环境保护宣教设施；在历史文化遗迹、纪念地、古村落等处应设置相应的解说设施和非物质文化遗产展示设施 (4)主要景点应设置观景平台等设施 (5)垃圾收集应纳入绿道附近城区、镇、乡的垃圾收集系统
	出租车停靠点	●	●	○	
	公交站点	●	○	○	
管理设施	管理中心	●	—	—	
	游客服务中心	●	—	○	
商业服务设施	售卖点	●	●	●	
	自行车租赁点	●	●	●	
	饮食点	●	○	—	
游憩设施	文体活动场地	●	●	○	
	休憩点	●	●	●	
科普教育设施	科普宣教设施	●	○	○	
	解说设施	●	○	○	
	展示设施	●	○	○	
安全保障设施	治安消防点	●	○	○	
	医疗急救点	●	○	○	
	安全防护设施	●	●	●	
	无障碍设施	●	●	●	
环境卫生设施	公厕	●	●	●	
	垃圾箱	●	●	●	
	污水收集设施	●	●	●	

“●”表示必须设置，“○”表示可设，“—”表示不考虑设置

(二)管理设施建设标准与要求

(1)管理设施包括管理中心、游客服务中心等,应结合区域级驿站设置。

(2)管理中心统一对绿道的服务系统进行管理和调控,内设行政管理部、治安监控部、防火救灾指挥部、医疗急救指挥部、环卫保洁指挥部等管理建筑及设施。

(3)游客服务中心应配备游客接待厅、公共休息室、广播处、信息咨询处、导游服务点、地图及旅游宣传册领取点、物品寄存处、更衣室、饮水点、吸烟点、电话亭、宽带接入及上网服务点、金融邮电服务点(邮递、自动取款、外币兑换服务)、书报销售点、电子信息显示设施等内容(图7-12)。

(三)商业服务设施建设标准与要求

(1)商业服务设施应结合驿站设置,主要包括售卖点、自行车租赁点、饮食点等。

(2)可根据绿道类别和游客购物意愿,结合当地条件和文化特色,设置旅游纪念品商店、摄影部、便利店、户外旅游用品商店、自动售货机、流动售货亭等售卖点,为游客提供购物服务。售卖点的规模应与游人容量相适应。

(3)自行车租赁点应与交通停靠点、游客服务中心、休憩点等设施统筹布置,结合绿道起点、终点、重要交叉口,提供自行车租赁、停车等服务,实现绿道与城市交通的停靠,方便居民进入绿道(图7-13)。

图7-12 游客服务中心示意图

图7-13 自行车租赁点示意图

(4)应根据绿道类别,结合当地饮食文化和经济条件,设置相应的特色小吃店、连锁快餐店、饮料站、露天茶座等饮食点。饮食点宜在区域级驿站设置,其规模应与游人容量相适应(图7-14)。

(四)游憩设施建设标准与要求

(1)游憩设施包括文体活动场地、休憩点等,可结合驿站和沿线景点设置(图7-15)。

图 7-14 餐饮设施示意图

图 7-15 游憩设施示意图

(2)文体活动场地与安静休憩区、游人密集区及游径之间,应用园林植物或自然地形等构成隔离地带。成人及儿童活动场内的构筑物及康体游乐设施应符合现行相关国家规范及行业标准的要求。

(3)休憩点包括休息亭、长椅、石凳等设施,慢行道两侧的休憩点应采用港湾式布局。椅凳设置间隔应符合表 7-14 的规定。

表 7-14 椅凳设置间隔要求

类型	都市型	郊野型	生态型
间隔宽度/m	≤50	≤300	≤500

(五)科普教育设施建设标准与要求

(1)科普教育设施包括科普宣教设施、解说设施、展示设施等,应设置在驿站、风景名胜区、森林公园、地质公园、野生动物观测点、天文气象观测点、历史文化遗址遗迹等需要解说、展示的区域。

(2)科普宣教设施应包括科普宣传栏、科普宣传手册、视频等,用于对游客进行科普知识的宣传教育[图 7-16(a)]。

(3)解说设施应包括解说牌、全景解说图、电子触摸屏、电子大屏幕等,用于游客对于历史文化、景区景点、重要观测点等的进一步理解[图 7-16(b)]。

(4)展示设施应包括展示厅、展示演出等,用于对景区景点、区域性的地质地貌、景观环境、建筑规划、民俗节庆等专项内容进行集中展示[图 7-16(c)]。

(a) 科普宣传栏示意图

(b) 电子触摸屏示意图

(c) 科普展示厅示意图

图 7-16 科普教育设施

(六)安全保障设施建设标准与要求

(1)安全保障设施包括治安消防点、医疗急救点、安全防护设施、无障碍设施等,治安消防点、医疗急救点等设施应结合驿站设置,安全防护设施、无障碍设施等在沿线有需要的地方设置。

(2)治安点应根据驿站等级,结合当地治安条件,充分利用现有治安设施和道路报警系统,按实际需求设置警务站、保卫站、保安岗亭、流动治安执勤点、紧急求助站、电子眼、应急呼叫系统、安全报警电话等治安保障设施,并配备相应的警务人员和保安人员[图 7-17(a)]。

(3)消防设施应根据服务区类型和等级,结合当地火灾隐患程度及现有消防设施条件,按实际需求设置。郊野型和生态型绿道的防火应与森林防火系统衔接,都市型绿道的防火应与城镇消防系统衔接。

(4)医疗急救点应根据驿站等级,结合周边现有医院、医疗急救点等医疗服务设施设置,各急救点应提供医疗救护药箱、医药用品销售等服务(便利店医药用品货架、自动售货机内销售)。郊野型、生态型绿道内急救服务半径超过 8km 或应急反应时间超过 10min 的区域级驿站应设置医疗急救站,并配备相应级别的医疗急救设施及专业医护人员。都市型绿道可充分利用周边现有医疗设施灵活设置。

(5)安全防护设施包括护栏、安全岛、减速带等。凡游人正常活动范围边缘临空高差大于 1.0m 处,均应设护栏设施,其高度不应小于 1.05m;高差较大处可适当提高，但不宜大于 1.2m；护栏设施必须坚固耐久且采用不易攀登的构造，作用在栏杆扶手上的竖向力和栏杆顶部水平荷载均按 1.0kN/m 计算[图 7-17(b)]。

(6)无障碍设施应符合《城市道路和建筑物无障碍设计规范(JGJ 50—2001)》的规定[图 7-17(c)]。

(a) 治安点示意图

(b) 防护栏示意图

(c) 无障碍设施示意图

图 7-17　安全保障设施

(七)环境卫生设施建设标准与要求

(1)环境卫生设施包括公厕、垃圾箱、污水收集设施等，除结合驿站设置外，应沿线根据需要设置(图 7-18)。

(a) 公厕示意图

(b) 垃圾箱选择示意图

图 7-18　公厕及垃圾箱示意图

(2)公厕间距应满足表 7-15 的要求。都市型绿道可根据实际需要,增设流动厕所;郊野型、生态型绿道应选用生态环保厕所。

表 7-15　公共厕所设置间隔要求

类型	都市型	郊野型	生态型
间隔宽度/km	≤2	≤2	≤5

(3)垃圾箱应沿线设置,间隔宽度应满足表 7-16 的具体要求。都市型、郊野型绿道垃圾箱应设垃圾分类指示标志。郊野型、生态型绿道垃圾箱应选用生态环保材料。

表 7-16　垃圾箱设置间隔要求

类型	都市型	郊野型	生态型
间隔宽度/m	≤100	≤500	≤1000

(4)都市型绿道的公厕粪便污水,应直接纳入下游设有污水处理厂的城镇污水管道系统或合流管道系统。在采用合流制下水道而没有污水处理厂的地区,水冲式公共厕所的粪便污水,应经化粪池处理后排入下水道。粪便污水和其他生活污水在建筑内应采用分流系统。化粪池的构造、容积应符合《建筑给水排水设计规范》(GB 50015)的规定。化粪池应采取防渗措施。化粪池抽粪口不宜设在公共厕所的出入口处。生态型、郊野型绿道的公厕粪便污水采用生态化的处理方式,尽量减少对区域绿道生态环境的影响。

第七节　标识系统建设

一、标识系统设置标准

(一)目标

为提高绿道的可识别性,应统一设置清晰的标识系统,为绿道使用者提供相关设施信息。各类标志牌必须清晰、简洁,并进行统一规范。标识系统应按照规定进行严格设置,满足绿道使用者的指引功能,有文字说明的应配以汉语拼音,在大型设施和站场处设置标志应当使用英文进行附注,并应使用与国际接轨的公共信息图形符号。符号参考《ISO7001—1990 公共信息图形符号》。

2010 年,广东省为统一建设标准,制定了一套具有较高实用性的标识系统并最终编制成应用手册,以指导和规范各地区各路段绿道标识系统的建设(图 7-19)。

(二)绿道标识的功能形式与设置标准

绿道标识系统的主要功能是为绿道使用者提供引导、解说、指示、命名、禁止与警示等信息(表 7-17)。

图 7-19 广东绿道标志[①]

表 7-17 标识系统功能形式及设置标准[②]

标识载体	功能	标识分类	设置位置
绿道/驿站指示标识	指示	绿道指示标识	靠近绿道出入口 1km 范围内，以 500m 为间距提前设置
			绿道出入口
		驿站指示标识	靠近绿道驿站 500m 范围内的绿道沿线，以 200m 为间距提前设置
			绿道驿站
绿道/驿站标识	命名	绿道标识	绿道出入口
		驿站标识	绿道驿站
绿道信息墙	引导	广域引导图 区域引导图	绿道出入口
			绿道驿站
			绿道交叉路口
		广域引导图 区域引导图	原则上建议绿道沿线以 500m 为间距设置信息墙，具体设置与否视需要而定
	解说	景观介绍标识	绿道沿线景区景点，视需要设置
		人文介绍标识	视需要设置
		管理说明标识	
	指示	导向性标识	在需要重点指示的信息源 500m 范围内，以 200～300m 为间距提前设置，具体设置间距视情况而定
绿道信息条（直立）	禁止	禁止标识	视需要设置
	警示	安全警示性标识	视需要设置
	指示	服务设施 指示标识	在指示的服务设施 500m 范围内的绿道沿线，以 200～300m 为间距提前设置，具体位置视情况而定

①②均引自中山大学、广州共生形态工程设计有限公司《广东绿道标识系统方案设计》

续表

标识载体	功能	标识分类	设置位置
绿道信息条(直立)	命名	服务设施标识	自行车租赁处、公共停车场、游客中心、厕所、公交换乘点、餐饮点、电话亭、邮局、医疗点等场所设置
		命名标识	设置于有历史、文化价值的地区、景点、建筑等周边
服务设施建筑物或构筑物墙面	命名	服务设施标识	自行车租赁处、公共停车场、游客中心、厕所、公交换乘点、餐饮点、电话亭、邮局、医疗点等场所悬挂设置
绿道信息条(侧立)	解说	景观介绍标识	结合座椅功能,视需要设置
		管理说明标识	
绿道信息块	命名	绿道城际标识	设置于绿道沿线的城区边界
	禁止	禁止标识	视需要设置
	警示	安全警示性标识	视需要设置
	解说	管理说明标识	视需要设置

二、地面标识标线设计指引

地面标识标线包括标志牌、自行车道地面标志及沿路标线,绿道网各类标志牌必须清晰、简洁,并进行统一规范,按照规定进行严格设置,应满足绿道网使用者的指引功能。

绿道自行车道标线为白色实线,参照《道路交通标志和标线》(GB5768—2009)制定,线宽为15cm。自行车道地面标识用于区分绿道自行车道与其他车道、人行道,标志应鲜明易认,为使绿道骑车者能清楚辨认绿道走向,每隔100～200m设置。

绿道慢行道做法主要有以下几种类型。

(一)绿道过街设置形式

当绿道自行车道需要横穿城市道路时,利用现有斑马线,增加喷涂自行车道地面标识,并树立下车推行标志牌(图7-20)。

(二)在现有道路人行道上改造

绿道经过城市道路,在道路人行道宽度较大或者没有明显非机动车道的情况下,利用现有城市道路人行道改造成绿道自行车道,尽量保持现状人行道路面,如路面局部破损需修补,路面增加明显标线,并镶嵌自行车道地面标识预制件(图7-21)。

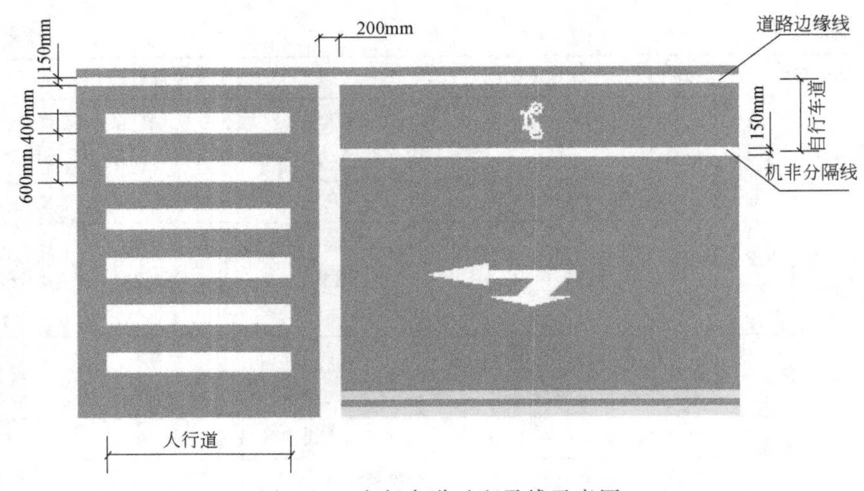

图 7-20 自行车道过斑马线示意图

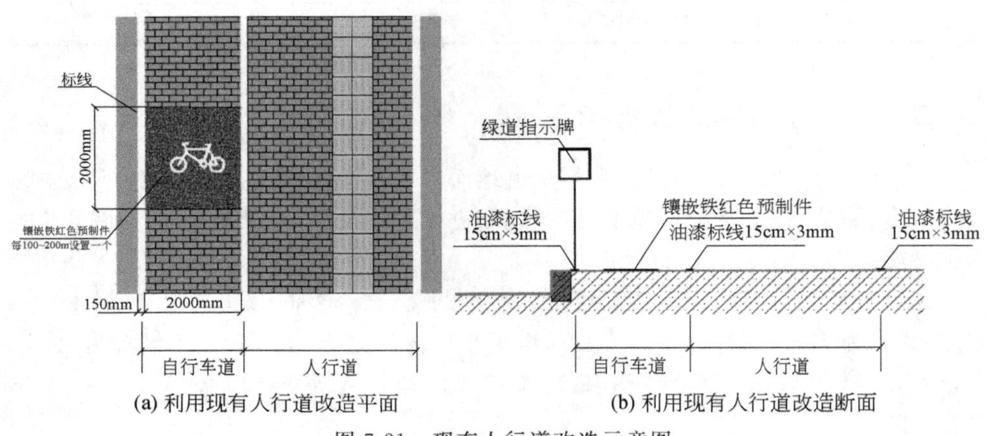

图 7-21 现有人行道改造示意图

(三)在现有道路非机动车道上改造

绿道经过城市道路,有非机动车道的,利用现有城市道路非机动车道改造成绿道自行车道,保持现状路面及非机动车道标线,如路面局部破损需修补,路面增加喷涂自行车道地面标识(图 7-22)。

(四)利用机动车道改造

绿道所经道路无非机动车道或人行道时,利用现状机动车道改造成绿道自行车道,保持现状路面,如路面局部破损需修补,路面增加标线及喷涂自行车道地面标识(图 7-23)。

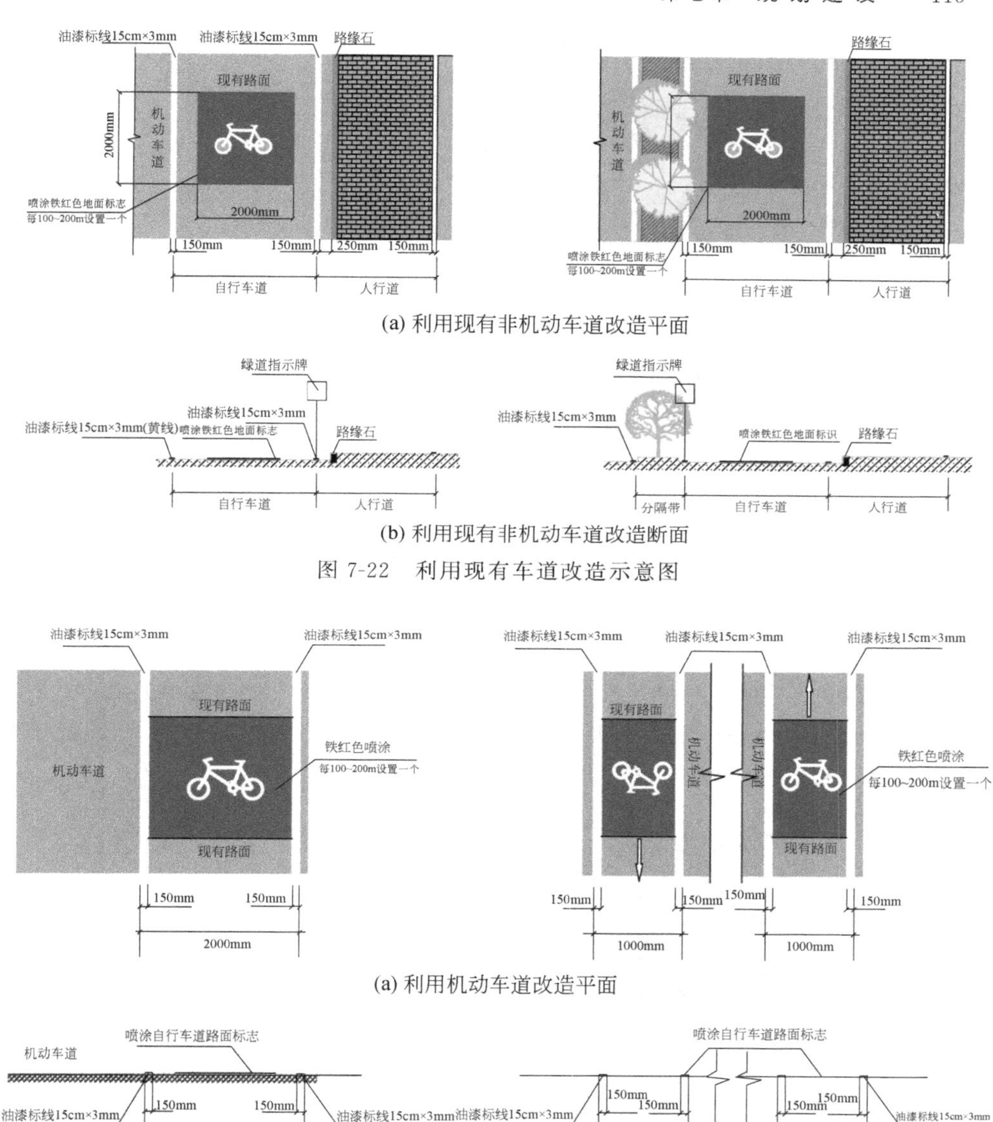

(a) 利用现有非机动车道改造平面

(b) 利用现有非机动车道改造断面

图 7-22 利用现有车道改造示意图

(a) 利用机动车道改造平面

(b) 利用机动车道改造断面

图 7-23 利用机动车道改造示意图

(五)利用土路重新铺装

绿道经过机耕路、土路等没有硬底化路面时,在对现有土路进行路基压实后,铺上彩色面砖作为绿道自行车道,两旁标线用黄色面砖铺装,路面镶嵌自行车道地面标识预制件(图 7-24)。

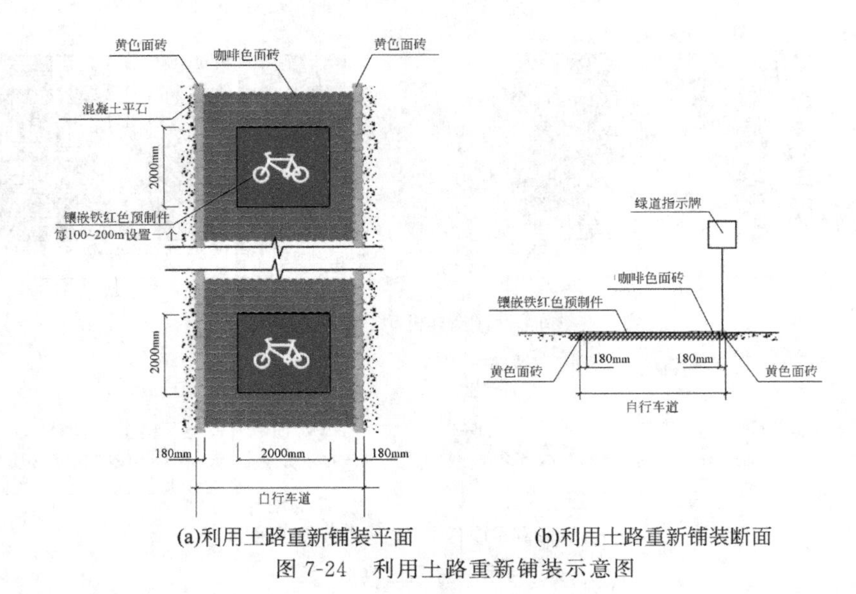

(a)利用土路重新铺装平面　　(b)利用土路重新铺装断面

图 7-24　利用土路重新铺装示意图

(六)利用现状土路改造

绿道经过机耕路、土路等没有硬底化路面时，对现有土路进行路基压实平整后，适合自行车行驶的，保持压实平整后路面，两旁标线用黄色面砖铺装，路面镶嵌自行车道地面标识预制件(图 7-25)。

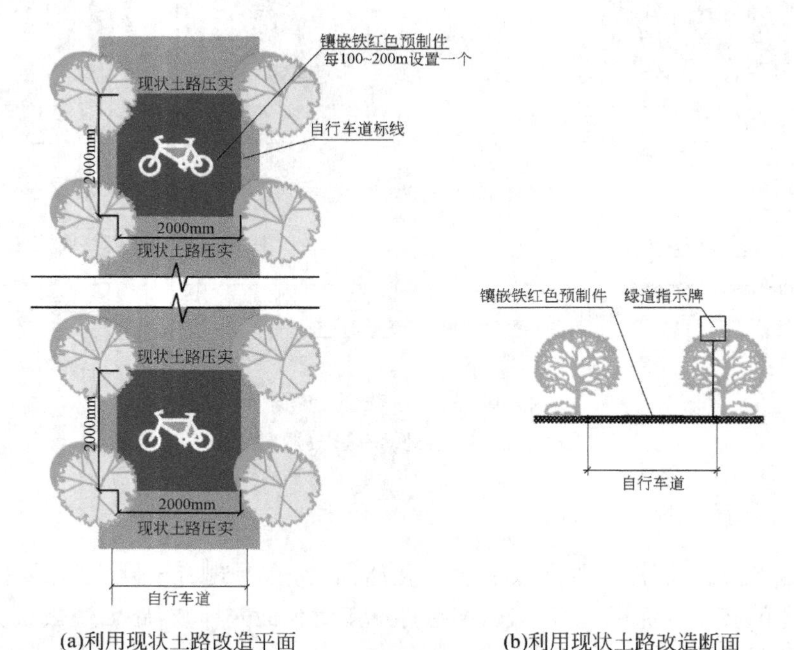

(a)利用现状土路改造平面　　(b)利用现状土路改造断面

图 7-25　利用现状土路改造图

(七)利用现有景区道路、游径、登山径改造

绿道经过现有景区道路、游径、登山径等路面,在现状道路划出 2 m 宽改造成绿道自行车道,保持现状路面,如路面局部破损需修补,路面增加明显标线及喷涂自行车道地面标识(图 7-26)。

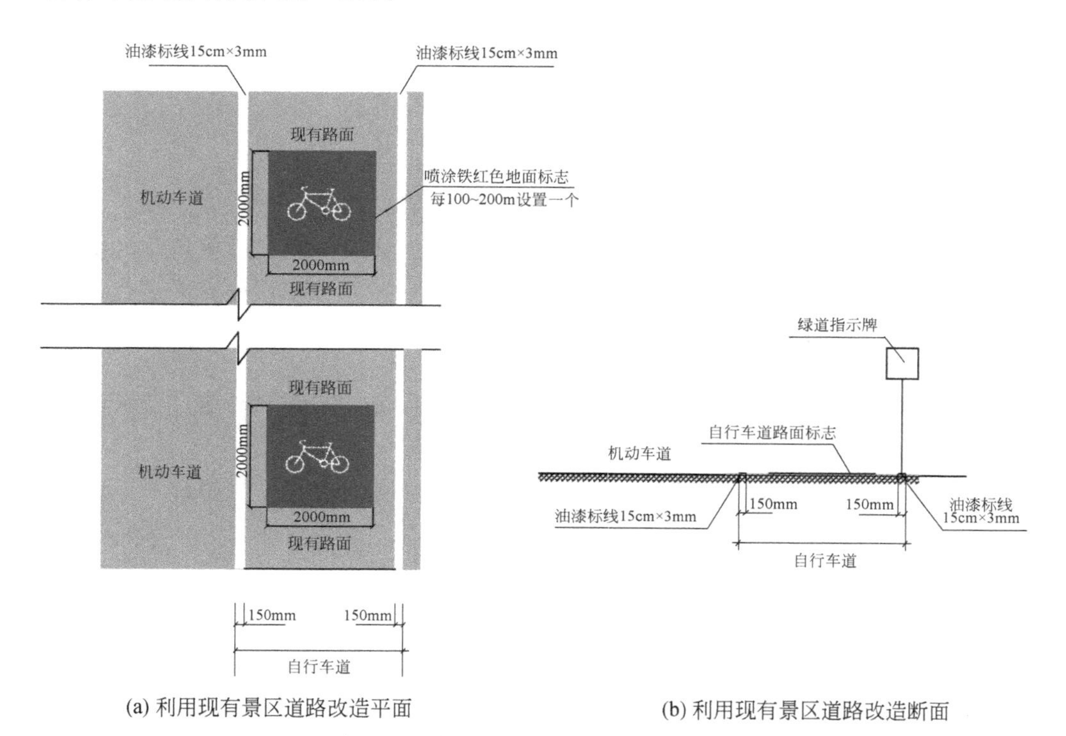

(a) 利用现有景区道路改造平面

(b) 利用现有景区道路改造断面

图 7-26 利用现有景区道路改造示意图

第八章 长效管理

对于已开展了绿道建设的地区，绿道的管理维护和长效运营是保障绿道建设效果的重要环节，本章在借鉴分析已建绿道地区绿道管理与维护运营现状的基础上，借鉴国内外的相关经验，从绿道建设管理、维护管理、开发利用等方面进行了相关研究。

第一节 绿道管理与运营现状及存在的主要问题

由于目前国内绿道的建设主要集中在珠三角地区，因此对绿道管理与运营现状的分析主要是针对珠三角地区的。

一、管理与运营现状

(一)普遍开始或已初步制定了绿道管理、保护、经营等相关管理规定

从调研情况看，珠三角各地在进行绿道建设的同时，都已经认识到绿道建成之后管理与维护工作的重要性，各地普遍开始或者已经初步形成了绿道管理、保护、经营等相关管理规定。例如，佛山市禅城区、南庄镇分别制定了《禅城区绿道保护管理办法》、《南庄镇绿道保护管理办法》，用于指导当地绿道的保护与管理工作；增城市制定了《增城市自行车休闲健身绿道旅游服务管理指南》，对绿道的经营管理进行了统一规定(图 8-1)；广州市制定了自行车出租价格标准，规范绿道中的自行车租赁业务，同时制定了《广州市绿道维护管理规定》规范绿道的维护和管理工作。

(二)初步形成了部门管理与属地管理结合的管理与维护模式

珠三角绿道的管理与维护以“谁建设谁管理”的属地管理为主(图 8-1)，同时结合建设、林业、市政园林、旅游、水利、水务、农业、环保等部门管理权责对属地管理进行指导，基本形成了部门管理与属地管理相结合的模式。

图 8-1 增城市绿道驿站及配套设施采用属地管理模式

(三)普遍重视绿道的经营管理和引导工作,形成政府指导、市场运作的绿道经营模式

为保障绿道的可持续发展,珠三角各地对绿道的经营引导和管理工作十分重视,采用政府制定标准、市场运作的绿道经营模式,广泛引进旅游公司、自行车租赁公司、信息服务公司等企业参与绿道的经营,正在探索一种政企合作的绿道经营模式。例如,增城绿道经营管理以增城市旅游部门为主,并制定了《增城市自行车休闲健身绿道旅游服务管理指南》(图 8-2)规范绿道经营管理,具体经营采用以镇为单位承包给旅游公司的形式,增城市旅游部门给予指导和扶持;广州中移动公司也积极参与绿道的信息查询等系统的建设,出资 1800 万元,建设“信息绿道”,为绿道的信息查询系统建设和管理提供帮助。

(四)重视绿道宣传,普遍制定了绿道使用手册等宣传材料

珠三角各地普遍重视绿道宣传工作,制作了绿道使用指南、使用手册等绿道宣传材料,对绿道进行宣传,增城市制作了大、中、小三种不同规格的绿道宣传材料,方便绿道宣传和指引绿道使用者使用绿道(图 8-3);珠海拍摄了绿道宣传片,提高本地绿道的知名度。

二、管理与运营存在的问题

(一)绿道被侵占情况时有发生,成为最常见问题之一

由于绿道对于大部分民众来说还是一件新生事物,民众对其使用与保护意识不足,未能认识到作为绿色通道需要共同维护其畅通无阻。一些地区绿道线路较长,局部存在管理主体缺位、管理手段缺失的问题。部分绿道线路,尤其是城区绿道线路非法经营、占道停车的现象较为严重,直接影响了绿道的通行能力,使绿道使用的舒适性与安全性大大降低(图 8-4)。通过调研,绿道占用问题已成为各地市实际管理过程中,最需要迫切解决的问题。

增城
ZengCheng
绿道旅游
Travel along the greenway
什么是绿道？
發展綠色經濟之道，市民休閑健身之道。
Develop the greenway for wealth and health.
游客觀光消費之道，農民增收致富之道。
Set up the greenway for traveling and income-increasing.
The Greenway Map 绿道图
01
Self-driving along the greenway
自驾车游绿道
配套完善“绿上添花”
With green belt and convenient facilities
Tips:
02
Cycling along the greenway
自行车休闲健身游绿道
盡情體驗休閑人生
A feast for life
Tips:
03
Travel along the Zeng Jiang Gallery greenway
增江画廊水上游绿道
坐游船观山水画卷美景
Enjoy the landscape on boat
Tips:

图 8-2　增城市绿道旅游指南

图 8-3　增城市绿道宣传手册

（二）绿道维护经费缺乏制度性保障，成为地方政府关注的焦点

绿道建设是一项造福市民的长期性公益性项目，依靠自身经营解决绿道管理与维护资金问题在短期内难以实现。在绿道的实际管理和维护工作中，地方政府尤其是具体管理部门普遍反映相关资金缺乏，经费渠道缺乏保障。目前绝大部分城市需通过申请财政或专项资金的支持，才能勉强满足绿道实际管理的需要。绿道管理与维护经费缺乏长期性制度保障对绿道管理与维护的影响，已成为地方政府关注的焦点。

图 8-4 绿道占用现象严重

(三)绿道安全管理重视不足,亟须加强安全制度建设

绿道建设是广东省城市建设的创新之举,建设之初对绿道的安全使用因素考虑不是很周全,导致安全隐患问题较为突出。部分都市绿道热闹非凡,尤其是靠近城镇镇区繁华路段的绿道,人流量很大,缺乏必要的防护设施。也有少许路段非常偏僻,人迹罕至,缺乏预防防患措施。目前,各地绿道安全管理措施主要采用:①设置安全标识系统;②旅游公司购买旅游保险;③镇安监办牵头进行定期巡查;④水事部门负责河流的安全防护。目前这些安全管理措施的系统性还不够,缺乏必要的制度规定。因此,应该开展安全管理方面的系统性研究,制定确实可行、有效的绿道安全管理措施(图 8-5)。

(四)绿道网交通衔接管理薄弱,严重影响居民使用

尽管绿道网基本贯通于珠三角地区,但目前广大市民使用频率较低,不利于珠三角高度城市化地区居民对绿道旅游需求的释放。主要原因之一为交通衔接管理薄弱,如自行车停放点、行人游人休憩点、公交接驳管理不足等。只有加强绿道与其他交通方式的衔接管理,尤其是城市公共交通系统的衔接管理,才能使绿道这种低碳出行方式与目前广东省多样化的出行方式结合,被最广大市民广泛接受使用。

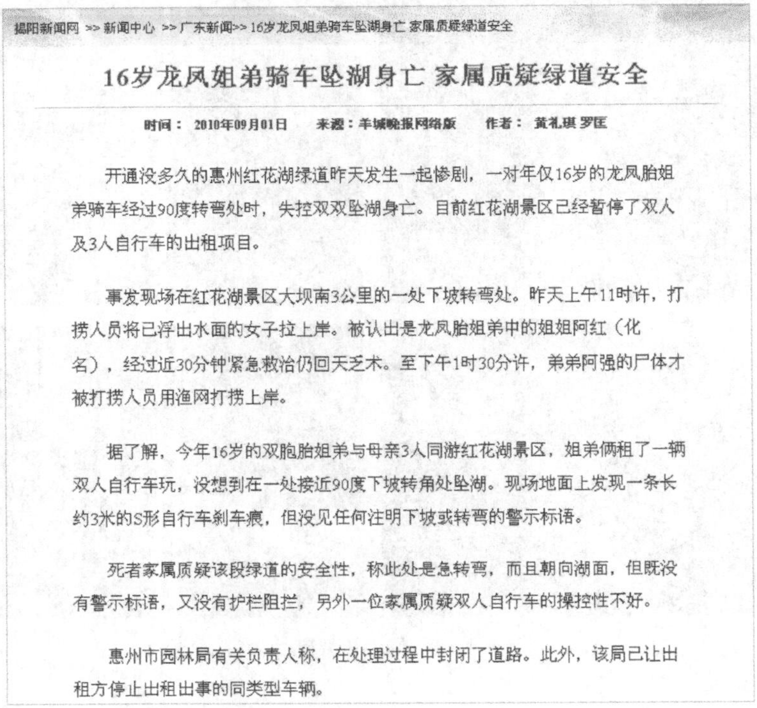

揭阳新闻网 >> 新闻中心 >> 广东新闻>> 16岁龙凤姐弟骑车坠湖身亡 家属质疑绿道安全

16岁龙凤姐弟骑车坠湖身亡 家属质疑绿道安全

时间： 2010年09月01日　来源：羊城晚报网络版　作者： 黄礼琪 罗匡

开通没多久的惠州红花湖绿道昨天发生一起惨剧，一对年仅16岁的龙凤胎姐弟骑车经过90度转弯处时，失控双双坠湖身亡。目前红花湖景区已经暂停了双人及3人自行车的出租项目。

事发现场在红花湖景区大坝南3公里的一处下坡转弯处。昨天上午11时许，打捞人员将已浮出水面的女子拉上岸。被认出是龙凤胎姐弟中的姐姐阿红（化名），经过近30分钟紧急救治仍回天乏术。至下午1时30分许，弟弟阿强的尸体才被打捞人员用渔网打捞上岸。

据了解，今年16岁的双胞胎姐弟与母亲3人同游红花湖景区，姐弟俩租了一辆双人自行车玩，没想到在一处接近90度下坡转角处坠湖。现场地面上发现一条长约3米的S形自行车刹车痕，但没见任何注明下坡或转弯的警示标语。

死者家属质疑该段绿道的安全性，称此处是急转弯，而且朝向湖面，但既没有警示标语，又没有护栏阻拦，另外一位家属质疑双人自行车的操控性不好。

惠州市园林局有关负责人称，在处理过程中封闭了道路。此外，该局已让出租方停止出租出事的同类型车辆。

图 8-5 关于绿道安全事故的报道

(五)缺乏空间管制、生态维育的具体措施

绿道是保护区域生态的一种重要手段，但珠三角各地在绿道建设中，往往重视绿道慢行系统的建设，忽略绿道周边区域的生态维育工作，因此需要制定绿道周边区域的空间管制措施，对建设项目采用限制准入政策，同时提出生态维育的具体措施，保障绿道的生态功能。

(六)缺乏公众参与绿道管理与维护的相关机制

绿道是一项公益性项目，需要社会各界的齐参与才能把绿道管理与维护好，这需要调动公众参与绿道建设管理的积极性，同时制定相关政策，解决公众如何参与到绿道管理与维护中来的问题。从目前管理与维护现状看，各地在绿道公众参与管理方面尚停留在舆论宣传上，具体的行动不多，相关的政策指引也缺乏，需要进一步研究完善和补充。

(七)功能开发相对单一，对市民吸引力不足

绿道的开发与利用，应遵循功能多样的原则，以满足市民各种不同的使用需

求，充分发挥绿道的魅力，提高绿道的使用率。可是，目前珠三角绿道网开发与利用的重点主要集中在绿道的休闲游憩功能上，其他如生态功能、环境改善功能、经济拉动功能的开发与利用均相对薄弱。

例如，江门市目前已建设完成286.4km区域绿道（省立）及227km的城市绿道（图8-6）。全市3个区4个市城市绿道的规划和建设，基本覆盖了各市区的重要景点和名胜古迹，如新会的圭峰山、台山的石花山公园、开平的南楼景区、恩平的鳌峰山等。其中滨江绿道更是作为江门绿道的推广典范，免费出租自行车供市民使用，吸引市民前来体验与使用绿道。

图8-6 江门绿道

可是，从现实情况来看，虽然江门绿道途经众多公园、自然保护地、名胜区、历史古迹，但绿道在其中仅是起到了单一的串联作用，并没有与这些公园、景点联合起来进行多功能开发，导致市民只能从事单一的骑车、散步及游览活动，其他诸如餐饮、购物等活动难以开展，绿道对线路沿线的经济拉动功能也未能很好地体现。

第二节 国内外绿道管理与运营经验借鉴

一、美国风景道管理与维护经验

（一）管理体制——多种管理机制并存

美国风景道的管理体制有不同的选择，根据具体的情况来确定制度的安排。现有的主要管理体制包括以下几点。

1. 公园机构管理体制

公园机构管理体制是风景道管理最常用和最普遍的管理手段。这种情况下由本地的园林和旅游事务部门，持有风景道的所有权，相应地，风景道的规划、工程建设以及管理运营的费用均计入公园管理部门的财政预算，风景道的工作人员则由本部门员工来兼任。例如，科罗拉多的 AiaPahoe 风景道、加利福尼亚的 AnlericanRiver 风景道及弗吉尼亚的 W&OD 风景道，是采用这种体制的成功案例。

2. 部门联合管理体制

这种体制下，风景道是由两个或两个以上的政府部门进行联合管理，在美国最常见的联合情况，是公园管理机构与本地的水利部门联合，水利部门负责清除风景道河床淤泥、巩固河堤、剪除路肩杂草以及维修风景道路径等，有时也会有私营的水利公司参与联合管理。而在公园管理机构方面，则主要负责风景道的规划建设、景观保养与游憩设施维护。不同的部门(如水利、林业、文物等)通过协议的规定，来分担风景道维护和日常运营管理的责任。

3. 特设风景道机构管理体制

由美国政府单独成立专门的、独立的风景道机构，用来保证对风景道的土地及周边草地、林场、湖泊等资源所有权的控制，以及通过所有权来管理获得的各项收益。这种直接面向风景道经营管理的特设机构，用来全面保障资源所有者对风景道的控制和收益权。同时，建立一个特殊的风景道税收权威机构，容许私人投资商通过缴纳税费来换取风景道资源的使用权和经营权，从而保证了资源所有者的利益实现。

位于 Denver 郊区的“杰佛逊国家开放空间区”是应用这个体制的一个较早的例子，这个地区的议会通过了一项税收法案，用来征收经营风景道山川、草场、溪流、湖泊等行为的税费。风景道特设机构有时也会自己来建设风景道的停车场、观光平台、游览小径等。通过这些经营来取得风景道运营、管理和维护的日常开支。

4. 联邦或州机构管理体制

美国大部分的风景道都是由当地市镇的机构进行统筹管理。但是，对于某些具有特殊价值或特别意义的风景道，联邦或州政府会跨过当地的政府机构而直接进行管理。应用本模式最古老也是最成功的案例是 Blue Ridge 风景道，它绵延 400 多英里贯穿了弗吉尼亚和北卡罗来纳州，由联邦政府国家公园管理局进行管理，这条著名的风景道途经了大量的权利混杂地带，但由于是上一层级的政府机构在主导，因此利益的分割界定得非常清晰，经营上获得了很大的成功。

5. 非营利性组织管理体制

本种模式由非营利性组织作为管理主体，非营利性组织有不同的类别，如土地信托中心、慈善基金会等。Appalachian Mountain 俱乐部的“adopt-a-trail”项目是采用本模式进行管理的最好的例子，几十年来 Appalachian 风景道一直由一个小径爱好者组织负责管理。

非营利性组织是一个根据州和联邦法律成立的法人组织，土地信托、公园宣传组织以及其他非营利性实体都支持风景道的理念和计划。在美国有很多低密度开发的风景道由非营利性组织拥有和管理，但是也存在很多的问题，尤其是日益高昂的维护成本，让非营利性组织很难筹集到充足的资金，通常获得土地和改善设施要比支付日常维持与保养更容易。为了迎接这个挑战，一些非营利组织已经尝试积极地与当地的政府部门联系，要求它们提供全部或部分的管理维修服务基金，而作为回报非营利性组织为政府部门提供该风景道的部分使用权，从而达到双赢的局面。

6. 私营所有者管理体制

由于风景道在房地产、高档社区等开发项目中，经常成为市场宣传促销的亮点而具备了明显的商业价值。购房者都很倾向于景观优美的开放空间和路径，因此很多的投资商已经有意识地将他们的商业项目与风景道相关联，通过风景道使得居住区与溪流河堤、湖泊树林紧密相连，这样的安排和布局可以显著增加房产项目的经济价值。

除以上几种管理体制外，志愿者的力量也不能被忽视。在风景道管理中，根据志愿者的本身素质情况，可以从事和承担多方面的工作，如研究土地所有权、制作风景道营销材料，他们可以成为有效的资金募集者，能帮忙植树、清理、改善湿地，甚至进行游步道的建设，也可兼顾一定的行政辅助工作，还可以充当导游来引导和接待到访风景道的旅行团。通过专业人员的指导和辅助，志愿者也可调查风景道廊道范围内的动植物种类，完善风景道的解说系统和生态保护功能。

在志愿者参与风景道管理的工作上，美国的北卡罗来纳州的三角风景道委员会是一个较为典型的案例。在这条风景道上，志愿者们凭借当地社会小额赠款的资助，自发建立了 21 英里长的游径系统。而具有工程背景的志愿者，甚至可以建设小型桥梁、挡土墙、水土流失防治等设施。当地有木匠背景的志愿者帮助建立横跨湿地的木栈道，风景道附近的农民使用他们的拖拉机完成风景道的植被清理等工作。

(二)资金管理——通过融资，使资金来源多样化

美国国家风景道投融资模式为以政府为主导，投资主体尽量多样化。其投融资结构具有以下两个特点：一是以公共资金为主体的多样化投资体系；二是在保证公益性的前提下尽量拓宽资金来源渠道，创新融资方式。

1. 资金类型及投资体系

公众资金部分包括：地方政府部门直接投资、州及联邦相关项目、公共事业公

司及公共资金。提供支持的部门包括地方公园和休闲部门、州公园处、地方水利管理部门、规划局、交通部及其他相关部门。风景道经常通过各部门的相关项目获得投资,如穿过自然保护区的风景道可以申请环保项目支持,水体风景道既可以用做休闲旅游又可以作为防洪设施获得水利部门的投资。

私人资金包括:公司捐赠、个人捐赠、俱乐部、特殊节事筹集等资金。由于美国税法规定工资或者个人可以通过将其资产用于公益事业来避税,因此,美国很多大型公司及富人乐于投资风景道项目。此外,相关的俱乐部如自行车俱乐部、自驾车俱乐部,也乐意赞助风景道的相关节事活动来为自己进行宣传。

2. 资金来源渠道及融资方式

公共部门来源:政府公共部门是风景道融资管理的首要主体,也是风景道所需资金的主要提供者。从公共部门融资的方法有多种,包括获得政府的公益基金项目支持、政府直接参与项目等。作为融资对象的公共部门包括当地的公园和休闲部门、公园处、地方水务管理部门、城市规划部门等。

私有部门来源:除了公共部门的各类融资外,私有部门也因为掌握着大量的金融资本而成为风景道融资管理的重要对象。风景道不仅是生态环境的项目,同时也是在经济投资上具有很高价值的项目,这构成了向私有部门融资的重要基础。风景道项目通常需要有游憩设施的建设和经营,通过许可制度来引入私有部门就可以获得可观的资金收入。私有部门获得风景道管理机构的许可后进入风景道进行接待经营,会获得营业收入,然后风景道就可以通过许可费来分得私有部门的部分营业利润。

另外,也可以向私有部门发行债券,风景道具有良好的投资回报,这对私有资本投资机构具有很大的吸引力,通过谈判协商可以以较低的债率来获得私有资本的使用权,用来发展风景道的急需项目。

捐赠来源:由于风景道具备很明显的公益性质,与人和企业的自我价值实现有着密切的联系,通过捐赠可以让个人和企业获得满足感和幸福感,因此捐赠也就成为风景道融资的重要手段。捐赠分为个人捐赠和企业捐赠两种。据统计个人捐赠在国外占有很大的比例,个人捐赠有很多的形式,除了常见的现金捐赠外,还包括相关策划方案等另类的一些捐助。美国全国企业捐款已逾 30 亿美元,每年都有大量的企业捐款。除了捐献现金外,公司还可以捐献土地、设备、服务以及员工的余暇等。风景道的绿色生态可以改善当地生活品质,这可能有助于吸引更多的合格员工,企业也就乐于为风景道追加投资。许多企业捐赠爱心义工的社区服务项目,员工均可参加,公司负责为志愿者准备设备、物资、茶点。作为回报,捐赠接收业务后的宣传要突出显示该捐赠公司。

建立长期基金会:前面所述的融资渠道,对于风景道来说都不具备稳定性,不稳定的融资可能造成风景道发展资金链的断裂。而建立一个长期基金会,则可以持续安全地为风景道的发展提供支持。长期基金会的资金来源比较广泛,与风景道有关的各种收入(如租赁、税收等)都要有意识地纳入基金会积累起来,通过对基金的各种资本运作和经营(各种有价证券投资)来获得资本收入,以供风景道发展所需。建立具有充裕资金的长期基金会,要特别重视风景道筹款活动的作用。如同任何其他的商业引资项目,风景道筹款活动也需要事先制订一个行动计划,首先可以通过项目的营销宣传,并考虑筹款试点和分步的计划安排,来估算一年内可以从各种渠道募集的资金金额,并以此为依据来调整试点的项目预算。有一些风景道项目,如亚基马河风景道(Yakima River Greenway)已放弃公共投资,几乎所有募集的投资都来自私有来源。不过大多数的风景道,特别是建造改善明显(如需要铺径)的风景道,就必须依靠多种公共和私人投资的联合,才能保证筹款的数量。

为保证筹款活动的效果,公私双方都必须有所贡献。对于大型的城市风景道项目,私有捐助人可能想看看公共部门承担的证据。根据实践的经验,项目中所依靠的私人资金支付不到一半的费用,有20%~50%来自私有来源。

(三)维护管理——计划周密,分工明确

美国风景道的维护主要集中在溪流渠道维护、路径维护及风景道植被维护三个方面。

维修规划都会包括一份目录系统和清单,用来阐述日常和疗养维修项目,这可以满足日常的维修报告的需要。这个列表会列出所有的维修职能,包括问题和出事地点的路径,且记录对应的解决方案。这些资料会特别存档,供维修人员使用。以此整体上把握风景道问题的集中领域、存在的本质问题和设计上的漏洞等。通常风景道的维护列表要包含以下内容:特别的维修活动清单;每类活动的频数;每个活动每次进行时的成本费用;每个活动每年的累计成本费用;谁将执行这些维修活动(如公园机构人员、水利部门、志愿者)。这个维修计划也包含一个公共监督计划,能够为风景道相关公民来报告维修的问题和接受反馈提供渠道。同时还提供一个程序用来汇集和计算每年的总维修成本。美国国家公园部门都会针对维护管理人员进行培训。

(四)安全管理——注重制度性风险防范和应急管理

美国风景道途经的每个当地的政府部门都为风景道使用者提供及时的医疗支持,包括紧急治疗和非紧急救援。治疗由全职或兼职的人员来负责,并对所有的风景道员工进行关于救援的培训。风景道设有救援电话点和最近的医疗点图示。紧急预案的规划由警方、消防和医务人员的配合来完成,他们和风景道上的入口标志、各类距离信息、车辆种类等指引,共同分担责任。这些信息被设置在风景道的

入口处,这样使用者们可以很方便地得到这些关键的电话。为了支持救援车辆、物资的快速进入抵达,风景道的路径都保证了足够的路宽和载重。

(五)法制管理——注重体系建设和针对性

在美国已经形成了比较完善的风景道政策法规管理体系,体系内各组成部分相互联系,共同约束和指导管理工作的开展。

国外风景道政策法规的管理体系通常包括三个层次:联邦一级风景道政策法规(如“国家风景道计划:经济与保护的平衡”及“1967 年风景及休闲娱乐道法案”)、州一级风景道政策法规(如“俄亥俄州风景道项目政策”)、市镇级风景道政策法规(如“美国马萨诸塞州——巴恩斯特布镇风景道法规”)。

不同层次的政策法规的侧重点及着力解决的问题存在明显的差异。一般来说,联邦一级的政策法规侧重于宏观上的指导,主要对风景道的制定标准、部门隶属以及地方性法规的制定参考标准等方面进行了规定,为全国范围内的风景道法治化管理提供了框架;州一级的政策法规则作为联邦级法规的细化,更加贴近各州的实际情况,同时也包含一定的宏观指导性规定;市镇级(基层)政策法规则在上级法规的指导下,直接面向当地情景来进行风景道管理实践的指导,通常具有较为明显的工程技术性质。

二、美国 Rose Kennedy 绿道多功能开发经验

Rose Kennedy 绿道是波士顿的一条公园连绵带。它通过提供美丽的风景、欢乐、丰富的活动、多样化的功能及社区感将波士顿这座城市与市民相互连接起来(图 8-7)。

图 8-7 Rose Kennedy 绿道多样化的功能与丰富的活动

Rose Kennedy 绿道以其多样化的功能与丰富的活动吸引着波士顿及其周边的居民前来使用。主要包括游玩、科普教育、餐饮、娱乐、健身、购物等与居民生活密切相关的功能。并且通过精心安排的时间表，将与不同功能相关的各种活动排上日程(图 8-8)。居民可以通过登录绿道网站查看近期活动安排，选择自己感兴趣的活动参加。

Sunday	Monday	Tuesday	Wednesday	Thursday	Friday	Saturday
25	**26**	**27**	**28**	**29**	**30**	**1**
←·····Greenway Carousel·····→						
10a Morning Tai Chi		**11a** Boston Public Market	**11a** Lawn Games	**11a** Boston Public Market **11a** Lawn Games **7:30p** Clover Movie Night-POSTPONED	**11a** Lawn Games **12p** Chinatown Park Furniture Ribbon Cutting	
2	3	**4**	**5**	**6**	**7**	**8**
←·····Greenway Carousel·····→						
10a Morning Tai Chi		**11a** Boston Public Market **5:30p** Greenway Conservancy Annual Meeting		**11a** Boston Public Market **11:30a** Jumpstart Read for the Record		
9	**10**	**11**	**12**	**13**	**14**	**15**
←·····Greenway Carousel·····→						
10a Morning Tai Chi		**11a** Boston Public Market		**11a** Boston Public Market		**11:30a** Greenway Mobile Food Fest

图 8-8　Rose Kennedy 绿道活动时间表

(一)游乐功能

1. 旋转木马游乐项目

每天均向市民开放，此项目为收费项目，每次收取 3 美元门票。喷泉、人工溪流免费向市民开放。两台畅享游乐车，配备多种玩具与益智积木，免费向家长及儿童开放[图 8-9(a)]。

2. 故事会

组织家长、教师、儿童，分享讲故事及听故事的乐趣[图 8-9(d)]。此项目为免费活动。

(二)餐饮功能

Rose Kennedy 绿道为流动餐饮车预留了停泊位置，从事餐饮行业的摊贩通过申请与审查，可被允许将其餐饮车开到指定地点为市民提供餐饮服务。由于流动

(a) 旋转木马 (b) 喷泉

(c) 游乐车提供的免费玩具 (d) 故事会

图 8-9 游乐项目

餐饮车具备灵活性特点，组织者可以每天安排不同品牌、不同公司及不同口味的餐车进场服务，使得餐饮内容与菜式灵活多变，深受居民欢迎。同时，每天具体餐车的停放位置都会在绿道网站进行公示，方便居民寻找选择合适的餐车(图 8-10)。

图 8-10 餐饮

（三）科普教育功能

Rose Kennedy 绿道通过在沿线及休息节点设置一些纪念碑、版画等设施，帮助游客了解、学习一些地方历史，如在圆环喷泉休息区的边缘，安装了一些描述性的版画，这些版画向游客介绍了新英格兰地区捕鱼业的发展。此外，Rose Kennedy 绿道还会定期邀请博物馆或图书馆的工作人员，共同组织科普游览活动。绿道作为此类科普活动的户外场所，丰富了整个活动行程（图 8-11）。

(a) 描述性版画

Field Trips

(b) 科普游览活动

图 8-11　科普教育

（四）购物功能

Rose Kennedy 绿道与波士顿露天市场联盟建立了合作伙伴关系，为其提供经营场地，将露天市场引进到绿道（图 8-12）。露天市场负责组织波士顿农户将其新鲜蔬菜、水果等农副产品运进市区，以低于超市的价格进行销售，深受市民欢迎。

图 8-12　绿道上的波士顿露天市场

Rose Kennedy 绿道则负责在其网站上为露天市场活动进行推广宣传，让更多人知道活动的时间与地点及摊位情况。

三、英国绿环政策

在全英国现有 15 个绿环环绕着的重要的核心城市和历史名城。为维护和管理大地景观、保护自然环境，英国规划设计了绿环政策，并建立了一系列基本的政策和机制。作为保护乡村、重要景观及环境的国家规划系统，它的目的是通过建立一系列的独立政策，在地方层次上对大地景观、自然环境进行保护，为公众进入乡村和进行游乐提供保障，对城市的无序扩张进行阻止。这些多样化的政策之间虽然相互联系，但它们来源于不同的法律条例和各种政策建议。

（一）通过地方合作建立绿环

英国没有专门的立法或法律建立绿环，而是通过区域、县郡和地方规划，共同制定绿道。这一系统要求不同地方机构之间的高层次合作。例如，伦敦市的绿环是由 8 个不同的县郡规划和 30 个不同的地方机构制定的地方规划综合设计得出的。绿环的规划安排受到利益群体的参与验证，受影响的土地所有者和普通公众都参与了公众咨询。

（二）有效管制绿环内部建设

当一个绿环被建立，在其中进行开发受到英国规划控制的正常系统的禁止，任何专门的开发都必须得到地方政府的批准。绿环存在的事实是拒绝规划批准的最优势原因之一。《政府指引 9》指出“除了非常特殊的情况，任何对绿环有害的开发都不会被批准”。

然而，并不是所有的绿环内开发都被阻止。首先，围绕英国小城镇的绿环与大都市带的绿环是不一样的。《1944 年大伦敦规划》中指出：“绿环内的一些镇是相当重要的，如果其中一个镇过去正在进行完全的更新，那它们现在就不会地处绿环之中。”在这些居民点进行严格控制的开发是可以允许的，只要它不会对绿环造成伤害。

其次，一些适当的开发类型在绿环的开敞地带中是允许的。《1995 年政府政策指引》列出了在绿环内允许开发的类型，总的来说可以开发的类型有：农业、林业、户外运动和户外游乐、公墓、现有房屋的限制性改善、现有村庄的限制性再建（in-filling）、现有发达地区的限制性开发或再开发、现有建筑的翻新再用（re-use）、矿物提炼和一些诸如大学的开发等案例。2001 年 3 月发表的《现时交通指引》指出：在一些案例中，“停车和驾驶”计划也应在绿环中被允许。

(三)获取公众和政客对绿环政策的支持

毫无疑问,绿环得到了大众的支持。绿环理念表现了对任何区域规划政策的最好理解,公众强烈反对在绿环内进行进一步开发的企图。

政客们热衷于通过公众场合来反映对绿环的深刻支持。成功的政府部门,无论是保护部门还是劳动部门,都强调他们对绿环保护的赞成态度。例如,1982 年,在玛格丽特·撒切尔夫人政府推动的高度自由放任时代(laissez faire era),政府颁布一份绿环报告,其中有关的大臣提到:"为了未来的下一代,我们必须保证绿都环在仍保持完好"。现时的劳动部门继续保持这一政策态度,直到最近的官方声明中还重述 1995 年发表的官方指引。绿环本身并没有构成英国国家政府选举的一个主题,尽管所有的主要政客都强调,确保绿色地带地区的存在应尽可能对开发进行抑制。

(四)证实对丧失开发权的企业和个人赔偿制度的失败

1947 年,对绿环中开发权被区域性剥夺的企业和个人,政府建立了相应的补偿制度。当时立法引入了一个框架,由于开发权转移所形成的土地贬值,政府要支付相应的利息补偿。贬值额度在该地块按现有使用取得的价值与 1947 年法案未剥夺任何开发权之前的土地价值之间进行衡量。然而,这一补偿计划与另一要求土地所有者向政府支付发展费用的计划相矛盾,后一计划中发展费用体现了由于规划批准的实施使得土地的价值上升的部分。1955 年该计划被放弃,尽管 1967 年和 1975 年这样的计划一再被提出来,但是一直未被重新启用。

四、中国香港麦理浩径管理经验

麦理浩径由中国香港渔农自然护理署下设郊野公园及海岸公园管理局负责管理。成功的精细化管理经验包括完善健全的法律保护、政府财政上的支持、绿道公益活动的支持、人才培训、发展生态旅游、注重市民教育和人文关怀以及获得市民支持(图 8-13)。

(一)完善健全的法律保护

1976 年制定的《郊野公园条例》,重在保护生态,提供动植物的庇护场所,使物种自然繁衍。在郊野公园内划定不同生态敏感区域,对生态敏感地点加强巡逻、执法和保护,确保其可持续发展。

(二)香港特别行政区政府财政上的支持

香港特别行政区政府在财政上给予全面支持,每年支付约 2.5 亿元的管理开

(a)支持绿道公益活动

(b)人文关怀

图 8-13　中国香港麦理浩径的精细化管理

支用于包括麦理浩径在内的全港郊野公园，使管理部门可以专注保护香港珍贵的自然景观。

(三)设置统一的安全维护人员

郊野公园设护理员，归编公务员，穿统一制服，主动为游人提供服务。郊野公园的主要管理工作包括巡逻、执法、教育、研究及与非政府组织进行社区宣传工作等，对违反条例的行为予以检控。

香港特别行政区渔农自然护理署非常注重人才和培训，目前负责推行保育工作的人员一般都属林务主任，而且大部分拥有大专以上的相关学历，员工又不时获派往外地交流的机会，汲取不同经验，改进现有的保育技术。

(四)大力发展郊野生态旅游

香港渔农自然护理署积极推进“以自然为本”的生态旅游，设计了丰富多彩的生态旅游产品，如建立雀鸟巢箱，既方便雀鸟的栖息，又方便游人观鸟。还有野外演习、生态探索、生态日记、海洋保育及设置管辖区等，正吸引着大量游客。

(五)注重市民教育和科普宣传

注重市民教育和要求，获得市民的认同和支持。设立游客中心、自然教育中心、自然教育径、树木研习径，推出一系列郊野公园及中国香港自然生态的书籍，提高市民爱护自然的意识，让市民变成保护郊野公园的支持者。鼓励市民直接参与定期举行的郊野公园及海岸公园游客小组会议，让市民反映对麦理浩径及郊野公园管理的意见，使其管理取得了更好的效果(图 8-14)。

图 8-14 中国香港麦理浩径标识系统

第三节 建设管理

一、绿道建设内容

针对绿道建设基准要素体系，绿道建设工程的具体建设内容主要包括：绿廊系统建设和人工系统建设。其中人工系统主要包括慢行系统、交通衔接系统、服务设施系统和标识系统等设施的建设，具体为步行道、自行车道、综合慢行道、停车设施、交通接驳设施、管理设施、游览设施、餐饮设施、购物设施、运动设施、保健设施、科普教育设施、市政工程设施、消防安全设施以及信息标识、指路标识、规章标识和警告标识等建设。

二、绿道建设管理

绿道建设管理采用省级监管、地方审查的原则。

建设监管部门：省级绿道建设办公室是绿道建设管理的主要监督管理部门。在绿道建设前期阶段，省有关部门需要审查绿道的各层次规划，判断选线是否合理、城际交界面是否建设、绿廊是否划定、配套设施是否完善、标识系统是否明确等。

具体负责部门:绿道建设工程由绿道所属的城市相关建设管理部门具体负责。城市绿道建设办公室是绿道建设管理机构和项目法人,并对工程建设的质量、投资、进度等全面负责。

建设单位选择:地方绿道建设办公室可以通过招标方式,选择专业化的项目管理企业对绿道建设项目进行投资管理和建设实施,严格控制项目投资、质量和工期。绿道建设工程应严格实行项目法人负责制、工程建设招标投标制、工程监理制、竣工验收制,并按合同进行管理。

第四节　维护管理

一、管理与维护内容

管理与维护内容确定需考虑各类绿道参与者在绿道管理范围内的权利和义务。在满足立法要求的同时,对现实过程中可能发生的具有普遍性、代表性的问题进行制度性规范。目前对绿道管理与维护的内容应以解决绿道在使用过程中的公平性和效率性问题为核心,既保证绿道能够为所有居民不受干扰地永久享用,又能最大化地提高绿道使用效率。因此,珠三角绿道网管理与维护内容主要包括绿道使用、安全及维护、通行、交通衔接与档案管理五个方面。

(一)绿道使用管理

绿道作为公益设施,应当为所有居民共同拥有,为保障绿道使用的公平性,任何单位和个人不得擅自占用绿道,不得破坏绿道的地形、地貌、水体、植被以及其他生物和设施等。对于因建设和维护等确需占用绿道的情况,应当按照有关规定报批;临时占用和挖掘绿道的,建设单位应当按照不低于该段绿道原有的技术标准予以修复、改建或者给予相应的经济补偿。

(二)绿道安全及维护管理

为加强对绿道网安全维护工作的管理,确保绿道的安全使用,有效预防灾害,保护人民生命和财产安全,应遵循"预防为主、防治结合"的原则。各地应建立绿道设施定期安全检查与安全巡查制度,明确维护机构及责任人,并按照有关规定做好防雷、防风、防汛、防山体滑坡、防火和安全用电等工作,配备必要的救援人员和救援设备。各地应制定突发事件预案,建立旅游紧急救援体系,提高绿道旅游安全应急处理能力。各地应加强节假日游览的安全管理,在绿道组织大型群众活动,应当按有关规定落实防范和应急措施,保障游客安全。

(三)绿道通行管理

为保障绿道通行有序、安全、畅通,绿道原则上实行全线禁行机动车辆,绿道上车辆管理由绿道主管部门会同交警部门统一管理。除应急救援和机动巡逻需要的机动车通行外,其余机动车不允许通行。绿道机动巡逻车及应急救助车应采用环保电瓶车。

(四)绿道交通衔接管理

绿道作为联系区域主要休闲资源的线性空间,在局部地区会与国省道、轨道交通、主要城市干道共线或接驳,并与区域绿地和城市绿地衔接,因此应做好衔接点的处理,并设置相应的换乘系统,以提高绿道的开放性与可达性。绿道借道或穿越市政道路时,应加强引导,提前在市政道路上设置标识牌、减速带和信号灯,并限制机动车车速。

(五)档案管理

绿道档案是绿道建设、规划、管理、维护、运营过程中形成的、具有保存价值的各种形式的历史记录。各地应建立健全绿道档案管理制度,对绿道的资源状况、范围界限、生态环境、各项设施和建设、绿道使用等基本情况和有关资料,进行整理归档,妥善保存。

二、绿道网管理与维护运行机制

(一)多方参与机制

绿道管理与维护是保障绿道长效使用的关键。为保证绿道长效运营,对于绿道管理维护应实施专门化机构、部门维护、属地维护、市场参与维护多方力量共同管理维护绿道的机制,维持政府负责、市场主导、公众参与的良好的绿道管理维护格局。政府应加强绿道各项管理监督工作,调动企业和民间组织建设与维护绿道的积极性,进而带动更广泛群众的参与热情;政府应成立全省统一专门化管理机构,制定统一的管理规定,明确政府、企业、普通公众在绿道建设管理运营过程中的权利和义务,同时鼓励各类市场经济组织与社会团体以“认管”的模式协助绿道的管理与维护,鼓励当地社区组织学生及年长、退休人员定期对绿道进行日常维护。

(二)综合协调机制

绿道管理维护过程中涉及参与主体多样,需成立专门化管理机构专门负责本行政辖区内绿道网的建设、运营、维护和安全管理等协调工作,协调城市其他部门,共同做好绿道的管理与维护工作,并应尽快尽早建立常态化、一体化、科学化的综合协调机制,在总的协调机制下建立一些更为具体的协调措施。例如,在绿道宣传推广方面,绿道管理部门需要与旅游、外宣、广电、新闻出版等部门进行协调;在绿道规划方面需要与土地、城建等部门协调;在绿道安全管理方面,需要与公安、保险等部门协调;在绿道经营秩序方面,需要与工商、公安、交通等部门协调。为更好地解决这些问题,就需要依托总的协调机制,建立细分的协调措施。应逐步扩大旅游综合协调机制的范围,使其协调不局限在政府部门。未来要将更多绿道发展的利益相关方纳入协调机制,如将主要的绿道管理参与企业纳入其中,能很好地推动相关决策在企业的落实。再如,快速发展的非政府组织既可以对政府行为进行有益的补充,还可以对政府行为形成一定的监督,因此可以考虑将非政府组织纳入绿道管理维护综合协调机制以便更好地发挥其独特的作用。

另外要积极借鉴国际先进经验,创新旅游综合协调机制。例如,中国香港的旅游发展局作为一个半官方的机构,实际上承担了协调政府部门、城市规划部门、商务发展部门、旅游部门、基础设施管理部门(交通、教育、环境卫生)、房地产开发商、金融机构、接待企业和零售业、建筑业、旅游业界、当地居民等众多利益相关者共同开展旅游目的地营销活动的职责,这一组织架构对改变许多地方建设部门在宣传推广绿道中唱“独角戏”的模式就有很好的借鉴意义。

(三)监督考核机制

1. 日常维护抽检制度

为保障绿道设施的正常运营和安全,防止日常维护工作的疏漏造成安全隐患,应制定绿道日常维护定期和不定期抽检制度,促进绿道日常维护工作。

2. 监督领导小组

应设置专门的绿道管理工作监督领导小组,对各地市绿道维护管理情况进行定期检查和考核。领导小组对各地市绿道的管理维护情况进行检查、通报,对不履行职责、工作不力的地市,给予通报批评,责令整改。

3. 层级监管

实现自上而下的监管机制。地级人民政府的维护工作由其上一级的人民政府进行监管;各专业机构对下属的各部门进行监管。

4. 公众监管

施行“阳光监管”,管理部门权力行使要透明,从而创造公众监管的有利环境,让公众对绿道的维护工作、绿道公共资金的使用、政府部门绿道维护管理工作等进行监督,并建立有效的意见反馈机制,使公众能够及时反映现有管理与维护存在的问题,并应及时对反馈意见进行处理。

5. 考核机制

绿道维护效果与领导政绩考核直接挂钩,纳入各市创建宜居城乡工作绩效考核的指标体系。考核由各市建设行政主管部门牵头,原则上是安排在每年年末。综合考评结果由地方建设行政主管部门汇总上报省建设厅确认,对考核先进的城市由省建设厅奖励一定资金作为绿道建设、管理和维护费用。

(四)公众参与机制

将公众参与作为绿道管理与维护模式的必要补充,保证绿道的长效运营和维护,形成政府部门和社会各界共同参与管理与维护的良性格局。通过各种政策鼓励各类经济组织与社会团体以"认管"的模式协助绿道的管理与维护,鼓励当地社区组织学生及年长、退休人员定期对绿道进行日常维护,参与绿道某些区域巡逻以保障绿道安全。鼓励新闻媒体等开展绿道管理运营咨询、建议、监督等活动。调动社会各界力量来参与绿道的管理运营,加强公众对绿道的关注和认同,提高环境保护意识,有助于绿道的实施与运营、公众监管。

(五)政策支持措施

为保障绿道管理与维护工作的顺利推进,从行政保障、土地使用、税收、财政保障等多方面制定绿道管理与维护的有效保障政策。

1. 财政保障政策

明确绿道项目的建设资金来源,纳入各级地方建设计划,并建立专款专户的资金合理使用制度。同时,实行监督检查制度,规范绿道专项资金使用,从而完善建设与维护资金的财政保障制度。

2. 行政保障政策

绿道建设任务重、时间短,要求各地、各部门打破常规,大胆创新,特事特办。各地应根据实际情况,出台相关办法,为绿道建设项目开辟绿色通道,简化行政审批手续,提高绿道建设效率。同时,实行全程监察制度,确保在简化审批程序的同时,监督到位。制定绿道验收程序与验收标准,明确绿道考核制度,建立考核与奖惩挂钩的机制,以加强行政管理力度。

3. 土地使用政策

绿道网建设坚持原生态、原产权、原民居、原民俗的原则,原则上不征地、不租地、不拆迁，不改变原有土地的权属和使用性质。由各地政府协调解决绿道网建设的用地问题。确有必要的，可与相关单位和个人签订土地使用协议。充分利用已有的场地、设施和建筑等资源建设绿道，在强化系统的衔接和标准的统一的同时，实现共用共享。

4. 税收政策

省、市税务有关部门应制定详细的税收优惠和减免政策，充分调动各管理与维护主体的积极性。同时，建立合理的利益分配与补偿机制，协调保障各主体的利益，形成一种各种利益主体“相互监督、共同受益”的互动机制，保证绿道网建设经营的顺利推进。

5. 制定专项条例或规章

适时制定绿道网管理条例及交通衔接与配套、安全管理专项配套政策，并将绿道管理与维护的专项条例或规章与相关领域的法律和地方性法规衔接，形成完整的绿道法律体系，为政府各部门齐抓共管绿道建设管理提供法律依据。

第五节 开发与利用管理

一、绿道网开发与利用的方法及思路

(一)采取多功能开发路线，充分挖掘绿道潜力

绿道的基本功能包括了生态功能、环境改善功能、休闲游憩功能及经济拉动功能四大功能。各地的绿道开发应该因地制宜，积极探索多功能开发绿道的路线，充分挖掘绿道的潜力。

绿道要被社会大众接受并乐于使用，须身在其中可“发现城市与自然之美”，才能发挥其各项功能，真正体现其价值。绿道的开发利用应关注沿线的城市区域复兴，如城市滨水空间、街区、旧村改造、工业区改造等。美国休斯敦的绿道网规划就将布雷斯(Brays)河防洪改造体系纳入进来统一考虑，提出了市政、环境、文化和实施策略等多方面的规划解决方案，在有效减少洪水泛滥的同时，满足城市休闲空间、栖息地保护、美观、文化内涵提升等各方面需求，建立了高质量的区域开放空间的联系。洛杉矶市政府也在着手改造洛杉矶河流域，希望将原本丑陋、社会问题聚集的河道区域提升为城市的宜人空间，使之成为振兴社会经济和城市扩展区绿化的重要一步。

因此，只有采取多功能开发绿道的路线，充分整合绿道生态、经济、文化、休闲、教育等功能，才能真正将绿道融入市民生活的方方面面中去，为市民所用，为社会

所用。

(二)运用多部门合作开发模式,凸显绿道的综合价值

绿道的开发与利用,需要集合各相关行政管理部门的力量,共同推动绿道的多功能利用,最大限度地发挥绿道的作用。

例如,林业、环境保护等行政管理部门可以结合绿道建设促进区域生态廊道的建设和雨洪排放体系建设,维护区域生态安全格局;园林、市政、环境保护等行政管理部门可结合绿道建设促进城市防灾公园体系的形成,以及河涌整治、地表复绿等工作,创建宜居宜业城乡环境;旅游、体育、文化、教育等行政管理部门可结合绿道建设开展多类型旅游、健身、体育赛事、文化体验、教育学习等活动,引领绿色健康生活方式;规划、国土、农业、发展和改革委员会等行政管理部门可利用绿道带动作用盘活绿道沿线存量用地,提升绿道沿线土地价值,促进沿线生态产业发展。

增城市的绿道开发利用模式,结合了当地旅游管理部门,多形式开展以绿道旅游为主题的宣传推广活动,如“广东万名妇女增城绿道欢乐游”活动,为绿道旅游经营者带来了翻倍的客源,并形成了骑自行车、吃农家菜及观生态美景的氛围(图 8-15)。

图 8-15 增城市绿道旅游项目

(三)通过公益性与营利性相结合的开发利用途径,确保绿道可持续发展

绿道开发利用可遵循公益性与营利性相结合的途径。绿道慢行道、管理设施、游憩设施、科普设施、安全保障设施、环卫设施等应免费向公众开放;售卖点、自行车租赁、停车设施、餐饮等服务设施允许营利性经营。

相关开发管理部门可通过对绿道资源所有权的控制,容许私人投资商通过缴纳税费来换取绿道资源的使用权和经营权,以保证绿道开发与利用的资金来源。例如,可对绿道沿线房地产、高档社区等开发项目,征收增值税,或划出部分绿道沿线地块的商业设施开发权或经营权给私人,通过征收经营所得税来取得绿道开发、

管理和维护的日常开支。

坚持公益性与营利性相结合的绿道开发利用途径，可以在确保社会大众享用这一免费城市绿色休闲空间的同时，又保障了其自身的可持续发展。

二、绿道网开发与利用的扶持机制

绿道项目的开发与利用资金，主要由市级财政负责提供。各市负责项目配套资金，并做好各种渠道资金的衔接工作。地方绿道办应积极向社会公众、经济组织宣传推广绿道项目，争取通过社会捐赠、公司资助等方式向私人、私营机构筹措资金，开展绿道开发与利用的活动。

（一）宣传扶持机制

鼓励各地市通过新闻媒体或网络等多种方式向社会宣传、营销绿道项目，并可通过招募会员、举办慈善晚会、举行活动等方式向社会宣传推广绿道项目，塑造绿道社会信誉度，向社会募集绿道经营所需的资金，积极引导社会参与。

（二）资金扶持机制

绿道的开发与利用需要大量资金作后盾，除了省与当地政府部门拨款外，还需要充分吸收利用其他闲置资金，如民间筹款、银行贷款及发行债券等。同时可在管理机构的监督下实行特许经营制度，即基本生态保存区内可进行旅游开发的区域内，餐饮、住宿等旅游服务设施可向社会公开招标，经营者的部分税收返回基本生态保存区，支持有关设施的经营、维修与保养。

国外绿道开发的公共资金的来源主要包括地方机构直接拨款和来自州、联邦的资助；私有资金的主要来源有基金会资助、公司资助、个人捐赠、服务俱乐部和特殊的筹款事件等。

我国绿道开发和管理资金也可实行公私合作、多渠道筹集的方式。

（三）税收扶持机制

省、市税务有关部门应制定详细的税收优惠和减免政策，落实对参与绿道建设、绿道开发，进行绿道建设和维护管理的经济实体和个人实行企业所得税、个人所得税、进口关税和进口环节增值税等方面的优惠政策，调动经济实体、社会团体和个人进行绿道经营的积极性。

第六节 安全管理

一、安全教育

各级政府和有关部门要提高思想认识，将保障群众安全使用绿道放在首位，坚持“安全第一，预防为主”的工作方针，坚持“严管、严查、严处”的工作原则，明确责任和目标，高度重视并切实做好绿道安全建设和管理工作。

各地在绿道建设过程中要制定绿道安全使用指南，告知使用者安全使用绿道的信息和方式，有效指引安全使用；设置统一标准的安全警示标志、注释标识牌，警示绿道使用者，防止出现意外；在危险区段设置防护栏等安全防护设施，保障使用者人身安全。

通过电视、报纸、宣传栏、张贴安全标语等方式，向广大群众宣传绿道安全知识，提醒群众安全使用绿道的注意事项，努力提高绿道使用者的安全意识和自我保护能力，营造“关注安全、享受绿道”的社会氛围。

二、安全设施

(一)设置警示标识

在急弯、陡峻山坡、河边、湖边、海边、绿道连接线、绿道与其他道路交叉路段、滑坡和泥石流等地质灾害易发地、治安和刑事案件多发地等存在潜在危险的路段，均应按照绿道网标识系统设计的要求，统一设置相应的警示标识，明示可能存在的安全隐患(图 8-16)。绿道连接线所在路段的起止端，以及绿道与城市道路或公路平面交叉路段无信号灯控制时，应在城市道路或公路上提前设置限速标志。

Attention
注意安全

Note landslide
注意山体滑坡

Swamp Note
注意沼泽

Power Substation
有电危险

Watch for fires
当心火灾

图 8-16 警告标识

(二)设置安全防护设施

绿道经过山坡、河边、湖边、海边等路段时，在转弯处应设置护栏。

绿道连接线沿线与机动车道之间应设置绿化隔离带、隔离墩、护栏等隔离设施。

绿道与城市道路或公路平面交叉时，在城市道路或公路上应遵循相关规定设置交通信号灯，或设置减速丘限制机动车车速。在绿道两端应设置隔离桩，引导自行车推行通过交叉路段。

在滑坡和泥石流等地质灾害易发地段应采取设置截水沟、进行植被防护、加固护坡等安全防护措施，预防地质灾害(图 8-17、图 8-18)。

图 8-17 截水沟

在远离城镇与人口密集地区的生态型绿道以及治安和刑事案件多发路段，应设置电子眼、安全报警电话等设施，保证移动电话信号全覆盖，并加大治安巡逻力度。

图 8-18 安全防护栏

三、安全检查

(一)安全设施检查

对各项设施进行定期安检，严禁无安全保障的设施运行。设施安全检查的范围主要包括常规设施(监控闭路电视、应急报警电话、安全警示标志、广播通信系统、危险地带安全防护措施、水上救护人员与设备等)安全、交通设施安全、消防设施安全、医疗救护设施、特种设备安全。针对每种设施的特点和需求制定检查内容和检查周期，制定绿道设施安全检查隐患记录，由检查维护人员进行填写。根据记录情况制定有效的设备维修计划，对有安全隐患的设施进行及时的维修。

（二）安全巡查制度

各地绿道建设和管理办公室应与公安等相关部门联合，建立绿道治安、消防安全巡查队伍，对整个绿道系统，特别是远离城镇与人口密集地区的生态型绿道进行安全巡逻。通过建立激励机制，在都市地区或靠近都市的城郊地区，鼓励经济组织、社会团体、单位或个人参与绿道的治安巡逻，保障绿道使用安全。治安管理部门应定期组织相关巡查人员进行培训，增强对破坏行为、急救、火灾、洪水等紧急事件的应对能力。同时，巡查人员也应主动了解绿道的相关知识，这样可兼为绿道的导游员、解说员。巡查队伍应配备必要的通信设备，确保向治安中心及时报告情况和请求援助。

四、安全救援

安全救援主要是对突发紧急事件的处理。安全管理部门应制定突发事件预案，建立旅游紧急救援体系，配备必要的救援人员和救援设备，提高绿道旅游安全应急处理能力，确保旅游安全事故的及时通报和快速解决。

（一）紧急救助机制

1. 明确应急组织结构与职责

建立“安全事件处理中心”，保证其能够作出快速反应，及时处理绿道各类突发安全事件。

2. 预防预警机制

安全事件处理中心通过安全急救系统，利用GPS接收器监控绿道沿线各游憩区域，在发生险情和事故时，第一时间启动急救程序，调动力量组织救援。

3. 应急响应

包括分级响应程序、应急响应行动、信息报送和处理、指挥协调、应急处置、信息发布及应急结束。

4. 应急保障

包括指挥系统与通信保障，人力资源（专业应急队伍、社区和志愿者应急队伍）保障，财力保障，物资保障，人员防护和生活保障，医疗卫生保障，交通运输保障，治安维护，工程抢险装备保障，科技支撑及法制保障。

(二)公众告知机制

1. 信息发布

突发事件的信息发布应当及时、准确、客观、全面。要在事件发生后的第一时间向社会发布简要信息，随后发布初步核实情况、政府应对措施和公众防范措施等，并根据事件处置情况做好后续信息发布工作。

2. 信息发布形式

主要包括授权发布、散发新闻稿、组织报道、接受记者采访、举行新闻发布会等，通过中央、省、市主要新闻媒体、重点新闻网站或者有关政府网站发布信息。具体按照国家、省、市有关规定执行。

(三)事后处理机制

(1)善后处理：明确人员安置、补偿，物资和劳务的征用补偿，灾后重建、污染物收集、清理与处理程序等。

(2)社会救助：明确保险机构的工作程序和内容，包括应急救援人员保险和受灾人员保险。

(3)总结分析与调查评估：提供突发公共事件调查报告和经验教训总结及改进建议，明确主办机构、审议机构和程序。

(4)奖惩：明确应急救援工作中对相关人员的奖励和处罚内容。

(四)监督管理机制

(1)宣传与培训：明确应急指挥人员、应急救援队伍、开展宣传教育和培训的计划、方式和要求。

(2)预案演练：明确组织应急演练的规模、方式、频次、范围、内容等。

(3)奖励与责任：制定绿道建设与管理的奖励与责任细则。

(4)监督检查：明确监督主体和罚则，对预案实施的全过程进行监督检查，保障应急措施到位。

第三篇

实 践 篇

如果你发现许多人连续多年地从事一系列试验，最后终将得到许多人曾为之勤奋探索的结果。持之以恒的努力，尽管遭遇失败和挫折，却是全面成功的先导。

——埃比尼泽·霍华德《明日的田园城市》1898 年

第九章

规划综述

在中国，绿道建设已经成为了一种深受欢迎的城市行动。2009 年开始，广东、浙江、福建、四川、北京等部分省市相继开展了绿道网规划的编制(图 9-1)。中国绿道网规划编制体系的构建经历较长时间的探索，但是在实践过程中涉及绿道规划体系的定位问题，无论是将绿道规划作为专项规划纳入对应的法定规划体系，还是在目前的法定规划体系中增加绿道的专项内容，其本质上都是务求将绿道作为一项城市必要的基础设施进行建设管理，与法定规划在内容或者形式上达到相互统一。

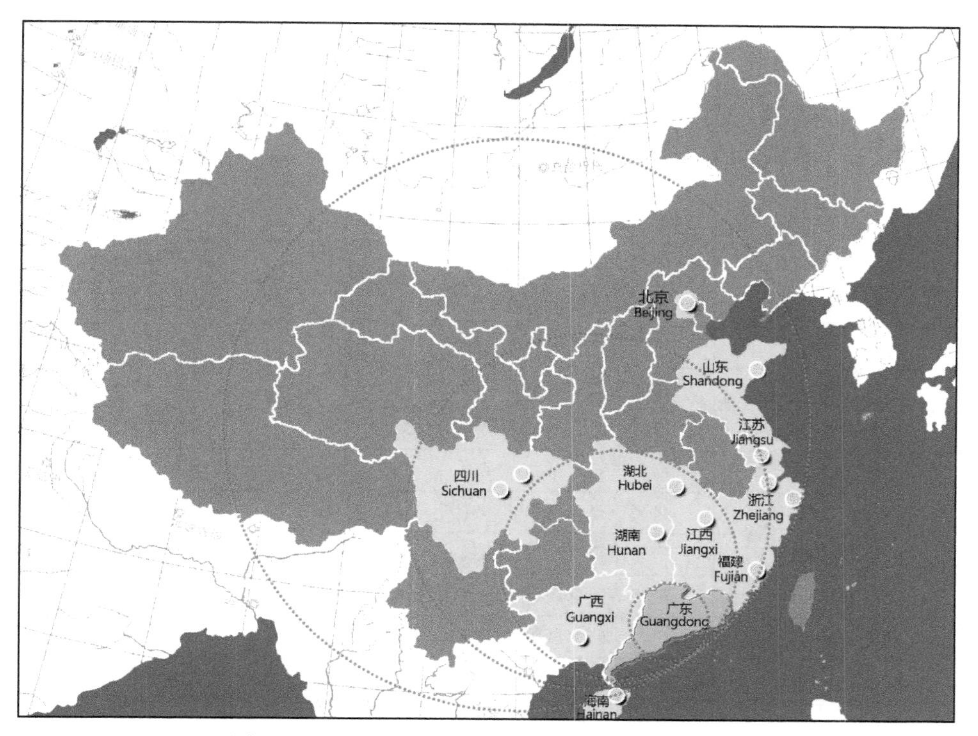

图 9-1 已开展绿道网规划的省份(截至 2011 年)

通过对近3年来各地绿道网规划与建设实践的案例分析,只有广东省自上而下建立的绿道网规划编制体系较为完整,广东省绿道网规划已经正式纳入各层级法定规划体系,通过层层下达的方式给各区市布置规划编制任务。当珠三角地区绿道网基本建设完成后,通过制定《广东省绿道规划建设管理规定》,将区域绿道网总体规划布局内容纳入了省域城镇体系规划的强制性内容:要求广东省城市绿道网总体规划布局和绿道控制区范围及界限纳入城市总体规划的强制性内容;绿道建设详细规划布局内容应纳入城市控制性详细规划。因此,珠三角地区在基本完成绿道建设后,便从规章制度上将绿道规划作为一项强制性内容纳入以后的法定规划体系中,确保绿道建设得到长期的保障,明确了绿道网规划的法定地位。

四川、浙江等省目前并未编制区域级绿道网规划,而在省内一些经济发达、旅游基础较好的城市,已自下而上地开展城市绿道网规划编制或者社区绿道网规划编制。在规划编制中,注重了与规划范围外的地区交界面的控制,也为以后编织区域绿道网提供了衔接的可能。

福建借鉴广东省珠三角地区相似的成功经验,由福建省至下辖各地级以上市,根据"一级政府、一级规划、一级事权"的划分,在各级政府编制对应的规划类型中都有明确的分工,工作范围和工作深度也较为清晰(表9-1)。

表9-1 我国部分城市绿道网规划情况

区域	规划名称	绿道类型
广东省	珠三角绿道网总体规划纲要	区域绿道规划
广东省	珠三角绿道网总体规划	区域绿道规划
广东省	广东省绿道网总体规划	区域绿道规划
广东省广州市	广州市绿道网建设规划	城市绿道规划
山东省青岛市	青岛市绿道系统总体规划	城市绿道规划
浙江省台州市	台州市绿道网总体规划	城市绿道规划
四川省绵阳市	绵阳市健康绿道系统规划	城市绿道规划
青岛胶南市	胶南市绿道网总体规划	城市绿道规划
广东省梅州市	梅州市绿道网总体规划	城市绿道规划
福建省泉州市	泉州市绿道系统总体规划	城市绿道规划
广州市荔湾区	广州市荔湾区绿道网建设总体方案	社区绿道网规划
广州市海珠区	广州市海珠区绿道网建设规划	社区绿道网规划
广州市花都区	广州市花都区绿道网规划	社区绿道网规划
广州增城市	增城市绿道网建设规划	社区绿道网规划

第十章

区域绿道网规划——珠江三角洲绿道网总体规划

在较大空间尺度，进行跨地区或者重大流域的区域绿道规划，如美国东海岸绿道规划、珠三角绿道网总体规划纲要等，必须由国家或者省一级的政府或者管理机构主导，目前在我国仅广东省、浙江省、福建省开展了区域层面的绿道规划及研究，其中尤以广东省影响最大，引领了全国绿道网规划建设的热潮。

一、规划背景

改革开放30年以来，珠三角地区锐意改革，率先开放，实现了经济社会发展的历史性跨越，逐渐发展成为全国最具发展活力、最具发展潜质的地区之一。在经济社会发展取得巨大成就的同时，以传统增长方式为特征的快速城镇化和无序扩张的非农建设，对自然生态环境造成了冲击，人居环境逐步恶化，严重制约了珠三角地区经济社会的可持续发展。多年来，珠三角地区一直在从区域空间管制到区域绿地保护与利用方面进行有益探索，提出了“以区域绿地保护为平台，以基本生态控制线划定为突破，以绿道网建设为抓手”的区域空间管制新思路。在此背景下，广东省委省政府，通过学习发达国家先进经验，认为建设绿道网，可以实现改善生态环境、提高居民生活品质、促进经济发展方式的转变，是广东省实现科学发展的必要途径。

二、规划思路

规划以推进珠三角生态文明建设，由“关注可建设到关注不可建设”转变，为子孙后代预留生态空间；坚持以人为本，创新发展模式，构筑珠三角生态安全体系；以提高区域自然生态环境质量，保护中求发展，打造碧水、蓝天、绿地的“宜居城乡”生活为基本思路。针对区域绿地生态系统中超越地方范畴的行政区交界地带生态空间保护薄弱、结构性生态廊道易受侵蚀，且未有明确管理部门导致保护不力这一最为突出的问题，区域绿道建设依据珠三角地区生态结构特征进行规划布局。

(一)强化“两环”(外环屏障和湾区生态环)——捍卫珠三角生态平衡

由珠三角外围连绵的山地、丘陵及森林生态系统组成环状生态屏障,以捍卫区域生态平衡。范围西起台山镇海湾,止于惠东红海湾。由珠三角内圈层沿湾区的边界(滨海各区县边界)的自然山体、湿地、森林公园、成片的农田等组成湾区生态环,和外环屏障首尾相连,把珠三角分为湾区和其他部分(图 10-1)。

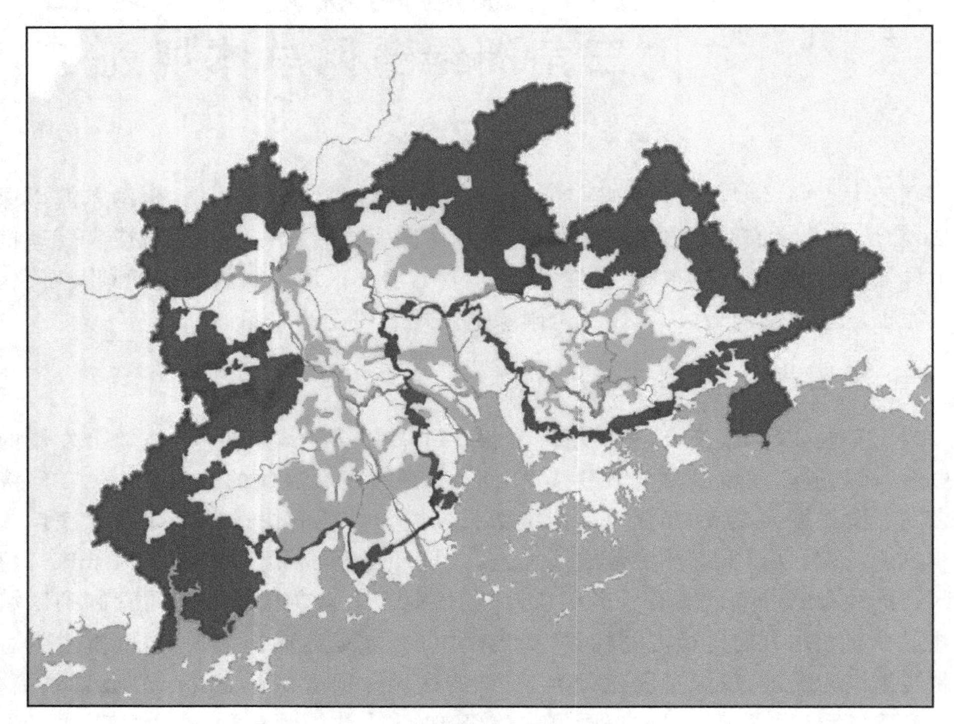

图 10-1 珠三角绿道建设生态格局——“两环”

(二)打通“两带”——保持内外绿色空间的延续

通过东江、西江干流水体,串联沿江的山体、农田、防护绿带等,形成两大区域性主廊道,保持“两环”之间的连通,并在三大都市区之间形成长期有效的生态隔离,避免城镇连绵发展(图 10-2)。

(三)保护“三核”——改善密集城镇区的生态环境

由中部的白云山—帽峰山、东岸的银瓶嘴山—白云嶂、西岸的五桂山—黄杨山—古兜山等重要山体,形成三大绿核,作为外围山林区、南部海洋生态区与中部平原生态区之间的联结点,改善三大都市区内的生态环境(图 10-3)。

图 10-2　珠三角绿道建设生态格局——“两带”

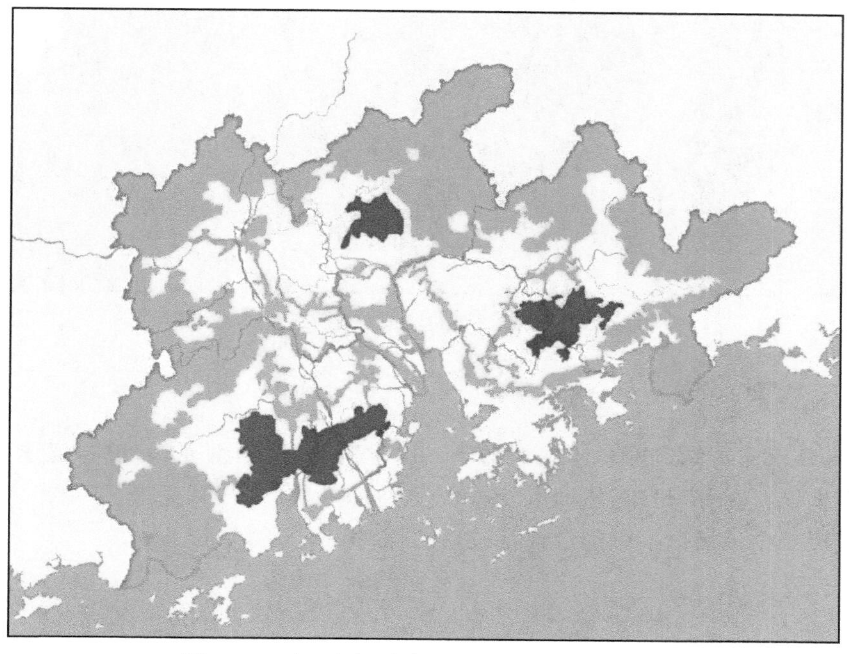

图 10-3　珠三角绿道建设生态格局——“三核”

(四)构建"网状廊道"——控制城市蔓延,营造游憩空间

首先,建立城市隔离带:各城市间形成生态隔离带以控制城市无序蔓延,在都市区内形成贯穿城乡的三大休闲绿道以营造游憩空间。其次建设生态休闲廊道:通过东江、西江、北江干流及诸河水体、岸线,串联山体、农田、绿色交通走廊、郊野公园、风景名胜区等,并延伸至城市内部的公园、广场,形成网络状廊道(图 10-4)。

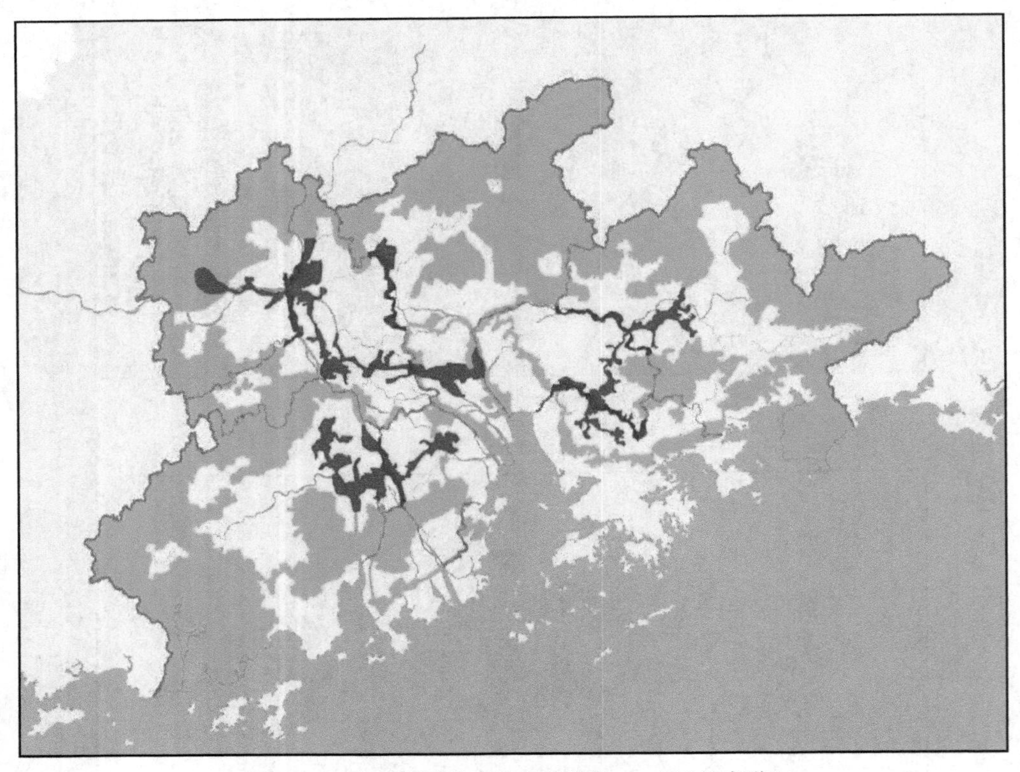

图 10-4 珠三角绿道建设生态格局——"网状廊道"

三、主要内容

《珠江三角洲绿道网总体规划纲要》(以下简称《规划纲要》),规划范围为整个珠三角地区,包括广州市、深圳市、珠海市、佛山市、惠州市、东莞市、中山市、江门市和肇庆市 9 个地级以上市的全部行政辖区,面积 5.46 万 km^2。

(一)线路布局

规划综合考虑自然生态、人文、交通和城镇布局等资源本底要素以及上层次规划、相关规划等政策要素,结合各市的实际情况叠加分析,综合优化形成由 6 条主

线、4 条连接线、22 条支线、18 处城际交界面和 4410km² 绿化缓冲区的绿道网总体布局。珠三角绿道网连接广佛肇、深莞惠、珠中江三大都市区，串联 200 多处主要森林公园、自然保护区、风景名胜区、郊野公园、滨水公园和历史文化遗迹等发展节点，全长约 1690km，可直接服务人口约 2565 万人，能够增加约 30 万人就业机会，带动社会消费约 450 亿元，实现了珠三角城市与城市、城市与市郊、市郊与农村，山林、滨水等生态资源及历史文化资源的连接，对改善沿线的人居环境质量具有重要作用(图 10-5)。

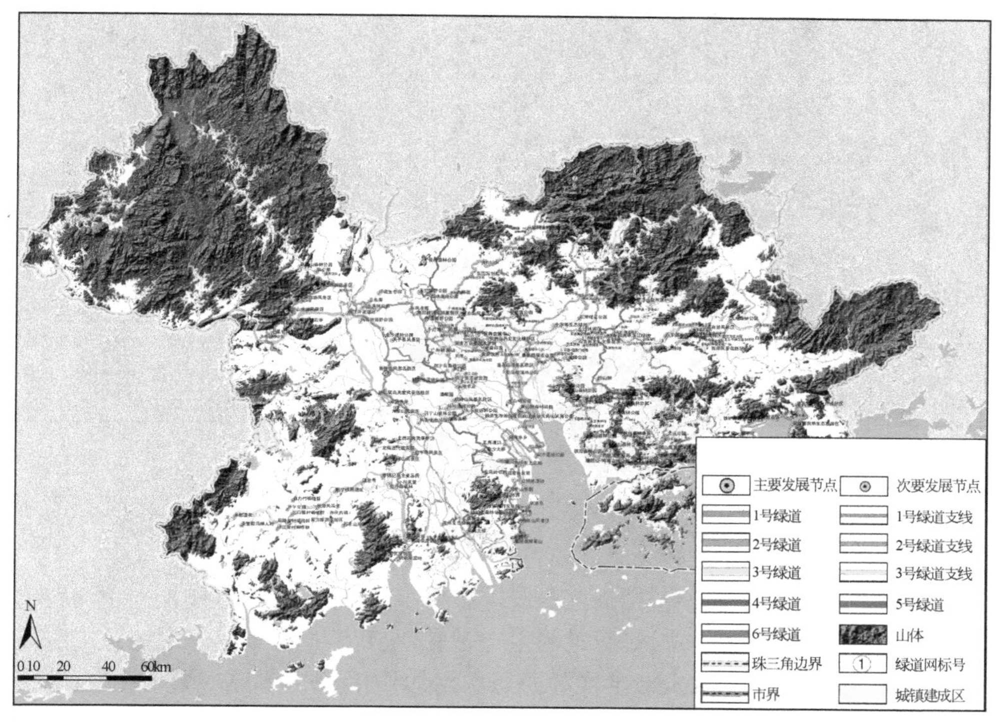

图 10-5　珠三角绿道网布局图

(二)城际交界面

城际交界面是指区域绿道跨市之间的衔接面。城际交界面建设的主要任务是通过统筹规划，协调各市绿道的走向和建设标准，将各市孤立的绿道通过灵活的接驳方式有机贯通起来，形成一体化的区域绿道网络体系。本次规划中珠三角 6 条区域绿道涉及的交界面共 18 处，通过桥梁或结合绿地系统进行衔接，其建设标准均为宽度 2m 以上的自行车与步行专用道(图 10-6)。

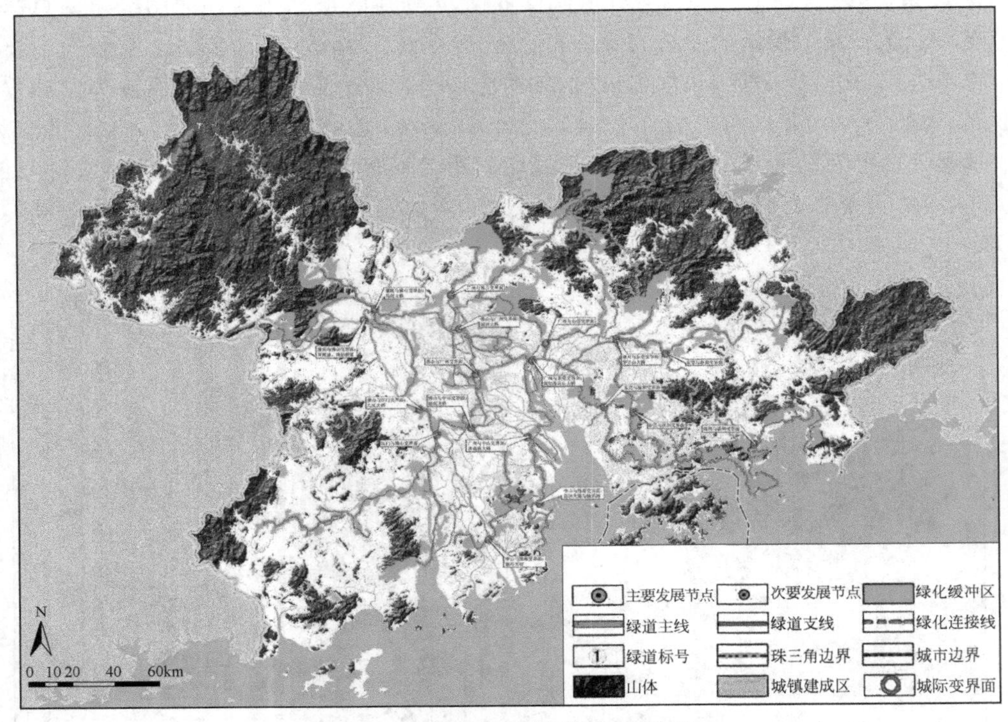

图 10-6　珠三角绿道网城际交界面

(三)绿化缓冲区

绿化缓冲区是指围绕绿道周围进行生态控制的范围，主要由地带性植物群落、水体、土壤等自然要素构成，是绿道的生态基底，起到维护区域生态系统健康稳定，营造生态环境优异，景观资源丰富的游憩空间的作用(图 10-7)。绿化缓冲区总面积约 4410km²，占珠三角总面积的 8%。根据其功能的不同可分为生态型、郊野型和都市型三类，生态型以自然生态要素为主，包括风景区、森林公园、湿地、水系湖泊等，面积约 2050km²；郊野型以半自然半人工要素为主，包括农田、郊野公园、古村落等，面积约 1760km²；都市型以人工要素为主，主要包括城市内部的公园、广场、水系、绿化带等，面积约 600km²。

(四)专项配套规划

根据绿道网总体布局，结合绿道连接的风景区、森林公园、城镇建设区等发展节点，重点安排慢行道、标识系统、基础设施等配套设施以及服务系统、交通与换乘系统等专项配套规划，提供休憩、指示、停车、换乘、卫生、安全等服务，使珠三角城乡居民及外来游客能够便捷、有效、安全的使用绿道网资源(表 10-1)。

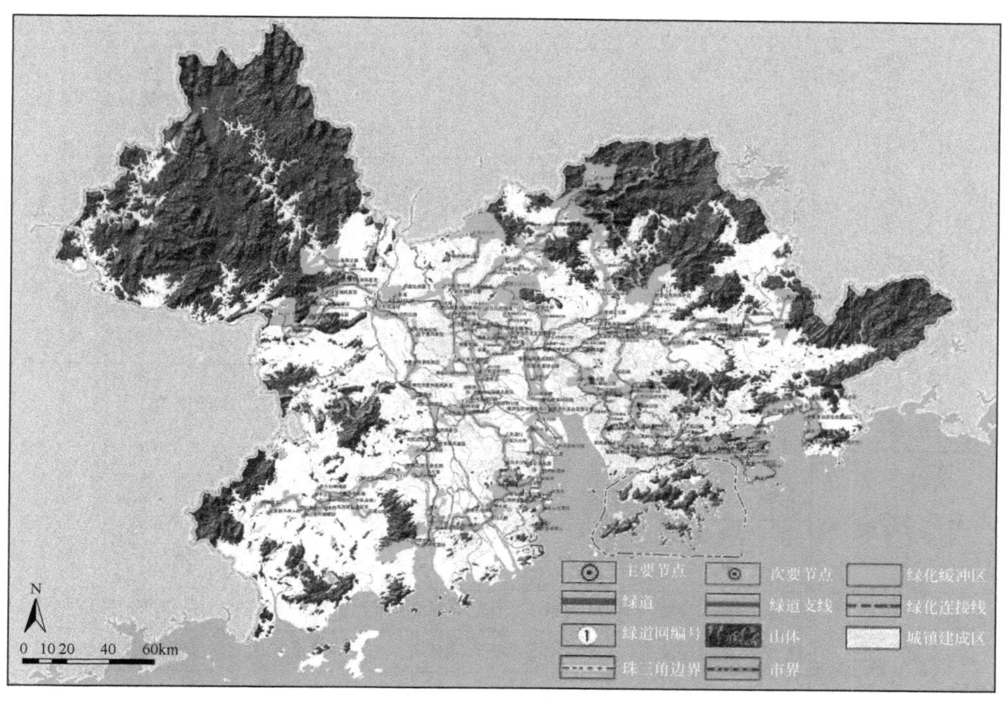

图 10-7　珠三角绿道网绿化缓冲区示意图

表 10-1　珠三角区域绿道专项配套设施要求

类型		内容	具体设施	设置目的
配套设施	慢行道	步行道	步行道	为居民提供散步、慢跑、游玩道路
		自行车道	自行车道	为居民提供骑自行车道路
		无障碍道	无障碍通道	为残障人士提供通道
		综合道	步行道、自行车道、无障碍道的综合体	城居民提供综合性慢行通道
配套设施	标识系统	信息标志	信息标识牌	标明所处位置，提供区域绿道设施、项目、活动等综合信息
		指路标志	信息标识牌	用于传递行进方向和线路的信息
		规章标志	信息标识牌	用于传递法律法规方面的信息以及政府有关绿道的相关举措信息
		警示标志	信息标识牌	用于提醒人们可能遇到的各种危险

续表

类型		内容	具体设施	设置目的
配套设施	标识系统	安全标志	信息标识牌	用于明确标注所处的位置，以便为应急救助提供指导
		教育标志	信息标识牌	用于体现绿道独特品质或特色
	基础设施	环境卫生设施	固体废弃物收集点、污水收集处理点、公共厕所等	防止污水和生活垃圾造成的污染和环境破坏
		交通设施	机动车、自行车停车场等	方便使用者进入，提高绿道可达性
		其他设施	照明、通讯、防火、给排水、供电施等	方便使用、保障安全
服务系统		游览设施服务点	信息咨询亭、游客中心、医疗点等	主要为绿道使用者提供便民服务
		管理设施服务点	治安点、消防点等	主要为区域绿道的日常管理服务
交通与换乘系统	换乘系统	轨道交通衔接点	自行车租赁、停车等服务	实现绿道与公共交通的有机接驳
		城市公交衔接点	自行车租赁、停车等服务	实现绿道与公共交通的有机接驳
	道路交通衔接	与道路交通的接驳和衔接	接驳与衔接设施，高架桥、隧道、借道设施等	实现绿道与城市道路交通的有机衔接，提高绿道的通达性

四、规划特色

区域绿道建设像城际轨道网一样，以绿意浓融的绿色开敞空间和百姓可以自由参与的游憩休闲空间串联珠三角各城市，联通城市和乡村地区，特别是在城镇密集地区，使之成为区域性的公众户外休闲和生活紧密联系的好地方，成为迅速提升珠三角地区生活品质、提升区域一体化认同感的重要“抓手”(图 10-8)。

与以往城市建设实践不同，珠三角九大城市绿道规划从开始就走向层级体系化，相关的领导更是高度重视，并把绿道建设作为一项改善民生、活跃经济的工程提升到与轨道交通同等重要的地位。结合各地市发展意愿，遵循生态化、本土化、多样化、人性化等原则，初步拟定了绿道网总体布局方案；并采用省市联动、城市互动的方式，通过召开广佛肇、深莞惠、珠中江三大都市区协调会以及省建设宜居城乡工作联席会议成员单位审查会，建立规划编制组与省直部门、地市城市规划建设主管部门的互动机制。

珠三角绿道网规划建设实现了从策划到实施、从规划设计到政治家行动、从公共政策到建设项目的华丽转变。建设珠三角绿道网，是落实科学发展观的举措和实施区域一体化发展战略的具体行动，是为解决城市发展过程中面临的生态环境

图 10-8　绿道:建设宜居城乡的希望之路

恶化问题、居民生活品质下降问题而实施的一项民生工程(表 10-2)。

表 10-2　珠三角绿道规划特点总结

规划出发点	将生态保护政策转换为民生建设工程
规划理念转变	生态廊道—绿廊—省立公园—基本生态控制线—基本生态控制区—绿道
功能定位转变	“纯生态”—“生态+休闲”—“生态+休闲+经济”—“生态+休闲+经济+和谐”—“生态+休闲+经济+和谐+文化”
工作过程转变	理念—技术—政策—工程
规划主要特点	从策划到规划实施、从规划到政治家行动、从公共政策到建设项目、组织保证(成立绿道办公室)、强化政策支持

第十一章

城市绿道网规划

2010年以来，我国珠三角地区、山东、四川、浙江部分城市结合重大城市事件，城市环境整治行动等需要，各自相继开展了城市绿道网规划建设。例如，广州市绿道网规划建设结合了举办“第16届亚洲运动会”这一重大城市事件，青岛绿道网规划建设围绕“世博园”的建设而展开，绵阳绿道网规划建设则利用灾后重建，台州绿道网规划重点在于响应生态浙江建设的号召。国内一些大城市纷纷开展城市绿道网规划，基本出发点在于城市综合环境改善和提升的需要，尤其注重发挥地方自然文化特色。

第一节　广州市绿道网建设规划[①]

一、规划背景

2004年7月1日，广州成功获得2010年第16届亚运会的主办权，广州亚运会的举办将使广州向着国际大都会再迈出一步。广州绿道网规划利用亚运会这一重大城市事件，将绿道作为一项重点的亚运工程，使其结合亚运期间的河涌综合整治及亚运人居环境综合整治行动，将绿道建设作为展示广州城市建设风采的一大窗口。同时，广州市绿道网建设规划是在珠三角绿道网规划建设指引下落实科学发展观的重要举措，是广州市建设生态文明，有效防止城市结构性的生态廊道遭受侵蚀和破坏，保障城市生态安全的首选之策。

二、规划内容

(一)规划目标

规划依托广州“山、水、城、田、海”的自然生态资源本底，契合“南拓、北优、东进、西联、中调”的城市空间发展战略和“一主六副多组团”城镇空间布局结构，串联

---

① 规划编制组成员：蔡云楠、易晓峰、彭涛、艾勇军、朱江、梁颢严、施兆辉、邓木林、肖荣波、刘松龄、李洪斌、彭青、尹向东、方正兴、李密滔

城乡自然、人文景观,发挥广州历史名城、山水景观、多元文化优势,在广州市域构筑城乡一体、健康安全、生态良好、环境优美、低碳节能、衔接方便、多类型、多功能的绿道网络系统,促进生态环境保护、提升城乡居民生活品质,带动旅游产业发展、引导绿色出行、增加防灾避险能力,建设宜居宜业广州。

(二)规划布局

广州市绿道网规划综合考虑自然生态、人文、交通和城镇布局等资源本底要素以及上层次规划、相关规划等政策要素,结合各区的实际情况叠加分析,综合优化形成由 4 条省立区域绿道(总长 526km)、20 条城市绿道(总长 360km)以及若干条社区绿道构成的市域绿道网络,同时还规划了 6 处城际交界面和 134km² 的绿化控制区(图 11-1)。

1. 省立区域绿道

根据珠三角绿道网总体规划,在珠三角 9 个城市设置了 6 条主线,连接广佛肇、深莞惠、珠中江三大都市区,全长约 1690km,实现珠三角城市与城市、城市与市郊、市郊与农村以及山林、滨水等生态资源与历史文化资源的连接,对改善沿线的人居环境质量具有重要作用。按照该规划,途经广州市的省立区域绿道有 4 条,分别是省立 1 号区域绿道、省立 2 号区域绿道、省立 3 号区域绿道和省立 4 号区域绿道。规划对 4 条省立绿道的选线进行了细化和优化。

2. 城市绿道

广州城市绿道多结合道路、铁路、河流及市政设施等载体建设,城市绿道弥补了城市集中绿地的不足。在本次规划中,结合道路、河流布置 18 条城市绿道,总长 360km,分别是增城市城市绿道、海鸥岛城市绿道、白坭河城市绿道、长洲岛城市绿道、龙头山城市绿道、大沙河城市绿道、环大坦沙城市绿道、浣花路城市绿道、萝岗区城市绿道、东濠涌城市绿道、新城市中轴线城市绿道、珠江前航道北城市绿道、珠江前航道南城市绿道、珠江前航道西城市绿道、花地河城市绿道、海珠涌城市绿道、沙河涌城市绿道和猎德涌城市绿道。

三、分区建设指引

(一)越秀区

经过越秀区的绿道包括省立 1 号绿道和 3 条城市绿道。省立区域绿道总长 7.6km,城市绿道包括东濠涌城市绿道、沙河涌生活城市绿道和新城市中轴线城市绿道等,总长 8.8km。主要经过越秀区的人文类景观节点,包括二沙岛、东山湖公园、海珠广场以及麓湖等(图 11-2)。

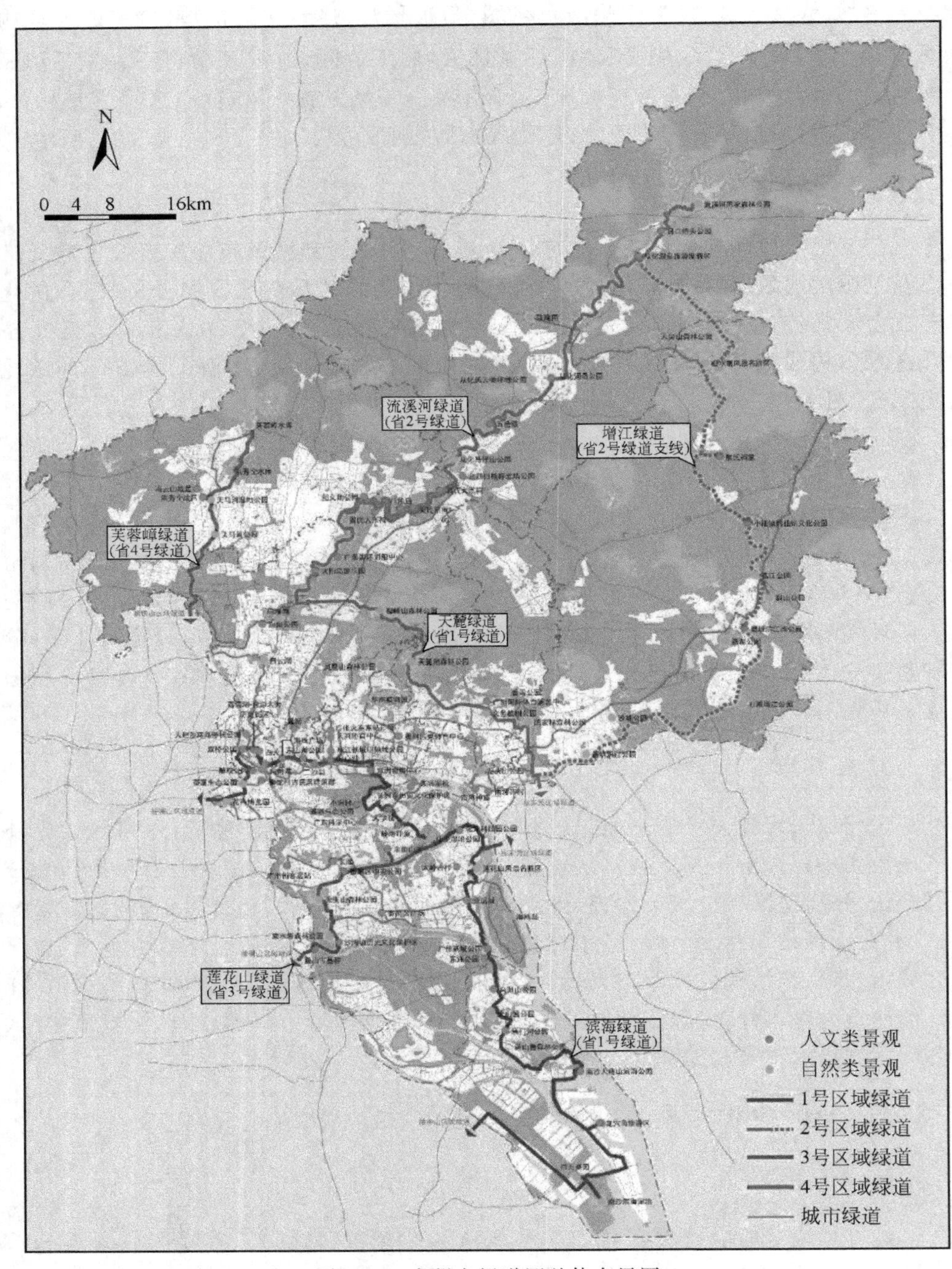

图 11-1　广州市绿道网总体布局图

图 11-2　越秀区东濠涌绿道

(二)荔湾区

经过荔湾区的绿道包括省立 1 号绿道和 7 条城市绿道。省立区域绿道总长 18.6km,城市绿道包括环大坦沙城市绿道、珠江前航道北城市绿道、珠江前航道西城市绿道、浣花路城市绿道以及大沙河城市绿道等,总长 30.7km。主要经过荔湾区的人文类景观节点,包括大坦沙环岛公园、双桥公园、荔湾湖-逢源大街历史文化保护区、西关、沙面、白鹅潭风情酒吧街、醉观公园、聚龙村古民居建筑群等,自然类景观节点包括葵蓬生态公园和花卉博览园等(图 11-3)。

图 11-3　荔湾区花地河绿道

(三)天河区

经过天河区的绿道包括省立1号区域绿道和5条城市绿道。省立区域绿道总长6.3km,城市绿道包括沙河涌城市绿道、新城市中轴线城市绿道、猎德涌城市绿道、珠江前航道北城市绿道以及车陂涌城市绿道等,总长45.1km。主要经过天河区的人文景观节点,包括广州火车东站、天河体育中心、珠江新城中轴线公园、海心沙、奥林匹克体育中心等,自然景观节点,包括华南植物园、凤凰山森林公园等(图11-4)。

图11-4 天河区绿道

(四)海珠区

经过海珠区的绿道包括省立1号区域绿道和5条城市绿道。省立区域绿道总长10.6km,城市绿道包括珠江前航道南城市绿道、海珠涌城市绿道、新城市中轴线城市绿道、黄埔涌城市绿道,总长31.5km。主要经过海珠区的人文景观节点,包括南华西街、海珠桥南广场、琶洲会展中心、小洲村等,自然景观节点包括瀛洲生态公园等(图11-5)。

(五)白云区

经过白云区的绿道包括省立2号区域绿道、省立4号区域绿道和4条城市绿道。省立区域绿道总长67.7km,城市绿道包括白坭河城市绿道、石井河城市绿道、广从路城市绿道和沙河涌城市绿道,总长83.5km。主要经过白云区的人文景观节点,包括曾氏大宗祠、广东国际划船中心、太阳岛游乐园、唐阁公园等,自然景观节点,包括白海面、帽峰山森林公园等(图11-6)。

图 11-5　海珠区赤沙涌绿道

图 11-6　白云区帽峰山绿道

(六)黄埔区

经过黄埔区的绿道主要为两条城市绿道，包括长洲岛城市绿道和龙头山城市绿道，总长 15.4km。主要经过白云区的人文景观节点，包括长洲岛历史文化保护区、黄埔军校、南海神庙、南湾古村等，自然景观节点包括白海面、帽峰山森林公园等(图 11-7)。

图 11-7　黄埔区护林路绿道

（七）萝岗区

经过萝岗区的绿道主要包括省立 2 号区域绿道和萝岗城市绿道，长度分别为 25.6km 和 3.5km。主要经过萝岗区的人文景观节点，主要为广州国际体育演艺中心，自然景观节点包括天麓湖森林公园、香雪公园、义务植树公园等（图 11-8）。

图 11-8　萝岗区绿道

（八）花都区

经过花都区的绿道包括省立2号区域绿道、省立4号区域绿道和1条城市绿道。省立区域绿道总长40.3km，城市绿道11.0km。主要经过花都区的人文景观节点，包括冯云山故居、洪秀全故居、邵文胡公祠、八角庙、梁氏宗祠、高氏大宗祠等，自然景观节点包括天马河湿地公园、洪秀全水库、芙蓉嶂水库等（图11-9）。

图11-9　花都区洪秀全水库绿道

（九）番禺区

经过番禺区的绿道包括省立1号区域绿道、省立3号区域绿道和4条城市绿道。省立区域绿道总长76.9km，城市绿道包括迎宾路绿道、清河路城市绿道、市桥水道城市绿道、海鸥岛城市绿道，总长69.6km。主要经过番禺区的人文景观节点，包括大学城、岭南印象园、广东科学中心、广州新客站、长隆欢乐世界、番禺中央公园、余荫山房、化隆科技公园、大岭古村、亚运城、番禺区广场、沙湾镇历史文化保护区、鳌山古墓群、广州新城公园、东涌公园等，自然景观节点包括化龙湿地公园、莲花山风景名胜区、大夫山森林公园、滴水岩森林公园以及海鸥岛等（图11-10）。

（十）南沙区

经过南沙区的绿道为省立1号区域绿道，区内省立区域绿道总长81.2km。主要经过花都区的人文景观节点，包括乌舟山公园、焦门河公园、大角山滨海公园、龙穴岛旅游区、八角庙、梁氏宗祠、高氏大宗祠等，自然景观节点包括大山乸公园、黄山鲁森林公园、百万葵园等（图11-11）。

图 11-10　番禺区化龙农业大观园绿道

图 11-11　南沙滨海蕉门河绿道

(十一)增城市

经过增城市的绿道为省立 2 号区域绿道、省立 2 号区域绿道支线和增城城市绿道,区内省立区域绿道总长 111.1km,城市绿道总长 70.6km。主要经过增城市的人文景观节点,包括熊氏祠堂、何仙姑文化公园、滨江西公园、凤凰城等,自然景观节点包括白水寨风景名胜区、荔江公园、斜山公园、荔湖公园、石滩增江公园、沙埔公园、陈家林森林公园、新塘沿江公园等(图 11-12)。

图 11-12 增城市增江绿道

(十二)从化市

经过从化市的绿道为省立2号区域绿道和从化市城市绿道，省立区域绿道总长80.1km，城市绿道总长25.5km。主要经过从化市的人文景观节点，包括良口桥头公园、从化温泉旅游度假区、玫瑰园、喝道公园、五月殿、北回归线标志塔公园等，自然景观节点包括流溪河国家森林公园、石门国家森林公园、大尖山森林公园、风云岭坪地公园、马仔山公园等(图 11-13)。

图 11-13 从化市流溪河绿道

四、规划特点

广州绿道网建设规划主要特点之一，是有效结合了亚运体育赛事这一重大城市事件，绿道选线时充分考虑将亚运各个比赛场馆连接起来，将比赛场馆与主要城市建设区联系起来，使市民可以通过绿道到达亚运多个场馆。同时在实践过程中，坚持“四个结合”，因地制宜建设绿道(图 11-14)：

图 11-14　广州：结合河涌整治建设绿道

一是，结合城市步行道系统、轨道交通等交通体系建设绿道；

二是，结合河涌整治建设绿道；

三是，结合“青山绿地”工程、“创建园林城市”“创建森林城市”的建设成果建设绿道；

四是，结合各类旅游景点建设绿道。

广州绿道网建设规划另外一个特点，是充分考虑了规划线路的弹性。广州市是珠三角城市密集度最高的城市之一，因此规划城市绿道网的走向方案属于原则确定的内容，在实际操作中，各区可根据现实情况进行适应性调整。另外广州城市绿道网规划有效弥补了省立绿道网规划在城市内部分布的不均和不足，按照人口密度分布的情况疏密有致布局城市绿道网，并与省立绿道良好接驳，形成较为完整、合理的广州市绿道网框架，为各区(市)的绿道网规划提供了规划依据。

广州绿道网建设规划充分考虑了人口需求分布特征，合理安排线网密度。规划广州绿道网基本覆盖了 80%的城镇建设用地，根据居民步行可达性分析，将广州绿道线路分别进行 1000m、2000m、3000m、4000m 缓冲区分析，计算居民步行到达绿道网的距离。规划广州绿道网可以实现 70%中心城区居民 15min 步行可达绿道，实现70%市域城镇居民30min步行可达绿道，实现70%市域城乡居民60min步行可达绿道。广州市绿道网整体覆盖率达到0.13km/km²，由于辐射人口、景观资源禀赋的原因，中心城区线网密度整体密度较大，其中荔湾区线网密度最高，达到0.79km/km²。从线网总长度上看，增城、白云、从化等区（市）绿道长度最大，基本符合广州城市空间形态特征。

第二节　青岛市绿道系统总体规划①

一、规划背景

“2014世界园艺博览会”的举办、“宜居青岛”、“幸福城市”的创建以及开展的十大整治行动为青岛市绿道建设提供了巨大的契机。2011年1月青岛市委书记李群、副市长王建祥在《市委办公厅参考专报第3期：国内外“绿道”建设发展情况》批示“着手论证我市‘绿道’建设规划”。在此背景下，青岛市规划局组织开展了青岛绿道系统的总体规划编制工作。

二、规划内容

青岛依山傍海，风景秀丽，气候宜人，是一座具有“山海城岛河湾”一体的特色风貌城市。市域生态环境良好，自然地域特色显著，人文景观和自然资源丰富，经济基础雄厚，有建设绿道系统的资源基础。但以往的绿地系统规划主要从绿地保护角度进行编制，绿地的串联度和开放性不足，需要引入绿道理念进行整合完善。因此，《青岛市绿道系统总体规划》，以整合城市自然和人文景观资源、优化环境景观、提升城市品质为总体目标，重点从提升城市宜居性，增强市民幸福感方面进行综合统筹，并采用地理信息系统、德尔菲专家评分法等先进技术手段进行规划编制。

依据《青岛市空间发展战略研究》确定的大沽河生态中轴和滨海城市带发展思路，以青岛市“山、海、城、河、岛、滩、湾”的特色景观资源为基底，以自然生态环境的保护与提升为基础，串联自然、人文等历史与现代景区、景点，规划形成多网串联的“倒T形”绿道系统结构，构筑以“红瓦绿树、碧海蓝天”、“奥帆之都多彩青岛”城市特色为背景的市域、城区、社区绿道系统网络。

“多网”指中心城区、五市（即墨、胶州、胶南、莱西、平度）城区内的城区绿道和社区绿道所组成的片区型绿道网络。“倒T形”由滨海绿道和大沽河绿道构成（图11-15）。

---

① 规划编制组成员：蔡云楠、李洪斌、朱江、方正兴、尹向东、彭青、邓木林、李密滔、潘韫静、周健、甘有军、王喜勇（广州市城市规划勘测设计研究院），潘丽珍、王天青、赵琨等（青岛市城市规划设计院）

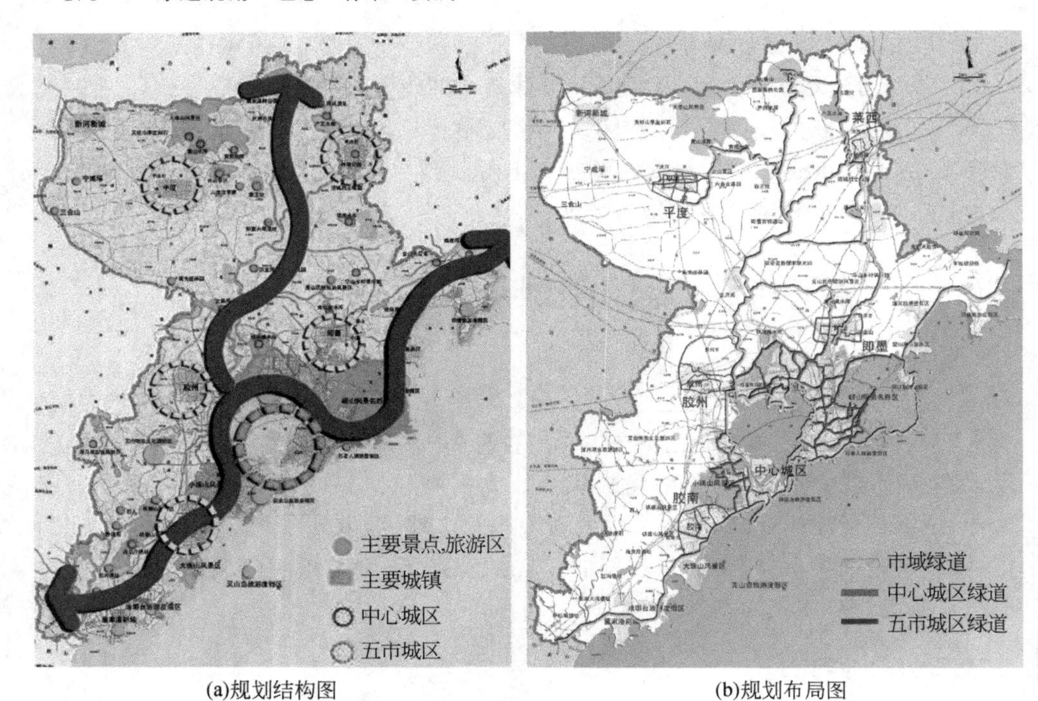

(a)规划结构图 (b)规划布局图

图 11-15 青岛市绿道系统总体规划

三、建设指引

(一)都市型绿道

主要位于青岛市中心城区路段,总长约 41.4km。依托城市道路和人文景区、公园广场和城镇道路两侧的绿地,为在城市内开展文化展示、休闲观光和康体健身等活动提供场所,营造一个绿色、静谧、便利的游憩空间。

1. 情形 1:绿化带宽度>8m 且有人行道的道路

在绿化带内通过增加路面铺装、增设标识等方式设置蜿蜒的自行车道;利用现有人行道设置步行道,路面较好的可仅增加标识,路面较差的需重新铺装路面,并设置绿道标识;在绿化带中设置自行车道所占用的绿地,应通过向人行道扩展绿化带宽度占补平衡(图 11-16)。

2. 情形 2:绿化带宽度>8m 但无人行道的道路

在绿化带内通过增加路面铺装、增设标识等方式设置蜿蜒的综合慢行道道,完善现有绿化,并将慢行道占用绿化带的影响降至最低(图 11-17)。

图 11-16　情形 1 处理方式示意

图 11-17　情形 2 处理方式示意

3. 情形 3:绿化带宽度≤8m,人行道宽度≥4.5m 的道路

通过划线将人行道上分割成步行道和自行车道;现状路面破旧的,应改变路面铺装,并增设标识;现状路面较好的,可仅增设标识;增加或完善绿化系统(图 11-18)。

图 11-18　情形 3 处理方式示意

4. 情形 4:绿化带宽度≤8m,人行道宽度<4.5m 的道路

现状人行道破旧的,应改变路面铺装,并增设标识将人行道改造成绿道;现状

人行道较好的，仅通过增设标识改造成绿道，增加或完善绿化配植(图 11-19)。

图 11-19 情形 4 处理方式示意

(二)滨海型绿道

主要位于青岛市滨海和环湾路段，总长约 393.2km。依托现有滨海步道和滨海公路，连接滨海地区的人文景区、公园广场等。滨海风情型绿道应重点开发滨海休闲观光、海洋文化展示、滨海旅游度假、海洋科普教育、渔家风情体验、海上及环海运动参与、现代港口游览等旅游项目，通过绿道的串联功能，进一步整合滨海旅游资源，加大资源的挖掘力度，延伸滨海旅游产业链，提升青岛市滨海一线的生态功能、人文价值和经济效益，使市民和游客切实感受到青岛这条“黄金岸线”的与众不同，体会到丰富多彩的滨海风情。

1. 情形 1：有滨海步行道的岸段

由于一般滨海步道现状条件较好，可通过增加标识、完善绿化、路面铺装等将沿海步行道稍加改造形成绿道(图 11-20)。

图 11-20 情形 1 处理方式示意

2. 情形 2：有滨海道路人行道的岸段

通过增加标识、完善绿化、路面铺装等将沿海步行道改造成绿道(图 11-21)。

图 11-21　情形 2 处理方式示意

3. 情形 3：现状没有道路的岸段

按照标准，结合岸线条件及周边项目改造建设绿道，新建滨海步道，完善道路绿化，设置标识(图 11-22)。

图 11-22　情形 3 处理方式示意

(三)滨河型绿道

1. 城区河流

将开放的滨河公园、滨河栈道、河边道路等改造为慢行道，道路状况较好的可仅增加绿道标识，现状不佳的道路可重新铺装路面；将规划的滨河公园、滨河栈道等按照规划标准直接设置绿道；按照标准完善或设置绿化隔离带(图 11-23)。

图 11-23　城区河流绿滨水道处理方式示意

2. 市域河流

直接利用河堤作为绿道，路面状况如不佳，可进行路面铺装，若两侧因防洪要求不能种树时，借用河堤长度不宜超过 3km；利用河堤以外的河滩建设绿道；在堤坝以内修建一条与河堤平行的绿道；按照标准完善或设置绿化隔离带，增加绿道标识(图 11-24)。

图 11-24　市域河流绿滨水道处理方式示意

(四)山林型绿道

主要分布在自然山体周边，总长约 79km。以自然保护区、森林公园、风景名胜区等山林景观为主要兴趣点，连接山城特色景观，可供自然科考、生态养生、野外徒步旅行和探险等，体验丰富山林野趣。综合慢性道结合周边绿化保护带形成绿化控制区。其主要处理方式为(图 11-25)：

图 11-25 山林型绿道处理方式示意

(1)通过平整路面、增加标识等方式利用山林地区的林间小路、登山道等现有道路改造成绿道,绿道两侧绿化以原生态环境为主;

(2)结合山林中的山谷、溪流等,因地制宜,采取多种栈道(桥)形式建设绿道。

四、规划特点

(一)特点一:彰显特色、网络布局

青岛绿道选线充分挖掘了青岛自然特色和人文内涵,突出了青岛"山、海、城、河、岛、湾"的景观特点,注重体现老城特色和新城风貌,同时结合城市绿地系统,将各类绿道贯通成网,发挥绿道沟通与联系自然景观、人文节点与生活聚居区的作用,关注居民对环境改善和生活品质提升的需求。

(二)特点二:因地制宜、现实可行

充分结合了市域实际情况,尽量结合现有的滨海栈道、滨河道路、乡村小路、城市林荫道路、闲置地等进行规划选线和设施布置,并在统一标准的基础上,实际灵活掌握,尽可能减少开挖、拆迁、征地等工作,有利于施工建设和维护管理,降低工程量,又好又快地完成绿道系统建设。

(三)特点三:统一标准、分类指导

结合资源环境和基础条件,突出重要节点和城乡地区的文化特征与生态资源,塑造主题鲜明、形式多样、功能各异的绿道,并根据不同类型提出差异化的建设标准,让绿道呈现"多样的精彩"(图 11-26)。

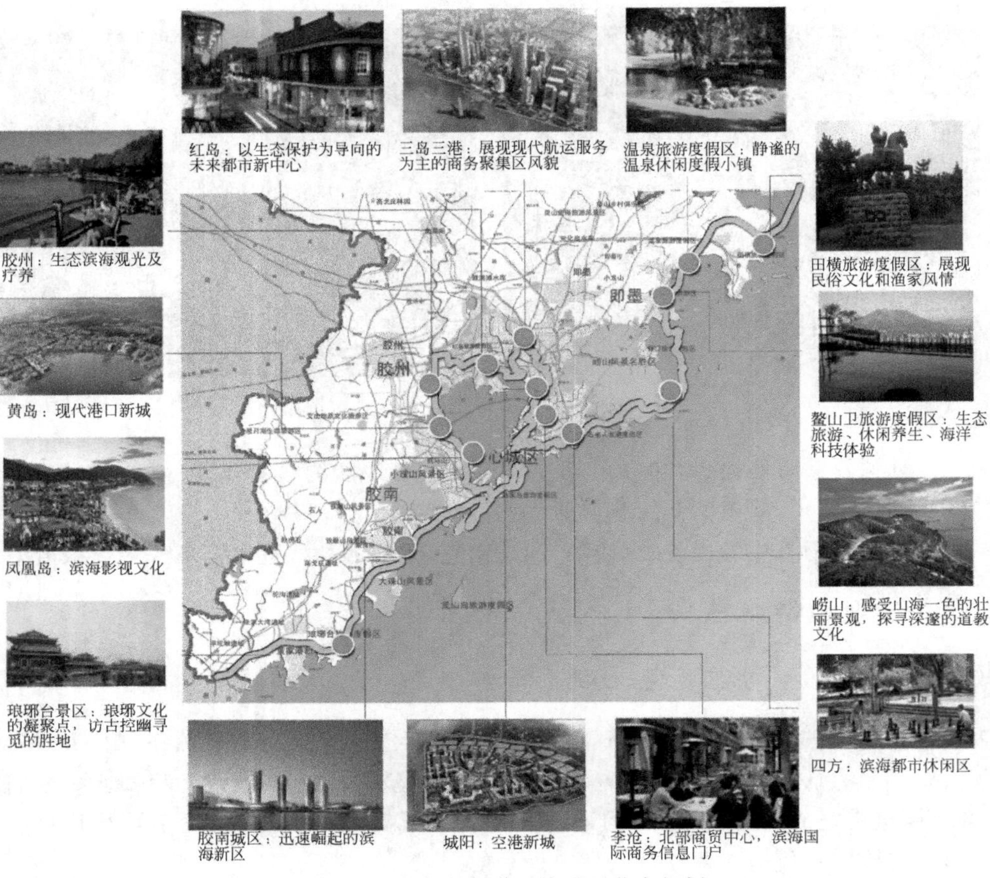

图 11-26　青岛市绿道系统重要节点规划

第三节　台州市绿道网总体规划①

一、规划背景

台州市具有良好的“三环一心多廊道”的生态网络结构，目前对于内城的规划绿心，沿内环河形成的内环绿带，沿外环河西南段、滨海湿地、椒江廊道形成的中环绿带，以及沿外围的山地、农田、海洋等生态基质形成的外环绿带等的保护还仅限于“划定+管理”式的保护，迫切需要通过绿道建设与自然生态系统利用充分结合起来，实现规划管理方式的创新。

---

① 规划编制组成员：蔡云楠、李洪斌、朱江、方正兴、甘有军、尹向东、邓木林、李密滔、王喜勇、周健、潘韫静

台州市生态环境良好，“山、海、城”的自然格局特征显著，历史文化遗产、旅游景观资源丰富，经济基础雄厚，有规划建设绿道网的天然基础。同时，台州各区（县）建设绿道网的主观意愿强烈，临海、路桥、仙居等区（县）已先期开展绿道规划建设工作。在此背景下，台州进行绿道建设，是构筑台州生态安全网络，优化提升城市环境的必然选择。

二、绿道选线方法

《台州市绿道网总体规划》，通过构建绿道选线的基准模型和修正模型，对台州市绿道选线的基础条件进行评价，客观分析绿道选线的适宜性。

（一）基准模型

遵循生态优先、功能优先原则，以生态本底、景观资源和基础设施条件作为选线普遍的和全局的影响因素。基于台州市现状地理空间分析的基础上，采用直接叠加法中的空间叠加法（overlay），并辅以多因子评价以及德尔菲专家评分法，对选线的空间适宜度进行定量为主的分析评价，通过对基于单一主导因素形成的空间假设的叠加，形成体现共性与差异的复合“图底关系”，得出适合绿道选线的空间适宜度评价分级（图 11-27）。

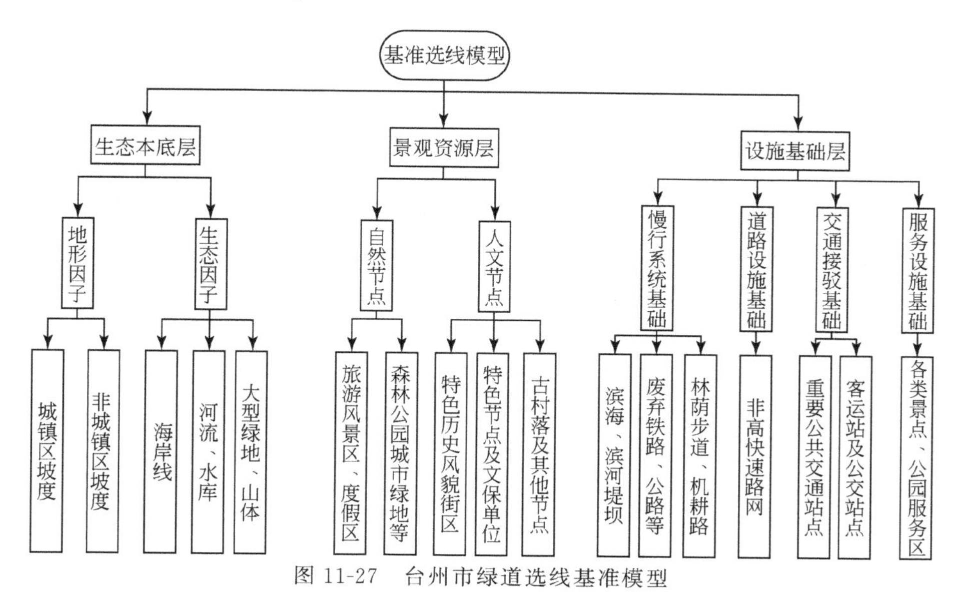

图 11-27 台州市绿道选线基准模型

（二）修正模型

统筹区域发展，平衡城乡利益，尊重客观实际，将需求指引、政策导向、空间要求作为选线的优化和调整的影响因素。在对空间适宜度评价的基础上，采取定性为主的科学判断，对绿道局部线路进行修正。通过塑造空间连通性强、网络覆盖性强的理想且合理状态下绿道空间布局，综合确定台州市各级绿道网络(图 11-28)。

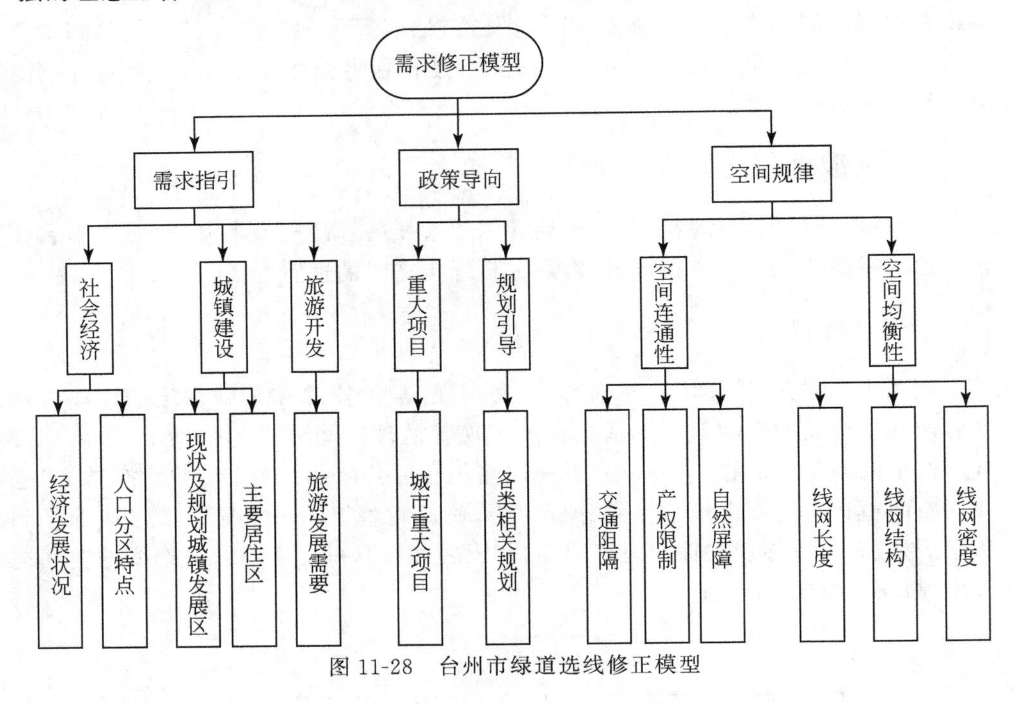

图 11-28　台州市绿道选线修正模型

(三)评价体系

在基准模型的计算中，选取的因子分为三大类，即生态本底因子、景观资源层因子和设施基础层因子，三大类下分 8 个因子。通过发放调查问卷，专家打分的方式，对每个因子按照评分等级进行等差赋值，并确定权重，建立完整的评价体系。具体如表 11-1 所示。

表 11-1　绿道选线因子评价体系

一级要素层		二级要素层		因子层		评分方法
内容	权重	内容	权重	内容	权重	
生态本底层	0.4	地形要素	0.12	坡度	0.120	以不高于城镇区坡度 8 度和非城镇区坡度 12 度为准按照 5、3、1 空值进行赋分
		生态要素	0.28	滨海岸线、河流水库	0.168	以离河流水库、滨海岸线的距离按照 5、3、1、0 进行赋分
				大型绿地、山体	0.112	以离山体绿地的距离按照 5、3、1、0 进行赋分

续表

一级要素层		二级要素层		因子层		评分方法
内容	权重	内容	权重	内容	权重	
景观资源层	0.4	自然节点	0.192	旅游风景区、度假区	0.096	以旅游风景区和度假区的知名度、等级和游客数量按照5、3、1、0进行赋分
				森林公园、城市绿地等	0.096	以森林公园、城市绿地的知名度、等级及面积大小按照5、3、1、0进行赋分
		人文节点	0.208	特色历史风貌街区	0.0832	以特色历史风貌街区的知名度、等级和游客数量按照5、3、1、0进行赋分
				特色节点及文保单位	0.0624	以特色节点及文保单位的知名度、等级和游客数量按照5、3、1、0进行赋分
				古村落及其他节点	0.0624	以古村落及其他节点的知名度、等级和游客数量按照5、3、1、0进行赋分
设施基础层	0.2	慢行系统基础	0.084	废弃铁路、公路等	0.042	以有无废弃铁路公路按照5、0分值进行赋分
				堤坝、林荫步道、机耕路	0.042	以有无堤坝、步道等按照5、0分值进行赋分
		道路设施基础	0.032	非高快速路网	0.032	以是否属非高快速路网按照5、0分值进行赋分
		交通接驳基础	0.048	重大公共交通站点	0.024	以邻近轨道交通站点距离的远近按照5、3、1、0分值进行赋分
				客运站及公交站点	0.024	以邻近客运及公交站点距离的远近按照5、3、1、0分值进行赋分
		服务设施基础	0.036	各类景点、公园服务区	0.036	以邻近旅游服务区距离的远近按照5、3、1、0分值进行赋分

(四)模型计算

通过基准模型的客观评价，结合修正模型的主观干预判断，经综合叠加分析计算，形成绿道选线综合适宜性评价结论(图11-29)。

三、规划布局

根据台州市城镇集聚的现状特征和未来发展态势、沿线景观资源的分布情况，以绿道线性联系为基础，点、线、面结合，考虑联系尽量多的景观资源、服务尽量多的人口，规划台州市绿道网形成“一核、三横、两纵、六组团”总体格局(图11-30、图11-31)。

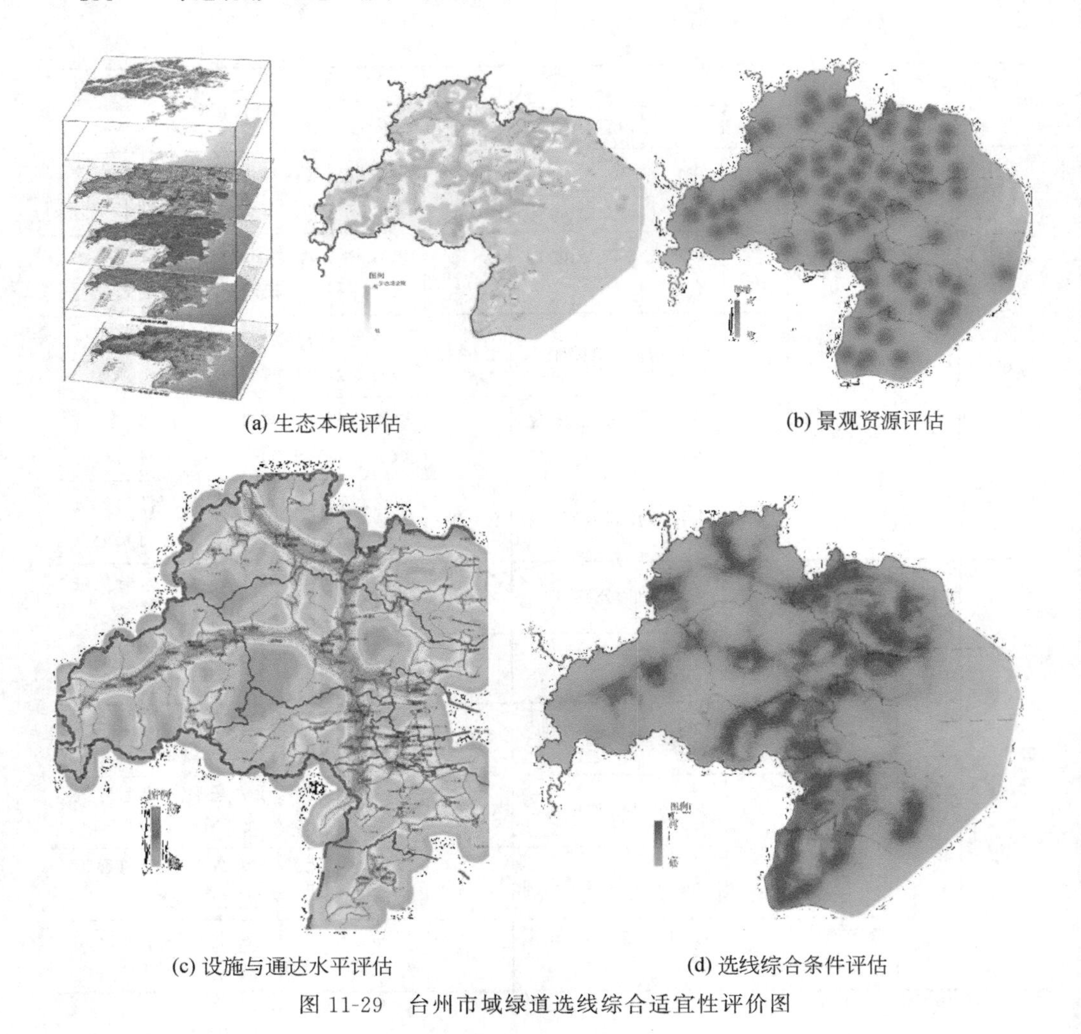

(a) 生态本底评估　(b) 景观资源评估

(c) 设施与通达水平评估　(d) 选线综合条件评估

图 11-29 台州市域绿道选线综合适宜性评价图

“一核”：指台州市中心城区（即椒江区、黄岩区和路桥区三区）绿道网，是台州市绿道网的核心组成部分。

“三横”：指贯穿市域东西方向的三条横向绿道，分别是市域 2 号、3 号和 4 号主绿道。

“两纵”：指贯穿市域南北方向的两条纵向绿道，分别是市域 5 号和 6 号主绿道。

“六组团”：指临海市、温岭市、玉环县、仙居县、天台县和三门县 6 片绿道网，分别以各县（市）居民为主要服务对象。

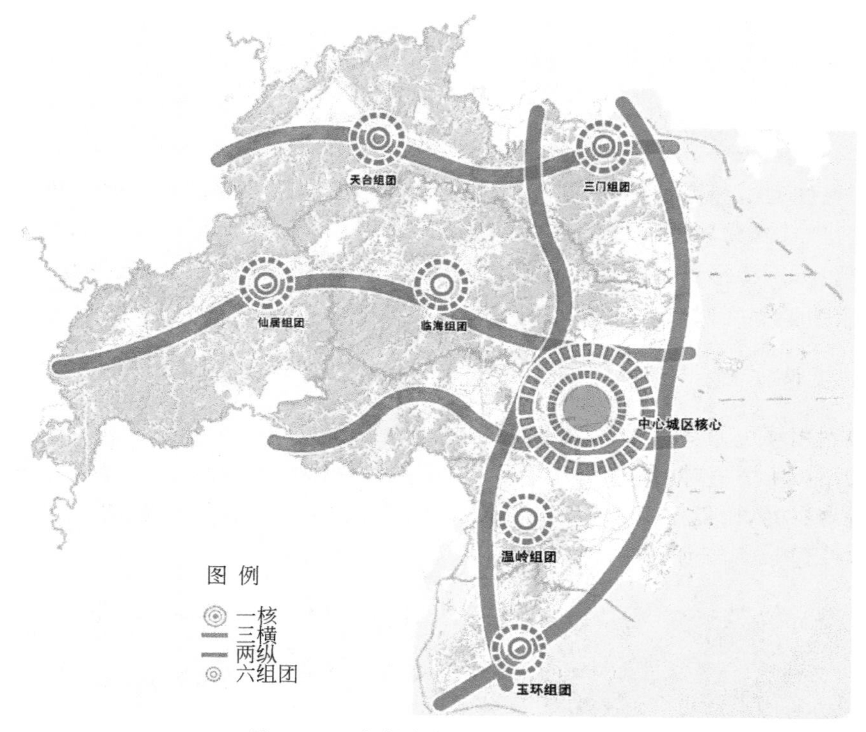

图 11-30　台州市绿道网总体结构图

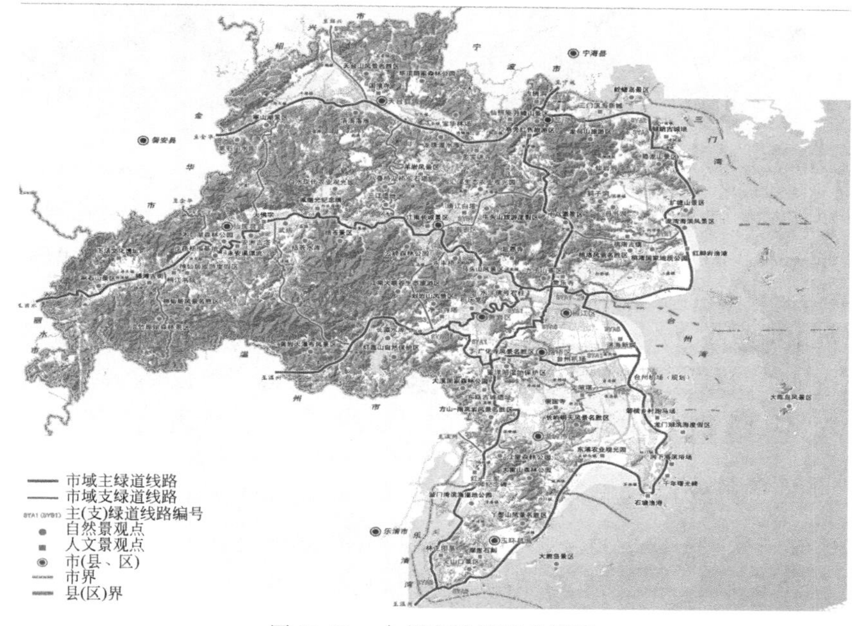

图 11-31　台州市域绿道布局图

四、分类建设指引

(一)滨河休闲型

滨河休闲型绿道是依托主要的江、河等自然水体及湿地，通过堤岸、栈道、滨水慢行道建立的，为居民提供休闲观赏场所的绿道。

滨河休闲型绿道主要分布在沿始丰溪、三茅溪、海游港、永安溪、灵江、永宁江、椒江、金清港等天然水道地区。

1. 建设方式

1)利用河堤及其内外两侧建设绿道

采用以下方式建设：直接利用河堤作为绿道，以现有路面为主，两侧因防洪要求不得种树时，以低矮灌木作限定；利用河堤以外的河滩建设绿道(图 11-32)；在堤岸以内修建一条与河堤平行的绿道。

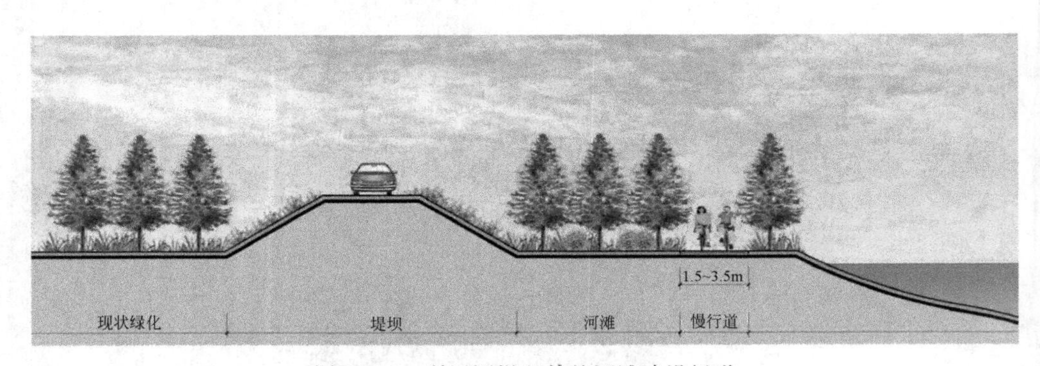

图 11-32　利用河堤以外的河滩建设绿道

2)利用河流湿地周边现有道路改造成绿道

对现状不佳的道路进行改造，采用碎石或透水砖等透水材料，绿化以原生态为主，根据需要在慢行道两侧种植遮阴乔木。

3)借用河滨公园园路、滨河栈道作为绿道

绿道可借用开放的河滨公园、滨河栈道等改造为慢行道，增加绿道标识，路面铺装和绿化均以现状为主(图 11-33，图 11-34)。

2. 绿道控制区

城区滨河休闲型绿道控制区宽度一般不小于 60m，郊区和边远乡村绿道控制区不小于 100m(图 11-35)。

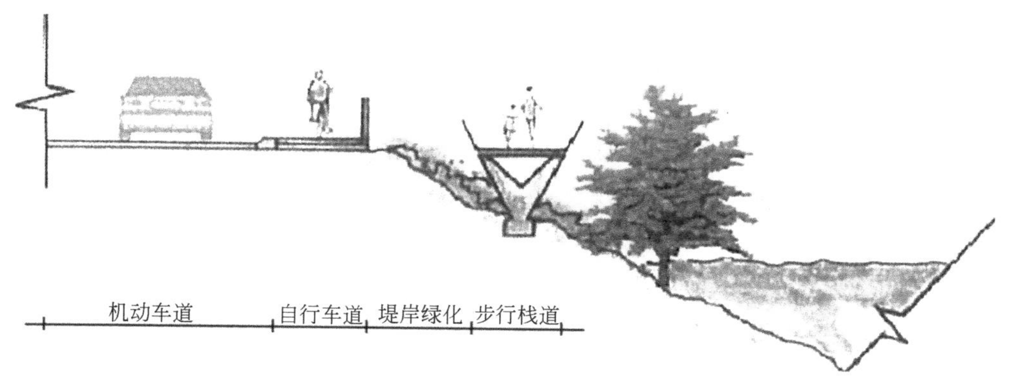

图 11-33　将原有人行道改成自行车道，增加观景的步行栈道

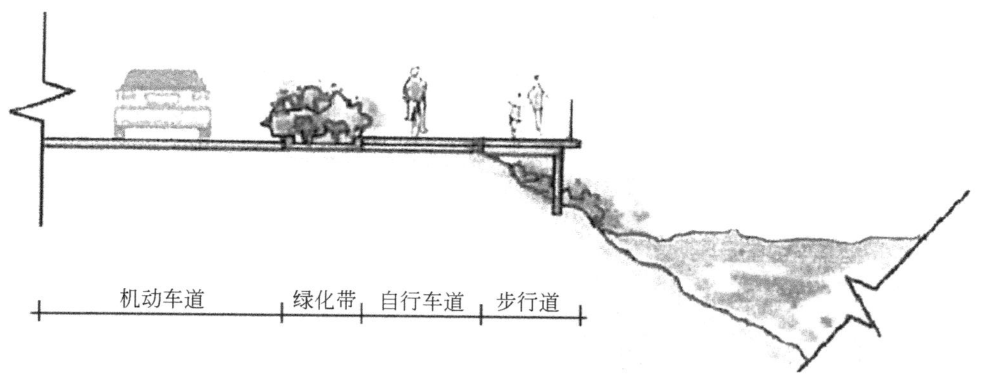

图 11-34　将原有人行道改成自行车道，增加悬挑的观景步行道

图 11-35　滨河休闲型绿道控制区横断面

(二)滨海风情型

滨海风情型绿道主要依托现有滨海步道和滨海公路，连接滨海地区的人文景区和公园广场等，通过绿道的串联功能，进一步整合滨海旅游资源，加大资源的挖掘力度，延伸滨海旅游产业链，提升台州市滨海一线的生态功能、人文价值和经济效益。

滨海风情型绿道主要分布在市域海岸一带，包括三门湾、白带门、台州湾、隘顽湾、漩门湾、乐清湾等入海港湾地区。

1. 建设方式

1)改造型——利用海岸的现有道路改造成绿道

对现状不佳的道路进行改造，采用碎石或透水砖等透水材料，绿化以原生态为主，根据需要在慢行道两侧种植遮阴乔木(图 11-36)。

图 11-36 利用现有滨海道路改造绿道，铺装采用机制石路面

2)新建型——利用浅滩架设木栈道(桥)，打造水上绿道

绿道经过水岸、滩涂或浅水地区，可以架设临水栈道或跨水栈桥，栈道(桥)以混凝土立柱为支撑结构，采用板材饰面，金属锚固，必须做防腐处理。根据需要布置照明、标识等设施，护栏上可设移动植物箱，增加绿化效果(图 11-37、图 11-38)。

2. 绿道控制区

滨海风情型绿道控制区宽度一般不小于 100m(图 11-39)。

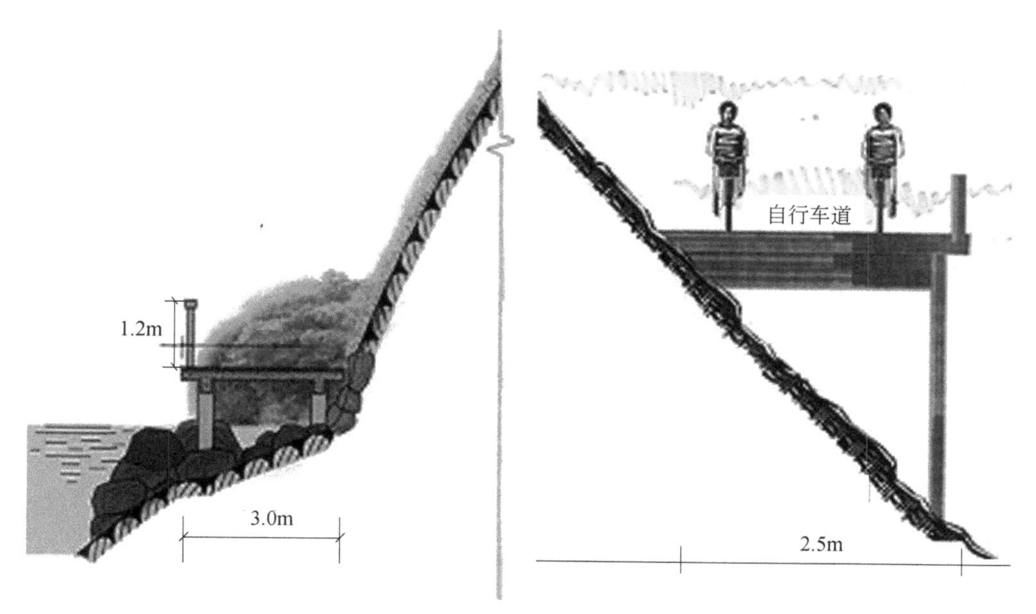

图 11-37　利用浅滩架设木栈道，形成海湾绿道，铺装采用板材饰面

图 11-38　结合滨海岸地形，建设沿海岸线绿道，局部拓宽形成观景平台

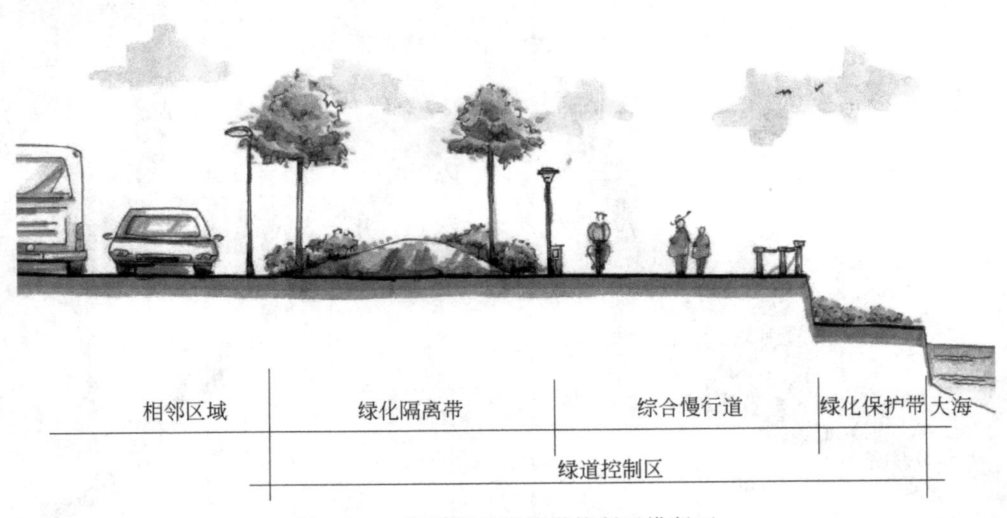

图 11-39　滨海风情型绿道控制区横断面

(三)都市风貌型

都市风貌型绿道是主要依托城区景观道路,以改善人居环境,方便城市居民进行户外活动,观赏都市人文风光和自然风光为主要目的的绿道。

都市风貌型绿道主要分布在中心城区内的市府大道、台东大道等城市景观干道。

1. 建设方式

1)改造型

对现状景观条件较好的道路,可利用现有的慢行系统(非机动车道、步行道)进行改造,改变路面铺装或直接在地面划线,增加标识系统、交通衔接设施和服务设施等(图 11-40)。

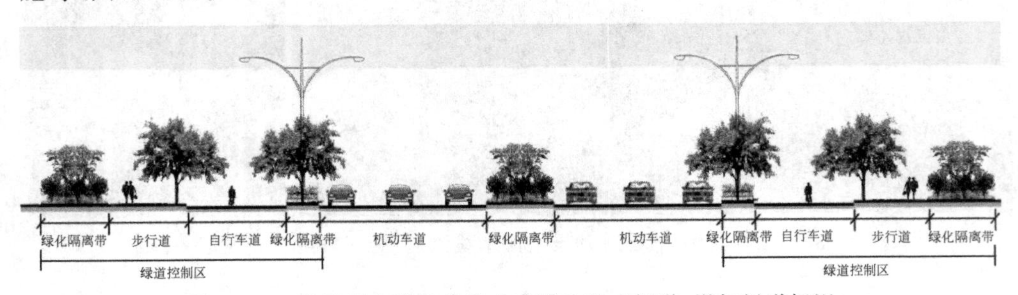

图 11-40　将景观大道的非机动车道改造成绿道,增加绿道标识

2)新建型

在新建城市道路或依托现有道路的两侧或一侧新建绿道，配套绿道相应的标识系统、交通衔接设施和服务设施等(图 11-41、图 11-42)。

图 11-41　增加绿道标识，完善配套设施

图 11-42　利用防护绿带，开辟独立绿道

2. 绿道控制区

都市风貌型绿道控制区宽度一般不小于 20m，条件不具备时，绿道控制区应不小于 8m(图 11-43)。

(四)城市生态型

城市生态型绿道主要依托城区的绿心及生态廊道进行建设，提供城市居民接近绿色、在自然环境中进行体育健身的场所。

城市生态型绿道主要分布在城区的绿心周边，城市公园以及其他大型绿地内。

1. 建设方式

1)改造型

将现有道路改造成慢行道，绿道铺装采用透水砖或碎石路面，周边绿化景观条件较好，无需配置树种(图 11-44)。

图 11-43 都市风貌型绿道控制区断面

图 11-44 将绿地中土路改造成绿道,绿道铺装与绿化以现状为主

2)新建型

在城市公园铺设慢行道,绿道可以采用木塑复合材料等与周边环境协调的材料铺装路面,增加绿道标志(图 11-45)。

图 11-45　在结合公园建设绿道，铺装采用木塑复合材料路面

2. 绿道控制区

绿道控制区如图 11-46 所示。

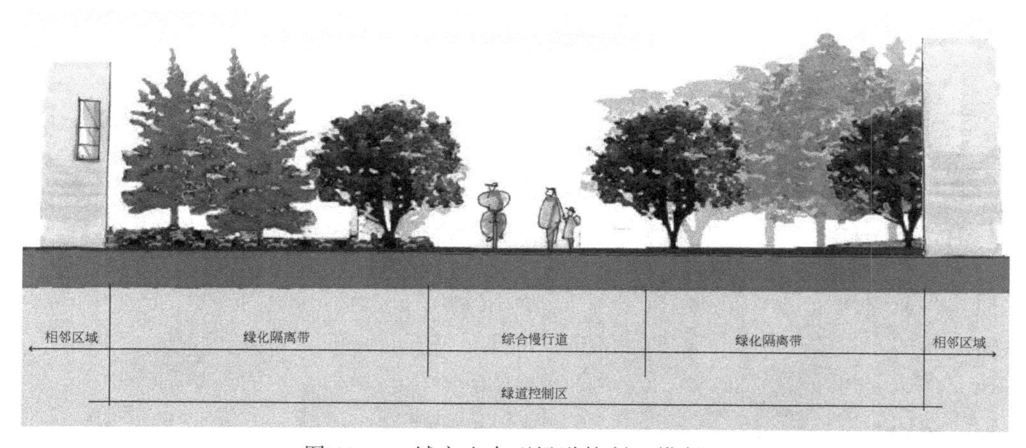

图 11-46　城市生态型绿道控制区横断面

(五)田园郊野型

田园郊野型绿道是在城郊地区以加强城乡生态联系,满足城市居民郊野休闲需求为主要目的的绿道。

田园郊野型绿道主要分布在天台、仙居、临海、温岭等地的农业灌溉地区。

1. 建设方式

1)借用村道、园路或机耕道建设绿道

采用原路面铺装或铺设透水材料,根据需要利用栅栏、树丛等作为隔离,以保证沿路民居的私密性(图 11-47)。

图 11-47 借用村路、园路、机耕路改造成绿道

2)利用村庄周围的开敞绿地开辟绿道

在村庄周围的树林、草地等开敞绿地中开辟绿道,路面铺装采用透水材料,绿化以原生态为主(图 11-48)。

图 11-48 利用村庄周围的郊野旷地开辟绿道

2. 绿道控制区

田园郊野型绿道控制区宽度一般不小于100m(图11-49)。

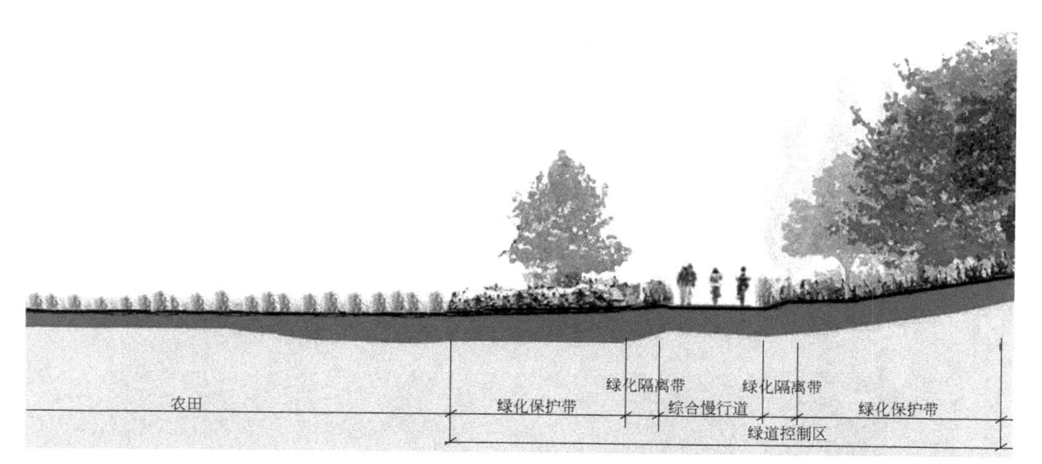

图11-49 田园郊野型绿道控制区横断面

(六)山林野趣型

山林野趣型绿道是以自然保护区、森林公园、风景名胜区等山林景观为主要兴趣点,连接山城特色景观,可供自然科考、生态养生、野外徒步旅行和探险等,体验丰富山林野趣的绿道。

山林野趣型绿道主要分布在天台山、龙母山、牛头山、划岩山、方山等山林景观地区。建设方式包括以下两种。

1. 改造型

利用山林地区的土路、登山路等现有道路改造成绿道。

通过平整路面、增加标识等方式将机动车道、林间小路、登山道等改造成绿道,绿道两侧的绿化以原生态的环境为主(图11-50、图11-51)。

2. 新建型

因地制宜,采取多种栈道(桥)形式建设绿道。

结合山林之中的山谷、河流、溪水,利用木桩或水泥墩支撑架设木栈道(桥)的方式,打造生态景观绿道,为游客提供便捷途径的同时,提供了理想观景平台,与大自然的接触更加亲近、更加融合(图11-52)。

图 11-50 改造现有机动车道建设绿道，增加自行车道和步行道，以绿化隔离带隔离

图 11-51 利用原有路面作为自行车道，增加绿道标志系统

图 11-52 利用木桩或水泥墩新建木栈道

2)绿道控制区

山林野趣型绿道控制区宽度一般不小于200m(图11-53)。

图11-53　山林野趣型绿道控制区横断面

五、规划特点

(一)特点一:与生态廊道建设结合,通过绿道建设促进城市生态保护

借鉴英国东伦敦绿链的建设情况,将台州市绿道建设与生态廊道建设、城乡开敞空间保护有效结合起来,在中心城区“三环一心多廊道”(生态内环、生态中环和生态外环、城市绿心以及48条不同级别的生态廊道)生态网络以及市域范围的交通廊道和生态隔离空间中建设绿道。通过绿道建设,强化对各类生态空间的保护,防止城市蔓延并有效开发开敞空间的休闲潜力。

(二)特点二:与环境整治工程密切结合,使绿道成为城市环境提升的抓手

台州市绿道建设结合美丽乡村建设、社会主义新农村建设、防灾减灾工程、环境综合整治工程、河流治理、景观整治等进行,尤其要将绿道建设与中心城区的椒江、永宁江、永宁河、西江、三才泾、东官河、南官河等河流治理结合起来,使绿道真正成为城市生态建设和环境提升的抓手,通过河流整治与绿道建设,改善城市面貌、提升土地价值。

(三)特点三:GIS技术与现场踏勘结合,确定网络化的绿道布局结构,并提高规划的可实施性

借鉴美国绿道网规划和珠三角绿道网规划经验,利用GIS技术,针对城市特色制定合理的选线模型,依托生态资源本底较好的河流、海岸、田野、山林,重点连

通城镇居民点，并尽可能串联较多的自然和人文景观资源，保障绿道网络化布局合理性。台州绿道规划建设构建成了一个多层次的系统，系统内部相互衔接和控制，要能够达到一定的网密度，便于连通可达，将城乡居民和周边的绿色开敞空间能便捷联通起来，提高绿道网的使用效率和综合效益。

台州绿道充分利用现有设施，合理规划布局绿道服务设施，对台州市每条绿道的具体线位进一步深化、细化，制定针对性的实施措施，指导绿道具体建设行为，并制定绿道管理与维护规定，保障绿道长效运营。

第四节 绵阳市健康绿道系统规划[①]

一、规划背景

2009年，绵阳市委、市政府结合绵阳实际提出了争创第三批全国文明城市的目标，明确了“以建设‘六个绵阳’为抓手，扎实推进文明城市创建工作”的思路。绵阳计划将健康绿道建设作为实现‘六个绵阳’的重要空间载体和抓手。具体为：通过绿道的建设提升城市生态水平，实现“森林绵阳”的目标；通过绿道的建设完善城市慢行交通系统，实现“畅通绵阳”的目标；通过绿道的建设治理居民生活环境，实现“清洁绵阳”的目标，通过绿道的建设保护城市文化资源，实现“科教绵阳”的目标；通过绿道的建设提高城市宜居性，实现“宜居绵阳”的目标；维护人与自然和谐共处的局面，实现“和谐绵阳”的目标。

二、规划内容

绵阳绿道依托绵阳自然山水，突出生态、科技、人文理念，因水为脉，串景拾绿，以城为核，联城系乡，引领健康生活方式。规划绵阳绿道全长1100km，串联了绵阳2区、1市、6县200多个著名自然人文景观，基本覆盖了绵阳市热点的生态圈、文化圈、经济圈，并可以实现与公交系统的无缝对接。

通过规划建设，绵阳健康绿道将被打造成：

(1)串联自然与人文景观的桥梁；

(2)体现科技、历史、多元文化城市特色的名片；

(3)倡导低碳环保出行的载体；

(4)居民健康生活、休闲游憩的场所；

(5)提升城市生活品质举措；

---

① 规划编制组成员：蔡云楠、李洪斌、朱江、方正兴、甘有军、邓木林、周健、王喜勇、潘韫静、李密滔、彭青

(6)促进绿色经济发展的手段。

(一)总体布局

绵阳市绿道网规划综合考虑自然生态、人文、交通和城镇布局等资源本底要素以及相关规划等政策要素,结合各区的实际情况叠加分析,综合优化形成由 6 条市域绿道(总长 860km)、12 条城市绿道(总长 240km)两级构成的健康绿道系统,同时还规划了 9 处城际交界面,11 处区县交界面,规定了一定范围的绿化控制区,共同构成绵阳市的绿道网总体布局(图 11-54)。

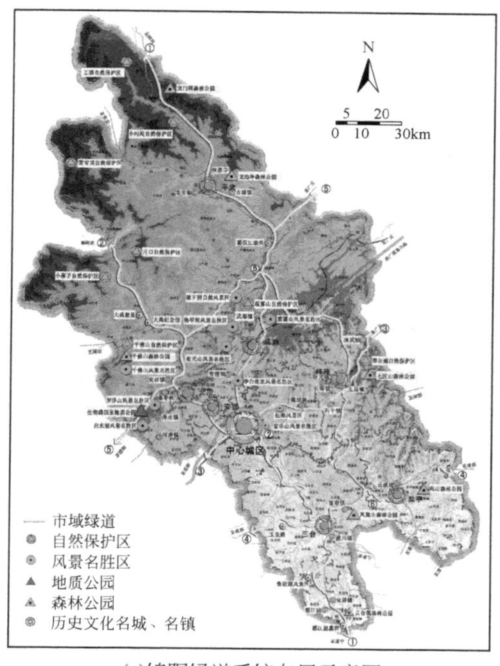

(a)绵阳绿道系统布局示意图

(b)绵阳绿道系统结构示意图

图 11-54　绵阳绿道系统布局和结构示意图

绵阳市绿道网系统总体格局可概括为:"一心、两轴、三脉"(图 11-54(b))。

"一心",指城市规划区绿道网络,主要由城区 12 条城市绿道组成的组团网络型绿道网,是绵阳市绿道网的核心组成部分。

"两轴",指依托涪江、安昌河、梓潼江组成的贯穿南北的两条水轴形成的 3 条市域绿道,分别为市域 1 号绿道、2 号绿道和 6 号绿道。

"三脉",指依托三国文化主走廊、藏羌文化走廊及丝绸文化走廊东西走向的 3 条文脉形成的市域绿道,分别为市域 3 号绿道、4 号绿道和 5 号绿道。

(二)绿道多功能开发

结合绵阳绿道功能格局，挖掘各段绿道的资源特色，对绵阳绿道进行多功能开发。

1. 康体健身

主要设置于河岸、历史城区等自然和人文节点地区，主要开展环绕河岸、湖岸和历史城镇(村)的自行车赛或马拉松比赛，还可在河滩、郊野山林开展冲浪、户外越野等极限运动，倡导健康城市文化，提升城市影响力。

绵阳是少有的三江交汇山水城市，结合绵阳丰富的江河资源特色，沿江沿河设置绿道，如涪城滨江都市休闲绿道、游仙涪江都市休闲绿道、芙蓉溪都市休闲绿道等。可利用此类绿道组织开展体育活动项目，或者结合绿道途径区域现有的活动项目，如环仙海自行车赛等活动，发挥绿道康体健身的功能(图 11-55)。

图 11-55 绿道康体健身功能

2. 旅游度假

主要设置于温泉度假区、风景名胜区、特色农庄等环境优美的节点地区，并通过设置商业、购物以及休闲娱乐设施，使城乡居民能在工作闲暇与亲友一起游憩、聚餐等，是城市拉动内需，居民释放工作压力的最佳选择。

绵阳地处川北，山脉较多，气候温和，市域范围内旅游度假资源丰富，可结合当地热门的翠云廊古蜀道国家级森林公园、凤凰山森林公园、千佛山自然保护区、药王谷风景区等旅游景点，充分利用成网互联的城区与市域绿道，开展周末假日旅游、农家乐等休闲活动(图 11-56)。

3. 文化展示

主要设置于历史文化街区、历史建筑、古村落等人文发展节点地区，借助绿道

图 11-56　绿道旅游度假功能

建设形成的遗产走廊,开展文化考察与旅游活动,让游人完整地领略城市的历史、文化内涵,丰富城市体验,增进对城市的认识。

三国蜀道文化:绵阳—富乐山—西山—梓潼七曲山大庙—翠云廊—剑门关。结合绵阳的三国文化资源,可以利用芙蓉溪都市休闲绿道以及市域 3 号绿道(三国文化绿道)开展踏寻蜀道、梦回三国的主题旅游活动(图 11-57)。

图 11-57　绿道文化展示功能(历史文化)

绵阳城区历史文化:结合跃进路历史文化街区、人民公园等历史人文景观资源,利用平政河历史休闲绿道,可开展城市历史文化考察、认识活动(图 11-58)。

(三)绿道旅游规划

发挥绿道旅游功能,对绿道进行多重开发,结合绿道规划建设情况,先期规划山水之乐旅游线路一线、田园诗意旅游线路二线、震后重生旅游三线等 3 条绿道旅游线路(图 11-60)。

图 11-58　绿道文化展示功能(城市认识)

1. 旅游线路一线

山水之乐——“巴西第一圣景”之旅。

主要依托碧水寺、李杜祠、富乐山、芙蓉溪、仙海湖等景点,山水与人文结合打造“赏鉴历史、品味山水”旅游线路,绿道从越王楼起至仙海风景区止,东西向布局,全长约 38km。

(1)赏鉴历史:以碧水寺、越王楼、李杜祠、宝川塔等人文历史景点作为引入点,展现川西传统建筑的亭台楼阁轩榭,精美的雕梁画栋,李杜诗篇,增强川西历史文化的体验,丰富线路内涵,强化绿道的人文意义。

(2)品味山水:利用芙蓉溪连接富乐山和仙海湖,途经渔父村郊野公园,充分利用优自然风景资源,以“亲近自然、感受生态”为主题,通过名山与秀水的有机联结,溯溪而上,使游客体验川西自然风貌的同时也享受郊外游憩的时尚乐趣。

(3)纵情节庆:结合老龙山西蜀烤羊节、桃花会、富乐山荷花节、七曲山文昌庙会等节庆活动,利用三国文化绿道、芙蓉溪都市休闲绿道的连接功能,方便市民参与具有绵阳特色的本土节庆活动。

2. 旅游线路二线

“田园诗意”——乡村穿越之旅。

主要依托市域 1 号绿道:游赏景点以石桩梁苗圃、青龙生态农业园、李白故里为主。联合城郊田园风光和唐诗文化,绿道从涪城区青年广场起至江油市止,全线溯涪江而上,沿途串联古城博物馆、铁牛广场、跃进路、五一广场、青义滨河公园等,从充满时代气息的都市广场出发,借助清新的园野穿越到唐朝,领略浪漫诗意。全程约 65km。

(1)时代气息:沿江北上,连接城市 3 个广场,漫步涪江河畔,感受绵阳现代化城市风貌、体验蜀西城市休闲文化氛围。

(2)田园穿越:线路为公园—苗圃—生态园,由城市的人工生态环境渐渐过渡自然生态环境，促进乡村旅游的发展，让游人在恬静清新的生态环境中同时享受农家乐的乐趣，释放城市的压力舒缓身心，回归自然。

(3)浪漫诗乡：依托李白故里的风景和深厚历史渊源，绿道大力促使华夏诗城发展。自然风景资源丰富的江油附上古今文人的墨迹，使游人在赏阅四时不同的风景之余又能增添几分文化意蕴，感受诗意的浪漫。

3. 旅游三线

"震后重生"——地震重建精神之旅。

主要依托市域2号绿道，从涪城区青年广场起至北川新县城止，沿安昌河而上，全长约52km。绿道以"精神赞歌"为主题，展现地震灾后建设成果，渗透绵阳体育馆、时代广场、安昌河湿地公园等景点，在领略体现绵阳人民蓬勃向上的朝气和对环境保护意识的增进。

(四)科普教育

主要设置于森林公园、风景名胜区、自然保护区等生物资源丰富的自然发展节点地区，开展服务城乡居民的职业技能培训、湿地和自然保护区的开放式环境教育课程、户外拓展训练等，丰富居民业余文化生活，加强环境保护意识。

科普主题："古今科技，光耀绵州"。结合中国工程物理研究院科技馆、绵阳科技博物馆、科学家公园等科普场馆与公园(图11-59)，利用游仙涪江都市休闲绿道，可以开展具备绵阳特色的现代科普教育活动。

图11-59　绿道科普教育功能

三、规划特点

(一)特点一：重点突出通过绿道建设对城乡居民健康生活方式的引领

(1)绿道网络与城市生态系统有机结合，体现人与自然和谐共处。

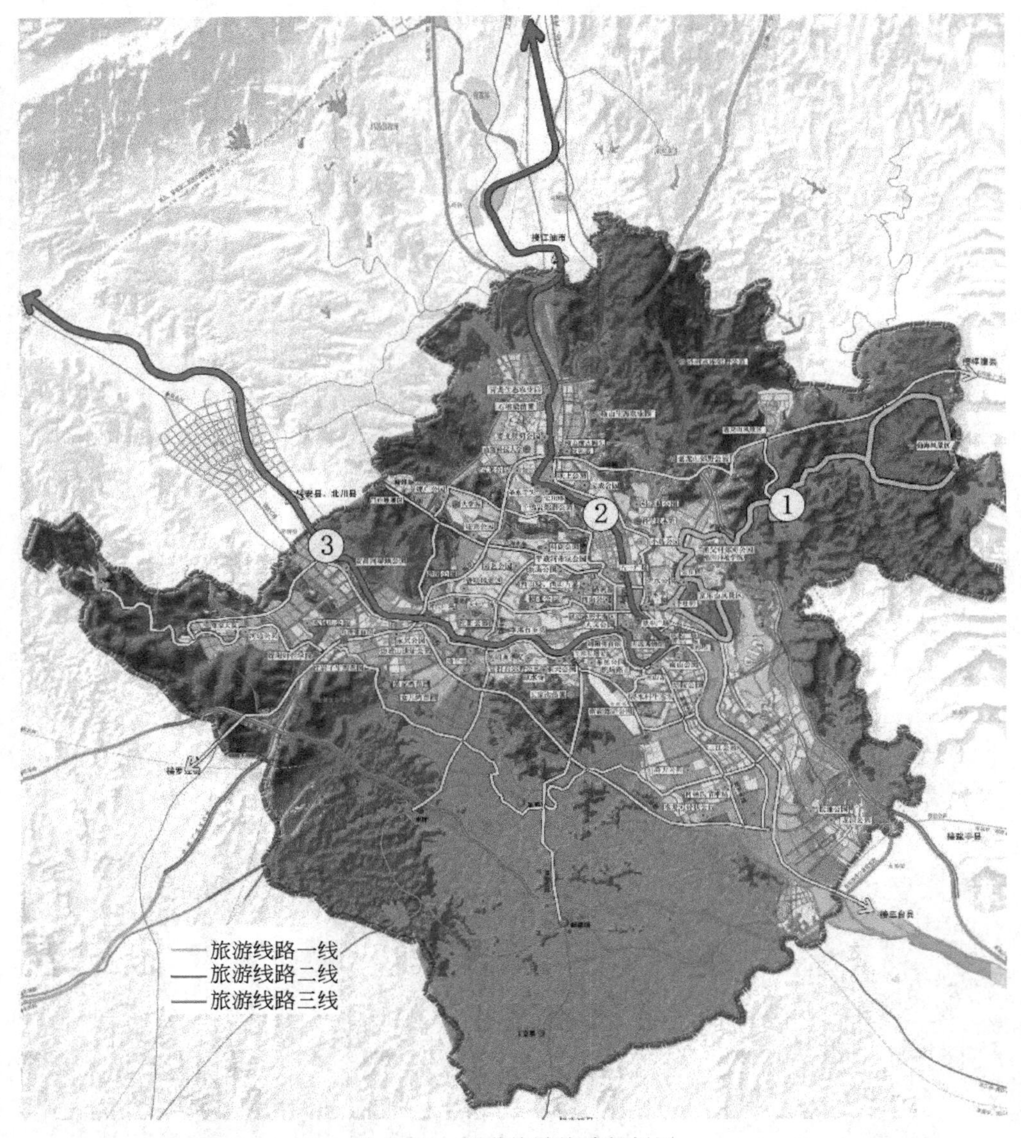

图 11-60　绿道旅游线路规划图

(2)绿道绿廊系统生态建设,改善城乡宜居性。

(3)绿道慢行系统为城乡居民提供了绿色出行空间。

(4)绿道配套的康体健身设施,为城乡居民提供健康运动的机会。

(二)特点二:重点突出绿道防灾避险的能力

绵阳是我国受地震等灾害严重的地区之一,通过建设绿道这种连续线性空间,可以为居民提供抗震避难场所，增加救灾通道，增强城市抵御自然灾害的能力，最大限度保障公众的安全。

第五节　泉州市绿道网总体规划①

一、规划背景

2010 年，为贯彻落实党的十七大精神和国务院《关于支持福建省加快建设海峡西岸经济区的若干意见》，福建省人大常委会做出关于促进生态文明建设的决定，努力把福建建设成为山川秀美、人与自然和谐、经济社会可持续发展的生态优美之区。为此，福建省提出"关于开展'点、线、面'城乡环境综合整治攻坚计划"，全省要结合城市绿道建设、农村环境连片整治，抓好"点、线、面"3 个层次的攻坚突破，加快改变城乡环境和面貌，实现更加优美、更加和谐、更加幸福的福建。"点、线、面"工程中的"线"包括快线和慢线，慢线就是抓好自行车和步行道系统的建设，打造人居环境走廊。泉州市积极落实福建省政策要求，全面推进绿道规划建设。

二、绿道建设基础条件

泉州市枕山面海，生态整体格局为"山、江、城、海"，是国务院首批公布的 24 座历史文化名城之一，具有丰富的自然和人文景观资源，拥有国家级自然保护区、风景名胜区、森林公园 3 处，国家级重点文物保护单位 20 处(图 11-61)。近年来，泉州经济总量居福建省首位，2011 年人均地区生产总值达到 4500 美元(超过 3000 美元)，已进入休闲经济快速发展时期。

绿道具有生态、文化、休闲、经济等多重功能，可将泉州的各种自然、人文景观资源串联，强化自然生态和文化资源保护，并为居民提供绿色开敞活动空间，拉动休闲产业，促进绿色经济发展。

三、规划目标与原则

(一)规划目标

依托泉州市"山、江、城、海"的自然生态格局，以提升城市整体形象，积极创建"国家生态园林城市"为目标，串联城乡自然、人文景观，构筑多元文化融合、山水相连、低碳节能的多类型、多功能、多层级绿道网络系统。通过规划建设，把泉州绿道打造成：

---

① 规划编制组成员：蔡云楠、李洪斌、朱江、方正兴、甘有军、尹向东、邓木林、李密滔、王喜勇、崔婧琦、蔡英杰、潘韫静

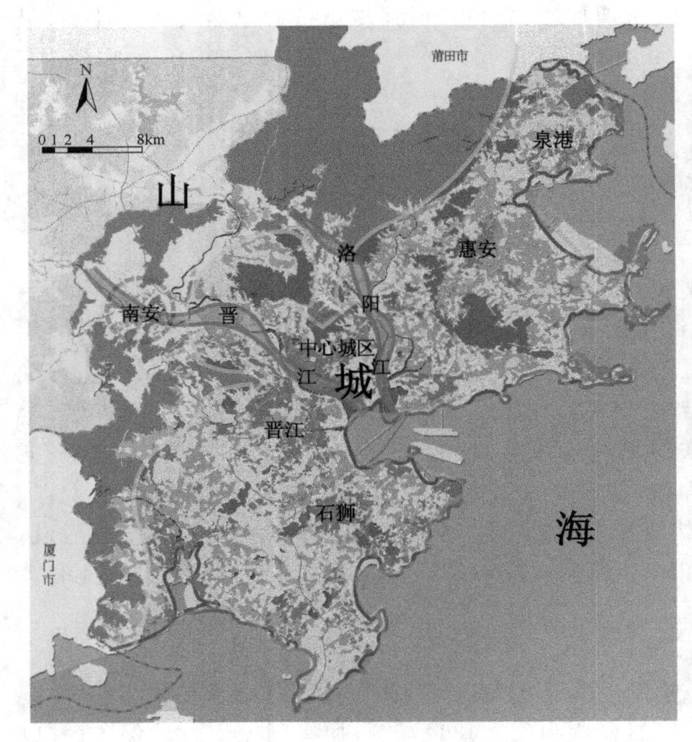

清源山

洛阳古桥

黄金海岸

图 11-61　泉州自然人文景观

历史文化之道——促进海上丝绸之路文化、宗教文化、闽南文化等多元文化融合，传承历史文脉，彰显地域人文特色；

山水自然之道——串联自然生态景观，与自然山水共生，塑造亲近自然的空间，展现自然山水之美；

健康生活之道——鼓励绿色低碳出行，倡导健康生活方式，建设宜居城乡，提升居民生活品质。

(二)规划原则

1. 生态地域性原则

以支持构建泉州生态安全格局、优化城乡生态环境为基础，充分依托泉州的历史文化遗产、自然景观资源以及“山、海、江、城”的特色生态基底空间，保持和改善重要生态廊道及沿线的生态功能、生态景观，突出展现历史文化名城、海上丝绸之路起点、世界宗教博物馆的多元文化优势，把握绿道规划的生态性要求和地域性特点。

2. 网络连通性原则

因地制宜地采取有效措施，结合城市绿地系统规划和河流水系，构建南部滨海型绿道、中部山林水系型绿道、北部山林型绿道，利用水系连通南中北的绿道系统，发挥绿道沟通与联系自然生态斑块和历史、人文节点的作用，将各种类型绿道贯通成网布局，构建城市居民进入郊野的通道。

3. 安全人性化原则

突出以人为本，坚持“安全第一”规划原则，以慢行交通为主，避免与机动车冲突；通过制定绿道安全使用指南，完善绿道的标识系统、应急救助系统以及与游客人身安全密切相关的安全防护设施，充分保障使用者的人身安全，体现绿道人性化的要求。

4. 便利可行性原则

加强绿道网与泉州城市公交通系统及慢行系统的衔接，完善换乘系统，提高绿道网的可达性，完善绿道的各类服务设施，方便城乡居民的便利使用；充分结合泉州市城市建设现状进行规划选线和服务设施布局，选择质优价廉的建设材料，使绿道规划实施和具体建设工作可行。

四、规划布局

泉州城市规划区包括泉州市辖区、晋江市域、石狮市域、惠安县域，以及南安市的12个乡镇和街道，面积约2980 km^2。规划在泉州城市规划区层面形成“一带、两环、四放射”绿道网总体结构。“一带”，指沿泉州滨海大通道建设的省级滨海绿道。“两环”，指环泉州城市规划区和环湾核心区的两条市域绿道环线。“四放射”，指沿泉州城市规划区内四条主要的廊道及景观发展带修建的四条放射型绿道。

城市规划区层面安排省级及市域两级绿道的具体线路，总长585km。其中省级绿道包括省级1号绿道——泉州滨海风情绿道；省级4号绿道——晋江滨水畅游绿道；市域绿道包括市域1号绿道——环湾郊野休闲绿道、市域2号绿道——拥城生态画廊绿道、市域3号绿道——洛阳江滨水畅游绿道、市域4号绿道——西滨灵秀山山水绿道、市域5号绿道——惠安山海城观光绿道。同时规划了4处城际交界面，17处区县交界面，划定了一定范围的绿道控制区，综合布设22个一级驿站、若干个二级驿站(图11-62)。

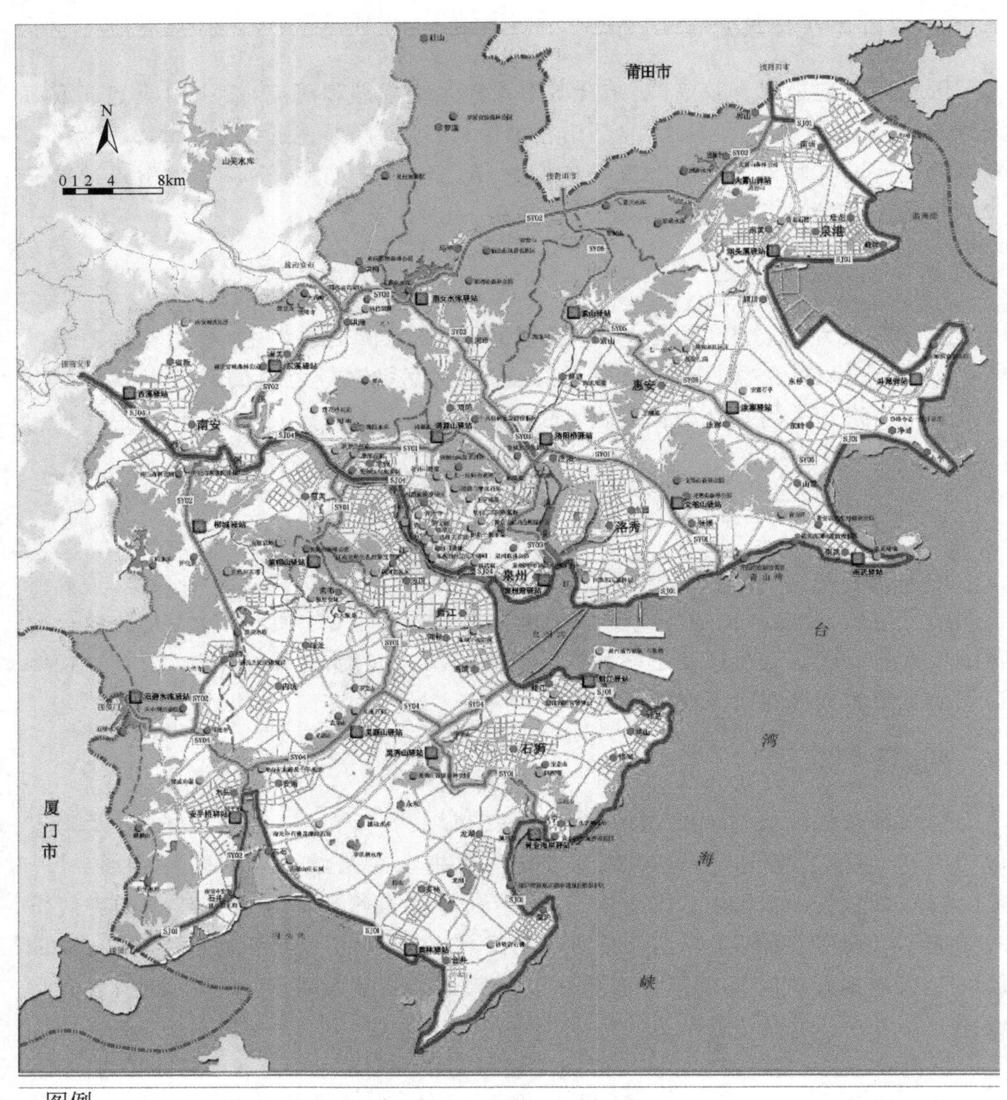

图 11-62　泉州城市规划区绿道网总体规划图

五、规划特点

1. 突出“景观＋文化”特色，构建成环成网的绿色体系

规划紧扣泉州“枕山面海”的自然生态特点和海上丝绸之路文化、宗教文化、

闽南文化交融的地域文化特色，将景观与文化融合，突出泉州绿道“景观＋文化”的独特气质，将城市主要的自然、人文景观点以及重要绿色开敞空间，与交通系统、绿地系统衔接，成环成网，形成绿色休闲网络体系，为居民、游客提供休闲、游憩和体验场所。

2. 结合古城保护，构建古城绿道网络体系

泉州古城自唐代，经多年历史沿革，至清·顺治定型，古城西北、东北、东南三部凸出，中心城区东西宽而南北短，从清源山俯瞰，形肖鲤鱼，故称“鲤城”。古城有护城河、外濠7条，城内河支沟(八卦沟)有5条，护城河与晋江相连环抱，呈现水环城，城穿水的特色。泉州古城路网呈棋盘式布局，街巷不宽，一般街巷3～4m，两侧建筑1～2层，传统建筑的红砖文化为其显著特色，主要道路两侧一般为中西合璧的近代建筑——西式屋骑楼建筑。古城内文物古迹丰富、古井古树众多、宗教文化浓厚、民俗风情丰富多彩，是探游泉州，凭吊古风的好去处。

规划结合古城保护，把握古城特色，以历史街巷为载体，以泉州历史文化沉淀为内容，以激发古城活力为目标，突出文化游览特色，旨将其打造成为泉州低碳健康出行、经典旅游、历史体验和休闲游憩的精彩线路，以及古城保护的重要抓手。

古城绿道结构为“两环两区多联”。“两环”，指环古城自行车绿道和环核心区自行车绿道两个自行车绿道环；“两区”，指核心步径区和城南步径区古城南北两个步径区；“多联”，指多条联系内外自行车绿道环的自行车绿道。其中，古城绿道主要由自行车绿道和步行绿道组成，总计长度33km；护城河自行车绿道以感受古城城水一体的空间特色为主题；环核心区与自行车绿道以骑车慢慢品味古城为主题；核心步径区以感受泉州多宗教融合、多文化并存特色为主题；城南步径区，以探寻泉州民俗活动为主题。

3. 把握泉州城市特点，进行绿道分类和建设指引

规划在福建省绿道网分类基础上，结合泉州“山、江、城、海”和历史文化名城的特点，将泉州绿道分为山林野趣型、滨江休闲型、现代都市型、滨海风情型、古城风貌型和田园郊野型6种类型绿道，并结合每种类型绿道所处的区位条件、自然资源、人文资源和现有设施的特征，对各类绿道在绿道控制区、慢行系统建设、交通衔接、服务设施、绿廊建设与植物配置、标识及照明等六方面制定相应的建设标准和要求，指引各类型绿道建设。

山林野趣型绿道是以自然保护区、森林公园、风景名胜区等山林景观为主要兴趣点，连接山城特色景观，可供自然科考、生态养生、野外徒步旅行和探险等，体验丰富山林野趣的绿道，主要分布在笔架山、双髻山、麒麟山等山林景观地区。

滨江休闲型绿道是依托主要的江、河等自然水体及湿地，通过堤岸、栈道、滨水慢行道建立的，为居民提供休闲游憩场所的绿道，主要分布在洛阳江和晋江等天然水道地区。

现代都市型绿道是主要依托城区景观道路，以改善人居环境、方便城市居民绿色出行、户外活动和观赏都市人文、自然风光为主要目的的绿道，主要分布在西环路等城市景观干道。

滨海风情型绿道主要依托现有滨海步道和滨海公路，连接滨海地区的人文景区和公园广场等，以整合滨海旅游资源，延伸滨海旅游产业链为主要目的的绿道，主要分布在泉州湾、湄洲湾、围头湾等地区。

古城风貌型绿道是在泉州古城内，主要依托现有道路、街巷，以保护古城古建筑、改善人居环境、观赏古城风貌、展示古城文化为主要目的的绿道。

田园郊野型绿道是在城郊地区以加强城乡生态联系、满足城市居民郊野休闲需求为主要目的的绿道，主要分布在南安、惠安等地的农业灌溉地区。

4. 紧扣泉州现实和城市发展目标，提出绿道与土地功能协调发展策略

规划以泉州市自然生态格局为依托，通过绿道控制区及绿化缓冲区规划建设，构建“一环、两带、四廊道”的城市开敞空间，优化城市空间结构(图 11-63)，并通过绿道与土地利用方面的研究，提出绿道经过居住区、工业区、滨水地区、古城区、乡村地区和自然保护区等不同土地利用区域时的绿道周边区域的合理利用模式，引导绿道建设与土地利用协调发展。

5. 注重文化传承，开发多样绿道功能

规划注重对泉州文化内涵的挖掘和保护，通过绿道建设，传承和发扬泉州文化，赋予绿道人文气质，推动绿道多功能开发(图 11-64)。重点表现为：

(1)串联和展现：利用绿道串珠成线成网，形成遗产保护廊道，对文化遗迹进行保护发扬。

重点依托古城绿道、滨海绿道等部分绿道路段的建设，串联各类宗教文化设施、表达动态文化的设施以及泉州古城发展的相关遗迹，以绿道串联展现世界宗教文化博物馆、历史对外交流中心及海上丝绸之路起点的盛况。

将展现惠安女精神特色的惠女水库、八女岛、大岞避风港、崇武古城等进行规划串联，展现“惠女”精神，塑造“惠女”品牌。

将展现和传播海峡历史关系的郑成功史迹进行串联，打造和发扬两岸渊源的郑成功文化。

(2)建设和宣传：结合绿道进行相关文化设施和宣传设施建设，让历史文化在绿道上展现。

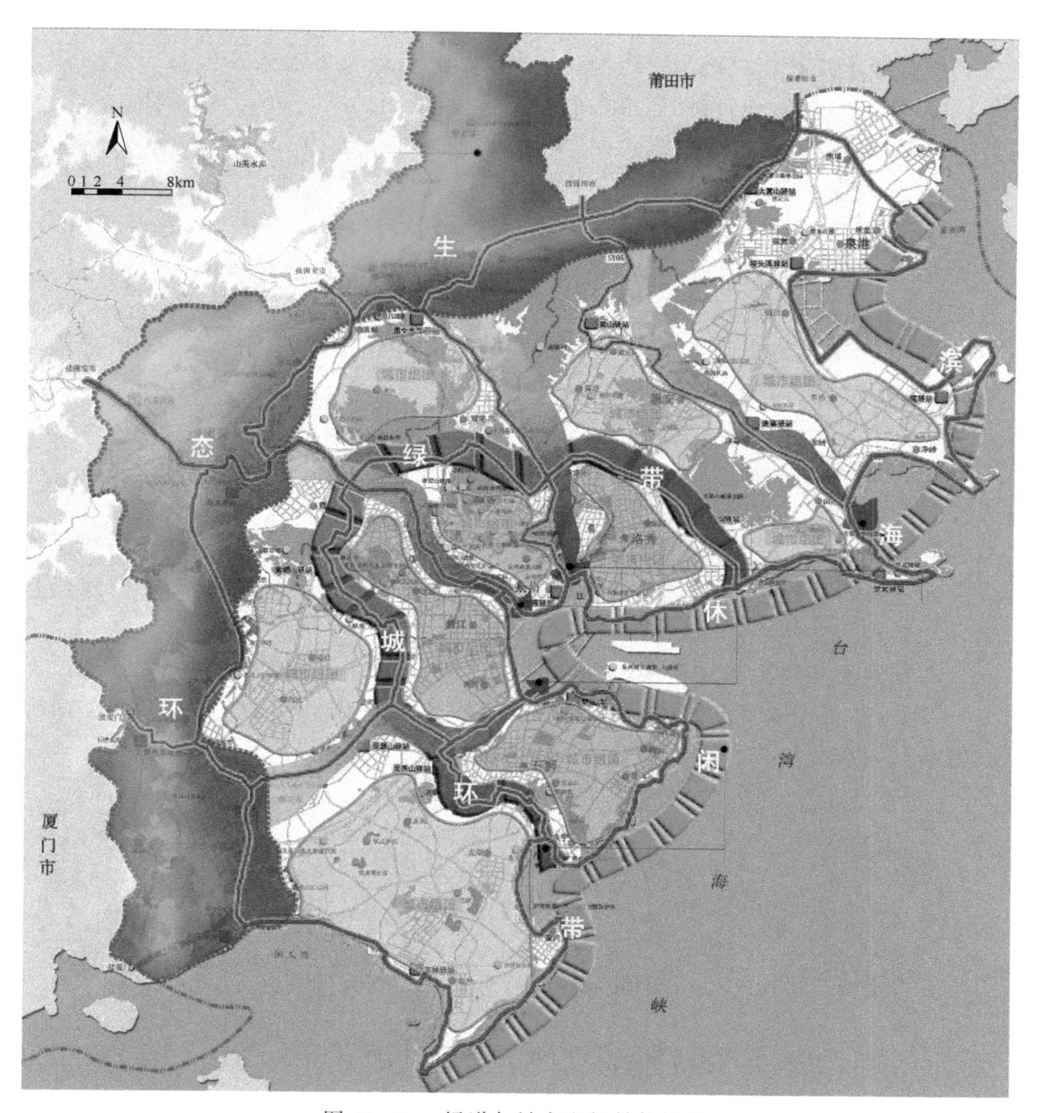

图 11-63　绿道与城市空间结构协调

依托绿道服务设施系统中科普教育设施的建设，通过宣教设施、解说设施、展示设施等进行展示和宣传，向进入绿道中游憩的城乡居民、游客全方位展示泉州海上丝绸之路起点的文化渊源、历史遗迹和文化特质。

在绿道及其附属设施中展现追认宗谱、凝聚家族、记忆祖地，追溯历史的地域特质，展现“三分天注定，七分靠打拼”的精神写照，展现闽南人极强的创业能力，展现其山海交融的生活模式等，在绿道中展现和宣扬闽南文化精神。

在绿道线路或重要节点中，通过建筑、雕塑、小品及其他宣教设施、解说设施、展示设施等进行展示和宣传惠女精神。

结合绿道建设相关设施,传承海峡文化,展示泉台友好关系。

(3)举办节庆活动:借助绿道举办节庆活动,使历史文化得以保护利用。

借助绿道,开展“海上丝绸之路”文化节、旅游推介会、摄影艺术展、工艺品现场制作展、品牌服装展览会等,继承和发扬传统文化及现代文明。

结合绿道建设,依托两岸固有的血脉渊源和历史传统,举办“闽台对渡文化”“海上泼水文化”“凤山文化”等传统节庆活动,继承和发扬展示两岸关系的泉台交流文化。

(4)进行文化创意与教育:借助绿道设置创意文化馆、创意中心、传统文化教育中心等,使绿道及其节点附带上创意与教育功能。

绿道节点设置创意文化馆、创意中心、创意产业园、创意博物馆等,使绿道及其节点,以文化战略为指导打造形成品牌,成为一个多种文化的聚集地,原创设计的乐园。

结合绿道建设,在绿道重要节点开发设置青少年文化宫、艺术学校、传统文化教育中心等,在绿道举办教育培训活动,开展文化教育与户外拓展活动,使绿道具有文化教育的功能。

规划注重绿道沿线城市的多元功能复合开发,结合旅游线路的打造带动旅游产业发展,结合关联功能开发形成城市重要的经济活力走廊,结合美丽乡村建设,改善乡村人居环境,促进城乡和谐发展。

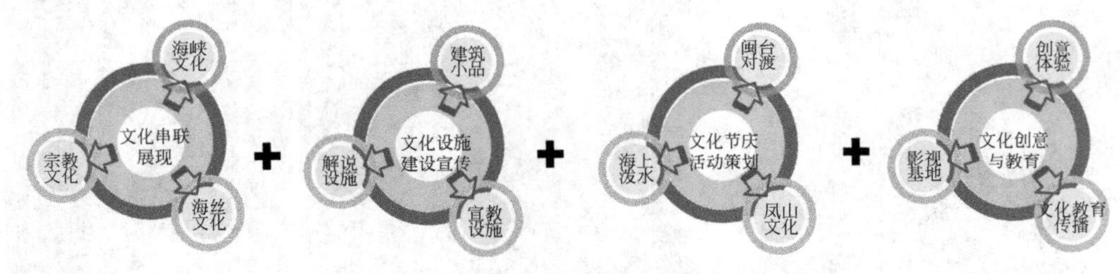

图 11-64 基于绿道建设的文化传承保护模式

6. 结合泉州“点、线、面”城乡环境综合整治工程选择绿道示范段建设,促进规划实施

结合泉州市落实“点、线、面”城乡环境综合整治工程的工作要求,本次绿道网规划选择适宜的线路进行示范段建设,确定泉州市城市1号绿道中28km长的滨海新城绿道为示范段,通过示范段规划为泉州市绿道建设的全面开展奠定基础(图11-65)。

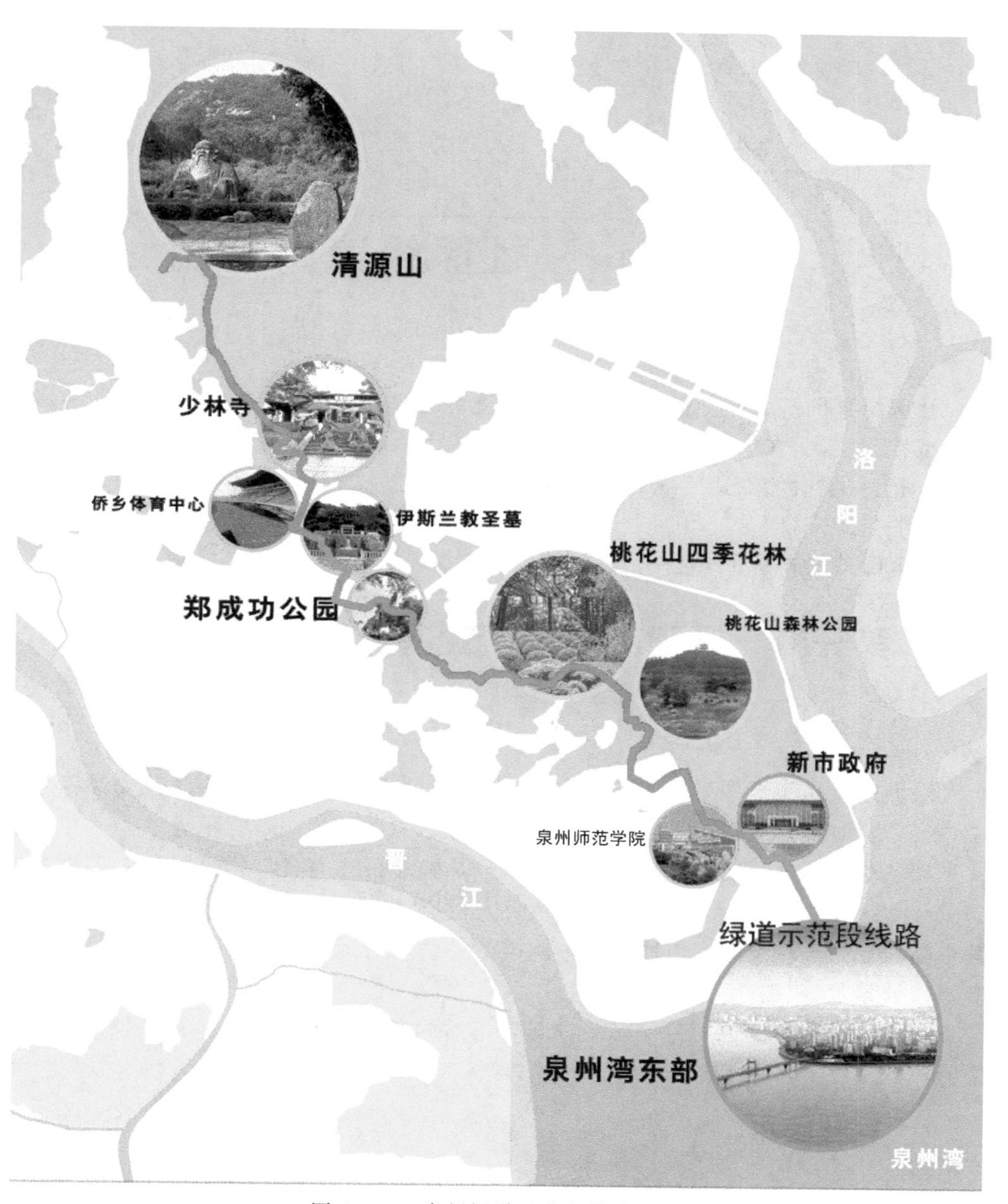

图 11-65　泉州绿道示范段线路示意

第十二章

社区绿道网规划

社区绿道网规划是面向建设层面的实施性规划，主要是将绿道通过多种手段延伸至社区层次，在较小的空间尺度，一般指城市功能组团或较小规模的城镇范围内，依据上一层次的绿道网规划，对该地域内的绿道及配套设施等各类建设活动进行具体的空间安排。

社区绿道网规划的深度一般达到控制性详细规划或者修建性详细规划的深度。

第一节　绵阳市涪城区安昌河绿道示范段[①]

一、现状分析

涪城区安昌河绿道示范段选址于绵阳市城北街道，人民公园南侧，安昌河北岸，安昌路和滨河路从规划范围内穿过，属于城区型的滨河绿道。

现状临安昌河具有连续的防洪堤，高于常水位8m。滨河路建于堤顶，路宽约15m，自河边依次设置人行道、机动车道及人行道，宽度分别为6.5m、7m和1.5m，其中临河6.5m的人行道为种植两排柳树的林荫步行道，从林荫道感受安昌河，景观绿化效果较好(图12-1～图12-3)。

东西向的安昌路路宽约20m。从滨河路穿过住宅区的通道可到达北侧的人民公园。

二、整体构思

规划利用绿道及其设施建设的契机，在本地区建设具有休闲娱乐功能的城市绿道节点。在安昌河建设人造沙滩，把人造沙滩作为本节点的亮点进行打造。在河堤北侧通过绿化景观改造，建设露天茶座和体育运动设施。骑行在安昌河滨河绿道的人可在此节点驻留，在沙滩上嬉戏，在茶座中品茶，在运动场地中锻炼。

---

① 蔡云楠、李洪斌、朱江、方正兴、甘有军、邓木林、周健、王喜勇、潘韫静、李密滔、彭青

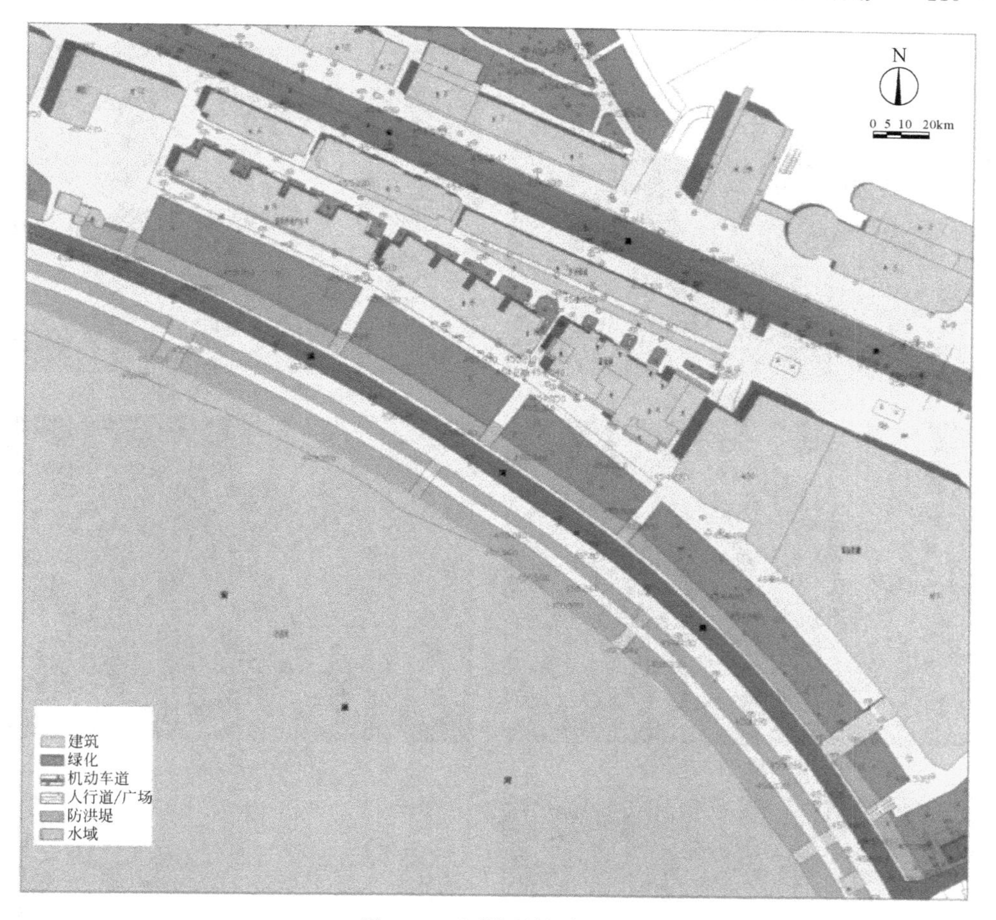

图 12-1 河堤现状平面图

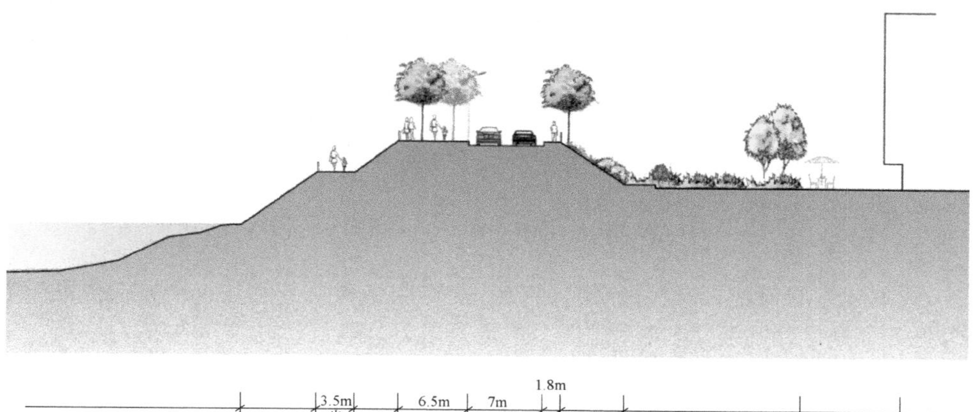

图 12-2 河堤现状横断面图

(a) 河堤北侧绿化效果良好

(b) 住宅楼前休闲茶座氛围已经形成

(c) 人民公园门口广场

(d) 安昌路人行道

(e) 滨河路的林荫步道

(f) 安昌河畔的河堤

图 12-3 现状绿道建设条件分析

规划通过绿道把人造沙滩、露天茶座、购物商场和人民公园 4 个兴趣点联系起来，提升本地区的品质，为市民提供一个集娱乐、休闲、文体功能为一体的场所。本节点划分滨水游憩区、茶座休闲区、文体活动区 3 个功能区，功能区之间相互联系，构成一个完整的绿道滨水节点(图 12-4)。

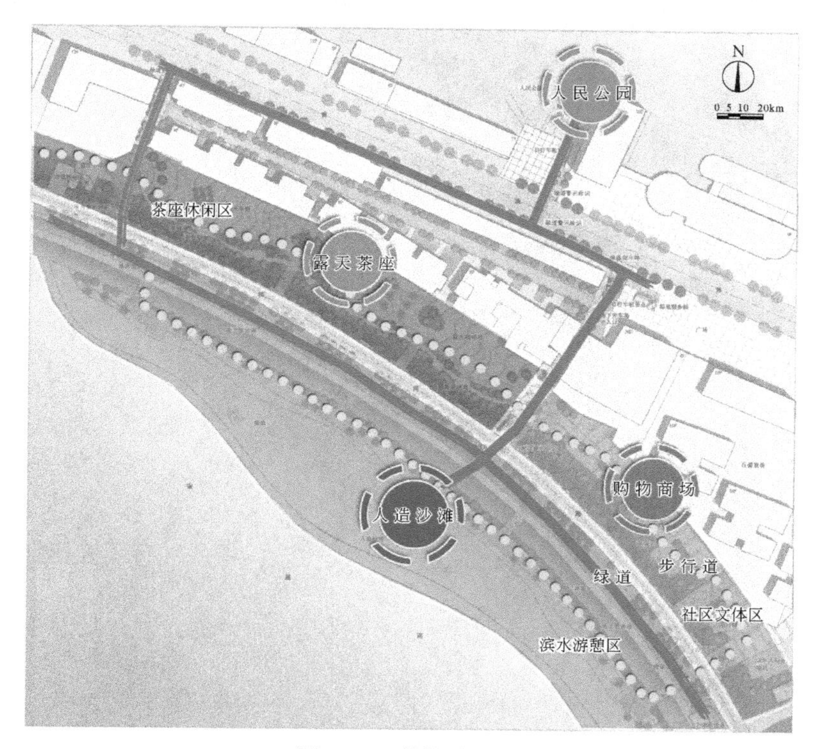

图 12-4 结构分析图

三、建设方案

规划 3 个功能区的建设方式如下所述(图 12-5～图 12-7)。

滨水游憩区:通过建设人造沙滩、改造与美化滨河步行道,以及将河堤硬质护坡改造为草地,打造亲水娱乐空间,设置日光浴场、沙滩排球、沙滩嬉水、滨水慢跑道等项目。

茶座休闲区:通过对底层商铺的立面整治、景观绿化改造及对露天休闲空间的设置,打造市民交往空间,设置露天茶座、露天咖啡吧、景观绿廊等项目。

文体活动区:通过绿化改造、文化体育设施建设,打造文体活动场所,设置文化广场、休息长廊、儿童及老人活动场地等项目。

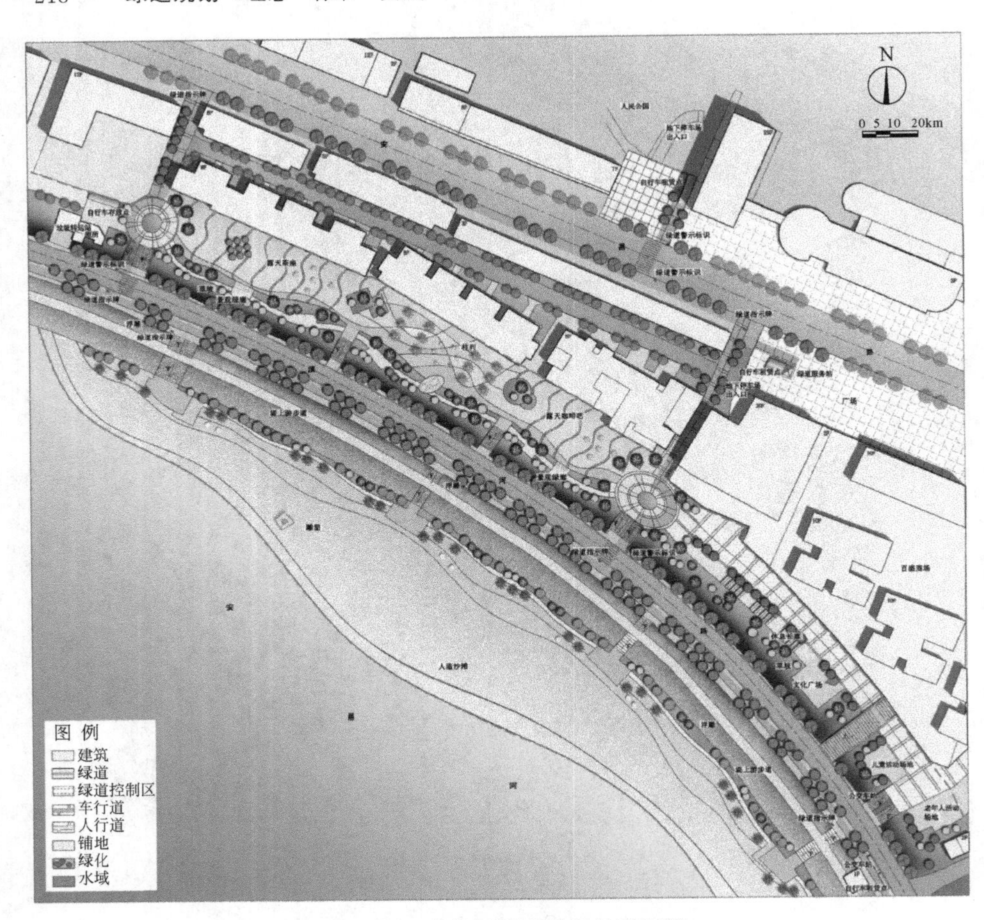

图 12-5　安昌河绿道规划总平面图

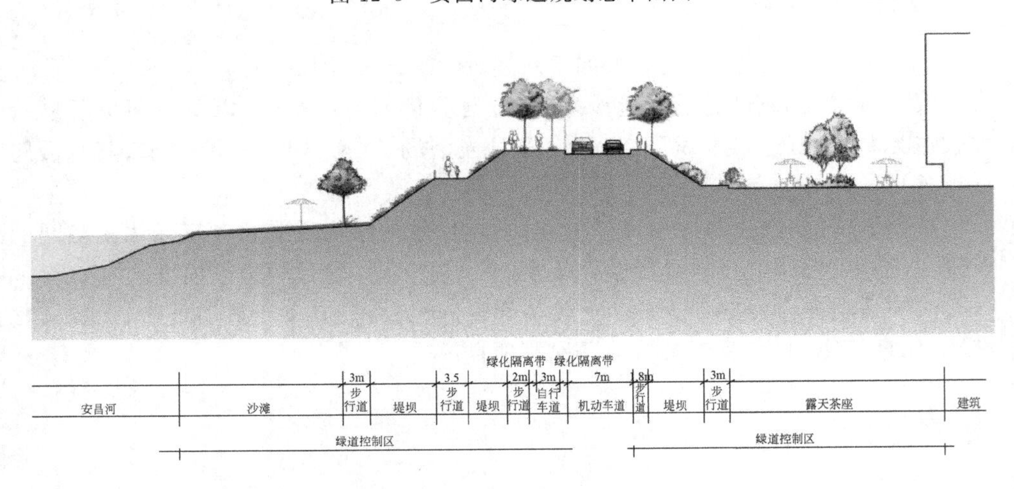

图 12-6　滨河横断面

(a) 人造沙滩示意图

(b) 人造沙滩示意图

(c) 露天茶座意向图

(d) 露天茶座意向图

(e) 绿化广场示意图

(f) 休息长廊示意图

图 12-7　绿道规划意向

四、绿道控制区

绿道控制区宽度控制在 60m 以上，结合绿道功能节点在局部放大。本示范段把规划 3 个功能区划为绿道控制区，通过绿道空间管制，保障绿道功能的形成和绿道运营的正常（图 12-8）。

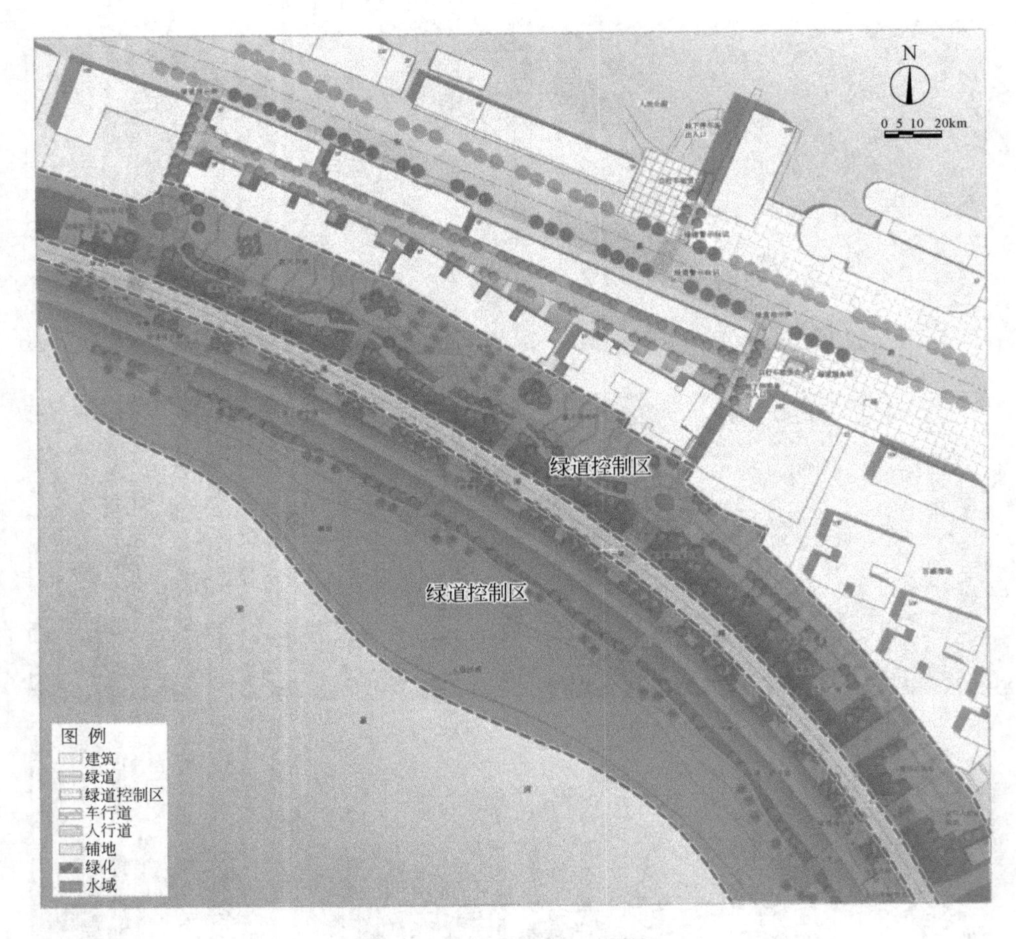

图 12-8 绿道控制区范围图

五、慢行道建设

规划对河堤原 6.5m 的林荫步道进行改造，利用现存两排柳树改造出绿道分离式综合慢行道，把柳树间 3m 的步道改为自行车道，保留临河的 2m 步行道。从安昌河通往人民公园的绿道改造为混合式综合慢行道(图 12-9)。

绿道慢行道材料采用透水沥青，在保证骑行舒适的前提下，使雨水能迅速渗透到土里，增加地面透水率，减轻滨水地区的积水问题(图 12-10)。

茶座广场铺装注意突出线条，体现现代感。

图 12-9 河堤绿道横断面规划图

(a) 绿道慢行道意向

(b) 慢行道材料意向

(c) 广场绿化意向

(d) 广场铺装意向

图 12-10 绿道材料意向

六、交通衔接

绿道通过人民公园和百盛广场两处地下停车场进行与私家车的换乘,在停车场出口处设置自行车换乘点,使私家车拥有者方便、快捷地换乘自行车骑行自行车游绿道(图 12-11)。在东侧公交车站设置自行车换乘点,方便与公交系统的换乘。在西侧公厕前的小广场设置自行车存放点,提供给茶座休闲者进行自行车存放。共设 3 处自行车租赁点、2 处自行车存放点、2 处公交车换乘点和 2 处机动车地下停车场。

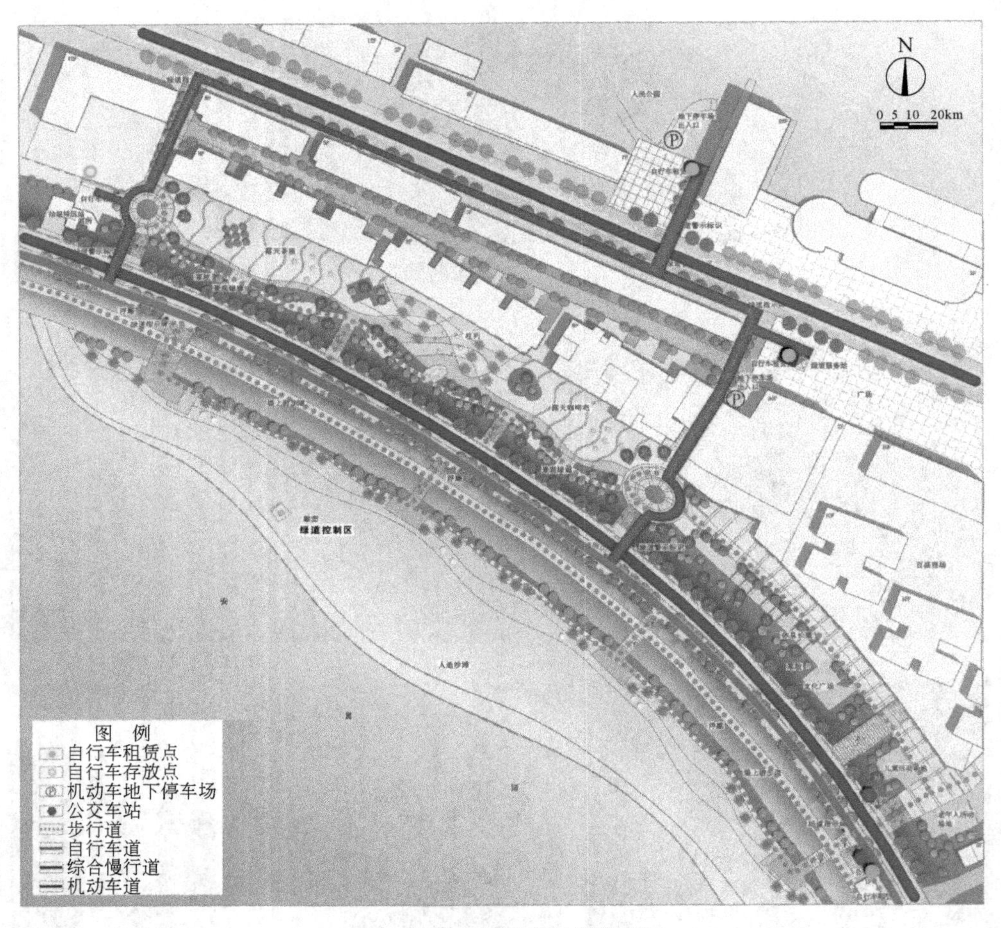

图 12-11 绿道交通衔接图

七、配套设施

本绿道节点突出休闲娱乐功能，人造沙滩、露天茶座、体育娱乐等休闲配套设施分散在节点各处，通过与水、绿化、游步道的结合，使绿道使用者在其中轻松、愉快地进行休闲活动。

八、地面铺装和植物配置

由于现状植被较为完善，规划尽量保留现有绿化植被，增加红色、黄色等色彩的树种，以达到丰富植物的目的。露天茶座的植物种植以点状种植为主，与铺地种植相间，营造林荫下喝茶休闲的气氛。对防洪堤进行技术处理，变硬质护披为软质草地（图 12-12）。

(a) 广场绿化意向

(b) 堤坝绿化意向

图 12-12　绿道绿化建设意向

九、标志及照明

在绿道转角处设置指路标志，提供绿道地图，提示兴趣点的方向和距离；在兴趣点入口处设置指路标志，提示兴趣点的位置（图 12-13）。本示范段共设 9 个指路标志。在与机动车道交叉处、人造沙滩深水处设置警示标志，提醒游客注意安全。本示范段共设 6 个警告标志。

灯光布置的重点位置为人造沙滩、茶座广场绿化带和防洪堤。在人造沙滩处的河堤上布置强光灯，满足游客的光线需求。茶座广场以彩色柔光灯为主，结合广场绿化，烘托喝茶的氛围。防洪堤照明重点则结合浮雕进行布置。

安昌河绿道示范段建设效果如图 12-14 所示。

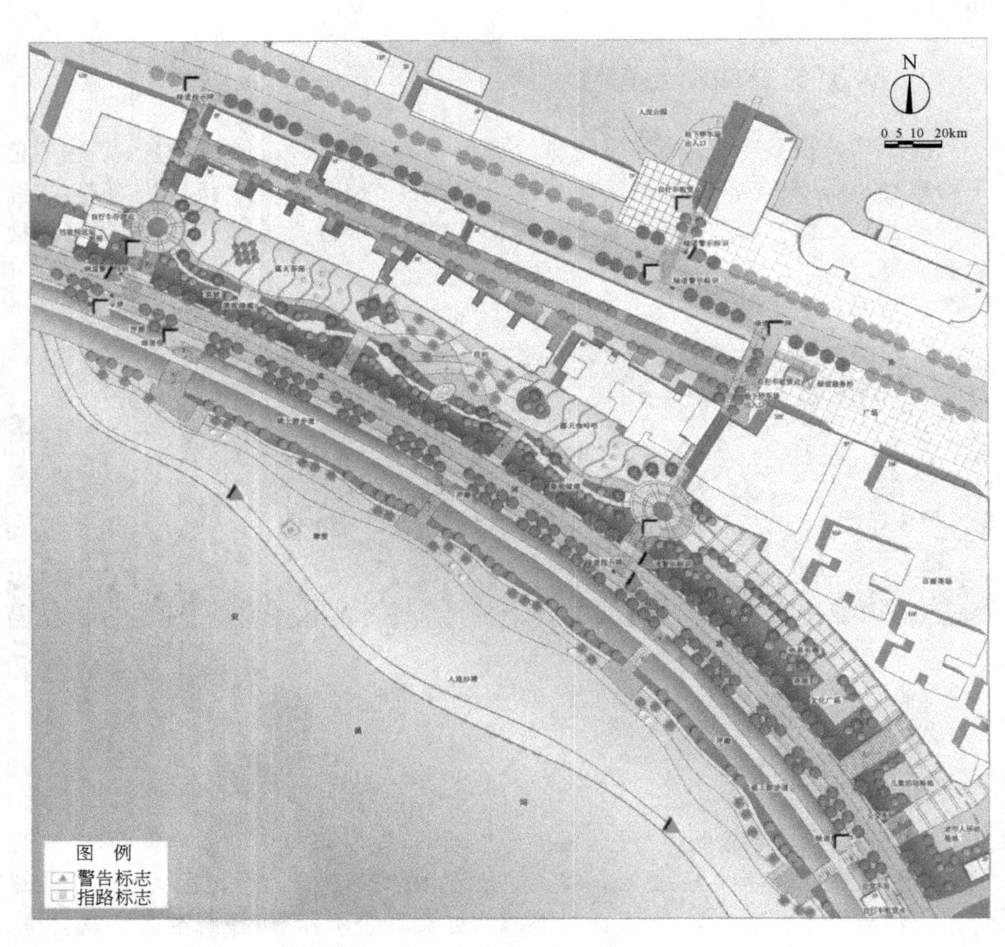

图 12-13　绿道标志的布置

图 12-14　沿海绿道整体鸟瞰图

第二节　绵阳九洲大道绿道示范段[①]

一、现状分析

现代都市型绿道选择九洲大道中一段作为示范段，示范段西起创业北路，东到泉北街下一个路口。示范段绿道主要利用九洲大道两旁防护绿地用地，单边长度约 1km，道路两边示范段绿道长度合计 2km。

现状建设情况：九洲大道示范段绿道周边用地以居住用地为主，南侧示范段主要经过奥林春天住宅建设项目，其中奥林春天一期已建设完成，目前二期正在建设中，北侧示范段经过的住宅建设项目主要有银都领地和中华坊，目前九洲大道两侧防护绿地基本建设完成，奥林春天一期部分建设较好，其他部分只为简单绿化，未提供居民活动空间(图 12-15)。

九洲大道示范段绿道所沿着的九洲大道为双向 4 车道设计，是连接棉广高速公路和绵阳一环路北段的主要交通干道。该示范段将经过园艺街北段、创业北路、玉泉北街、科园路以及两条规划路。其中园艺街北段更是连接普明北路东段和棉兴东路的主要交通要道。

① 蔡云楠、李洪斌、朱江、方正兴、甘有军、邓木林、周健、王喜勇、潘韫静、李密滔、彭青

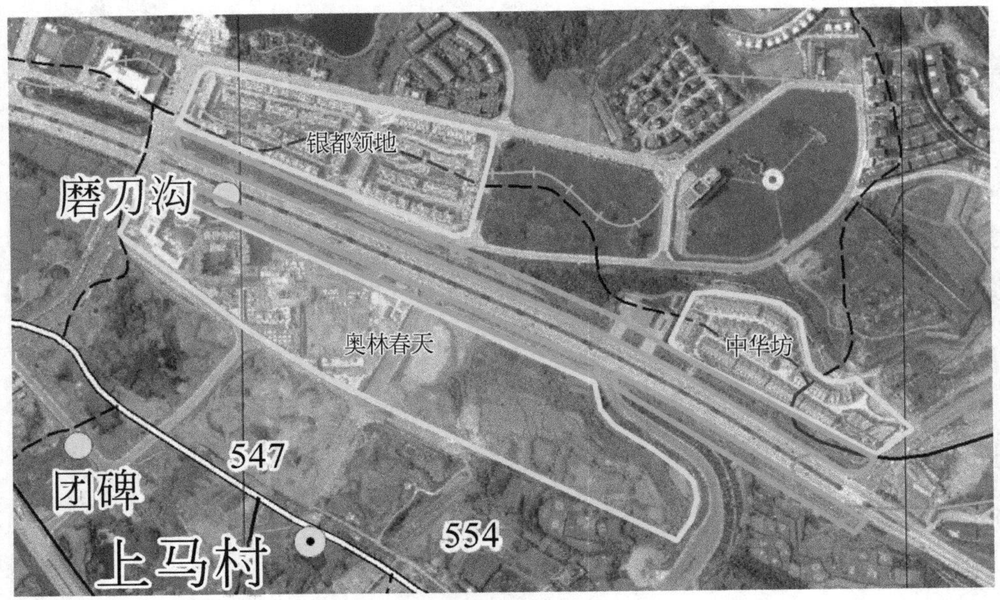

(a) 示范段周边用地分析图

(b) 奥林春天配建绿地

(c) 奥林春天配建绿地

图 12-15　示范段现状情况

示范段所经过地段植物景观以低山丘陵的人工林地为主，多为人工种植的防护林地，其中有楠木、白玉兰、小叶蓉、女贞、白果、榆树等树种。植被景观相对较单一，基本满足行道树和隔离的作用，植物景观作用未被很好地利用。

示范段绿道南侧西边段奥林春天一期部分建设情况较好，有部分人工水景和居民活动空间，示范段北侧东段经过的中华坊小区内也建设有人工水景，因此九洲大道示范段的建设可结合现有水体景观和规划水系综合考虑建设(图 12-16)。

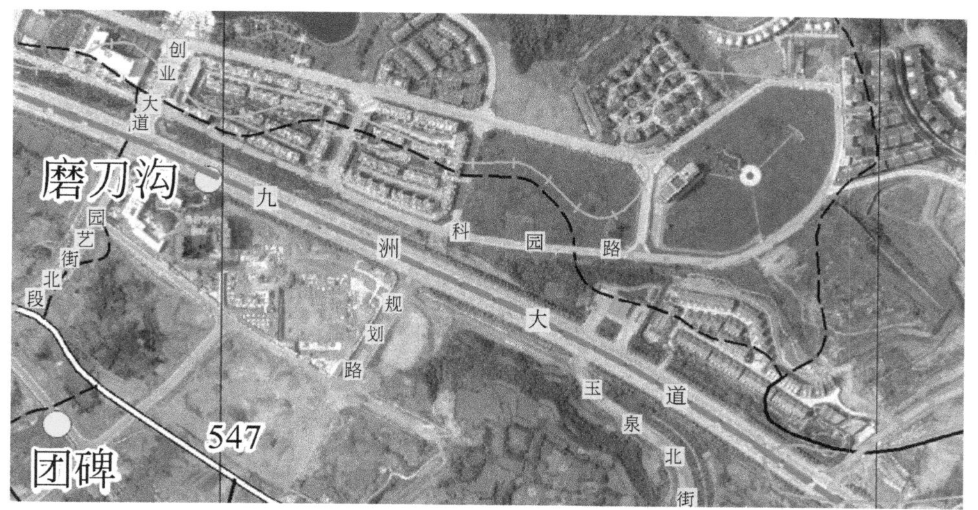

(a) 示范段周边交通分析图

(b) 九洲大道

(c) 规划路

(d) 示范段周边交通及水系分析图

图 12-16　基地现状示意图

二、整体构思

九洲大道示范段绿道类型为现代都市型，因此绿道的建设主要结合现有的用地条件，因此该示范段选择了九洲大道两旁的防护绿地进行设计，赋予了防护绿地另外一个新的功能。由于该段防护绿地有 15m 宽，条件相对较好，因此绿道慢行道建设将选择分离式设计，即人行道和自行车道分离的形式。

该示范段绿道建设主要利用了防护绿地，通过建设微地形，将绿道空间与九洲大道的车行空间有效的隔离，营造出一种喧嚣中的宁静环境。同时为了不减少防护绿地的功能，绿道的建设将尽量多种植乔木，有效地起到减噪降尘的作用。

三、建设方案

九洲大道示范段绿道建设主要利用九洲大道两旁防护绿地，绿道形态配合周边楼盘建筑风格，通过在绿道中划分互动空间，合理处理动态流线和静态场所，依据绿道建设指引标准，将防护绿地进行适当的改造建设。

九洲大道示范段绿道主要分为南北两段，南段配合奥林春天一同建设，北面利用较完整的绿地空间进行建设(图 12-17、图 12-18)。

(a) 地形改造前的人行道环境

(b) 地形改造后的人行道和绿道环境

图 12-17　绿道建设前后环境改善情况对比分析示意图

四、绿道控制区

依据现代都市型绿道控制区标准，控制区宽度一般不小于 20m，根据九洲大道

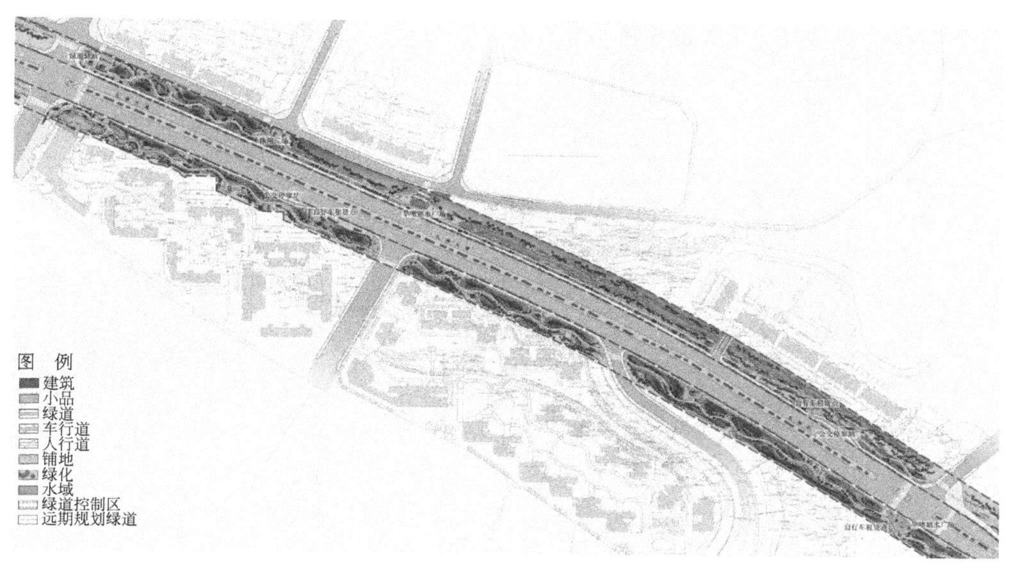

图 12-18　九洲大道示范段绿道总平面图

示范段绿道实际情况，其道路绿化防护带控制在 15m 宽，因此本段绿道控制区宽度控制在 15m，局部地方根据现状条件有所变化。

五、慢行道建设

九洲大道示范段绿道由于现有用地条件较好，因此绿道的建设形式采用分离式设计，将人行道和自行车道通过绿化隔离带分离。

示范段绿道断面采用分离式综合慢行道设计，绿道 A-A 段剖面宽 107m，其中综合慢行道宽 14.5m，综合慢行道内的自行车道宽 2.5m，中间绿化隔离带宽 9m，步行道宽 3m，绿化隔离带人工制造微地形，通过小型的山坡和植被将道路的噪音和尘埃有效隔绝，大大提高了在绿道里行驶的舒适性(图 12-19～图 12-21)。

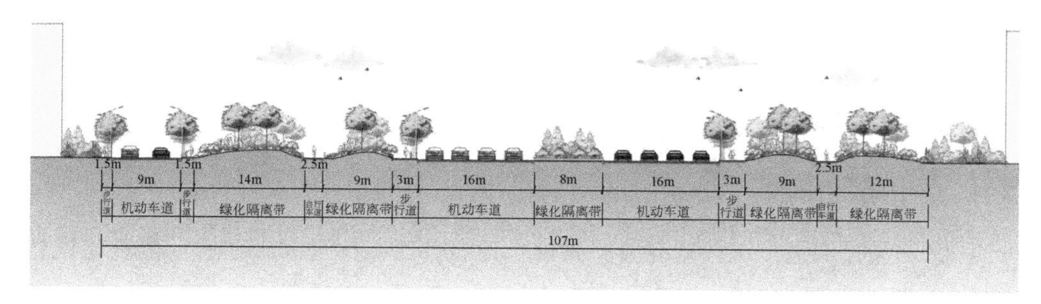

图 12-19　A-A 段剖面图

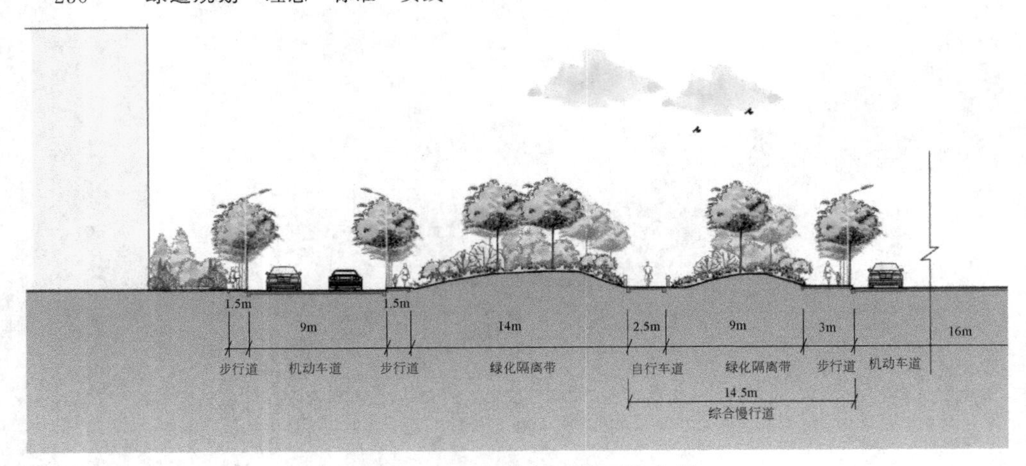

图 12-20 A-A 段剖面北面放大图

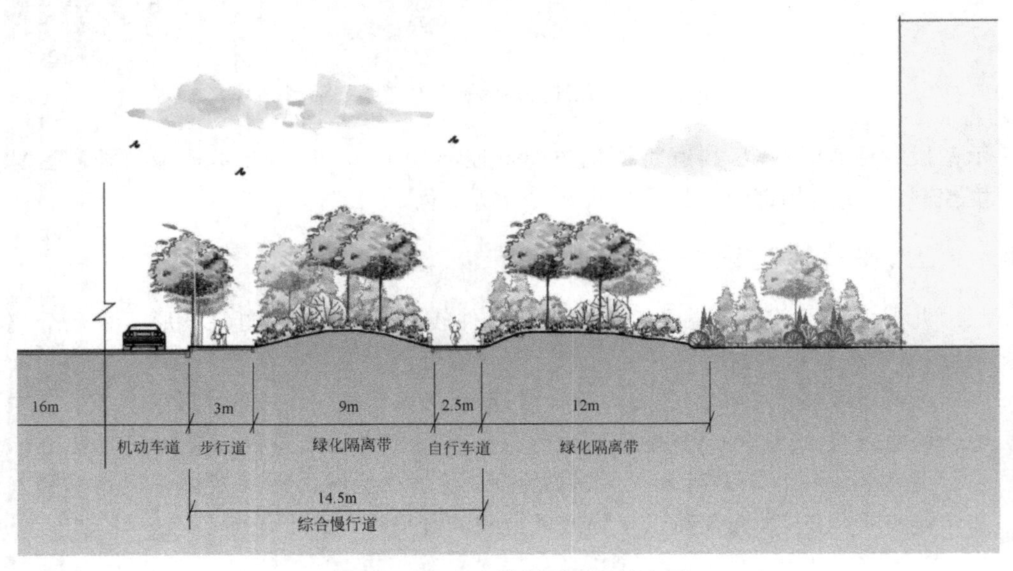

图 12-21 A-A 段剖面南面放大图

六、交通衔接

(一)换乘设施

九洲大道绿道示范段现有公交站两个,东西向各一个,本次绿道示范段建设将分别在两个公交站各建设一个自行车租赁点。另在绿道驿站和南边绿道最东端的旱喷节点各设置一个自行车租赁点。在一些小的休闲活动场地旁也将设置自行车停放点。本次设计共建设 4 个自行车租赁点和 14 个自行车停放点(图 12-22)。

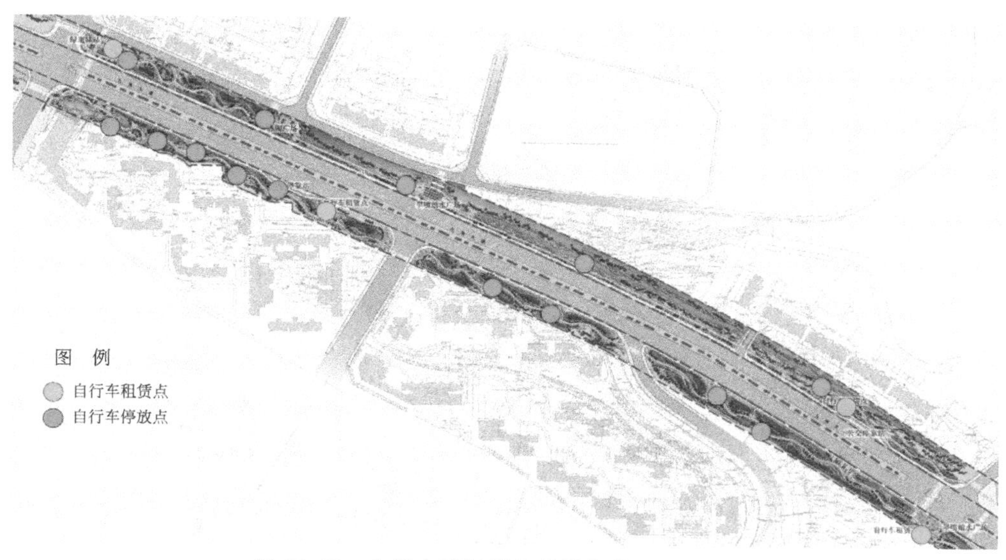

图 12-22　九洲大道绿道示范段衔接设施分布图

根据绿道换乘的需求,在公交车停靠站边设置一个自行车换乘点,同时将场地设计为一个较集中的休闲娱乐场所,给等待公交的行人和绿道的游人提供一个休闲空间(图 12-23～图 12-26)。

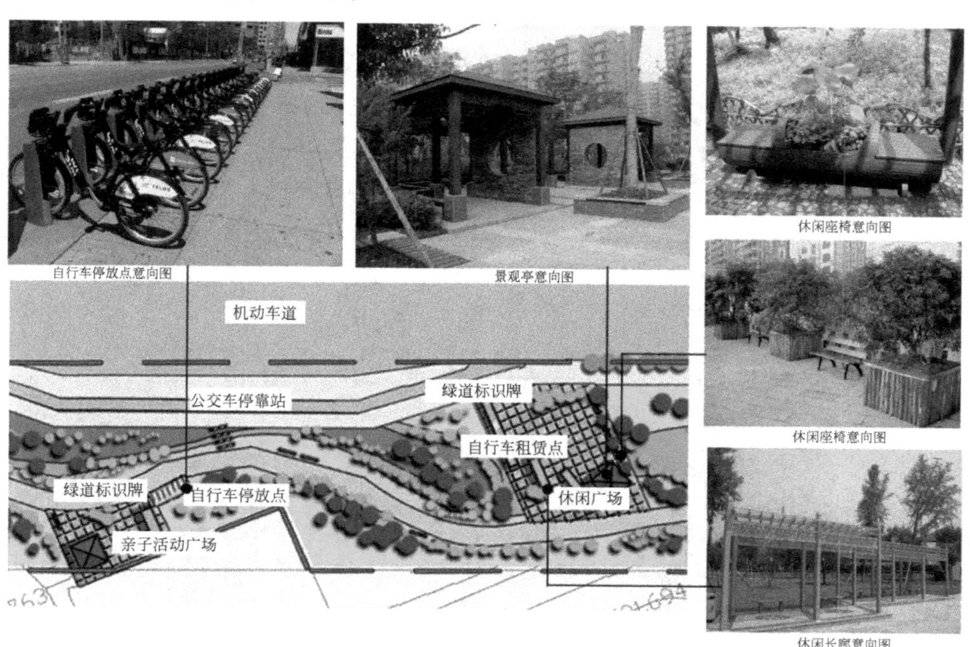

图 12-23　九洲大道绿道换乘点设计意向图

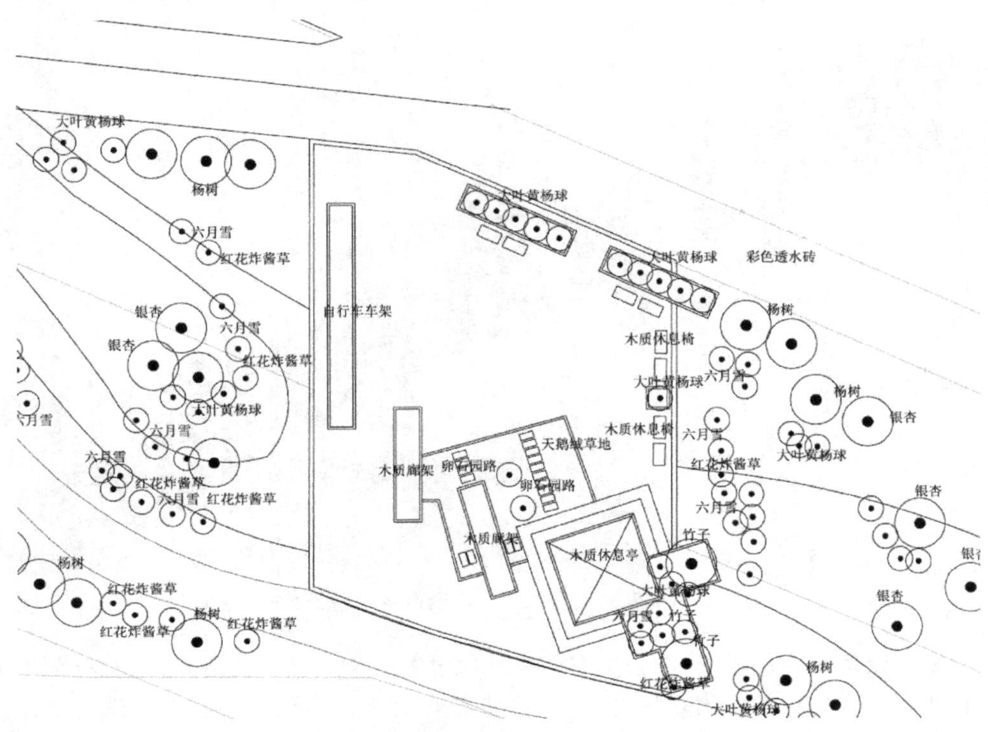

图 12-24 九洲大道绿道换乘点详细设计图

图 12-25 九洲大道绿道换乘点

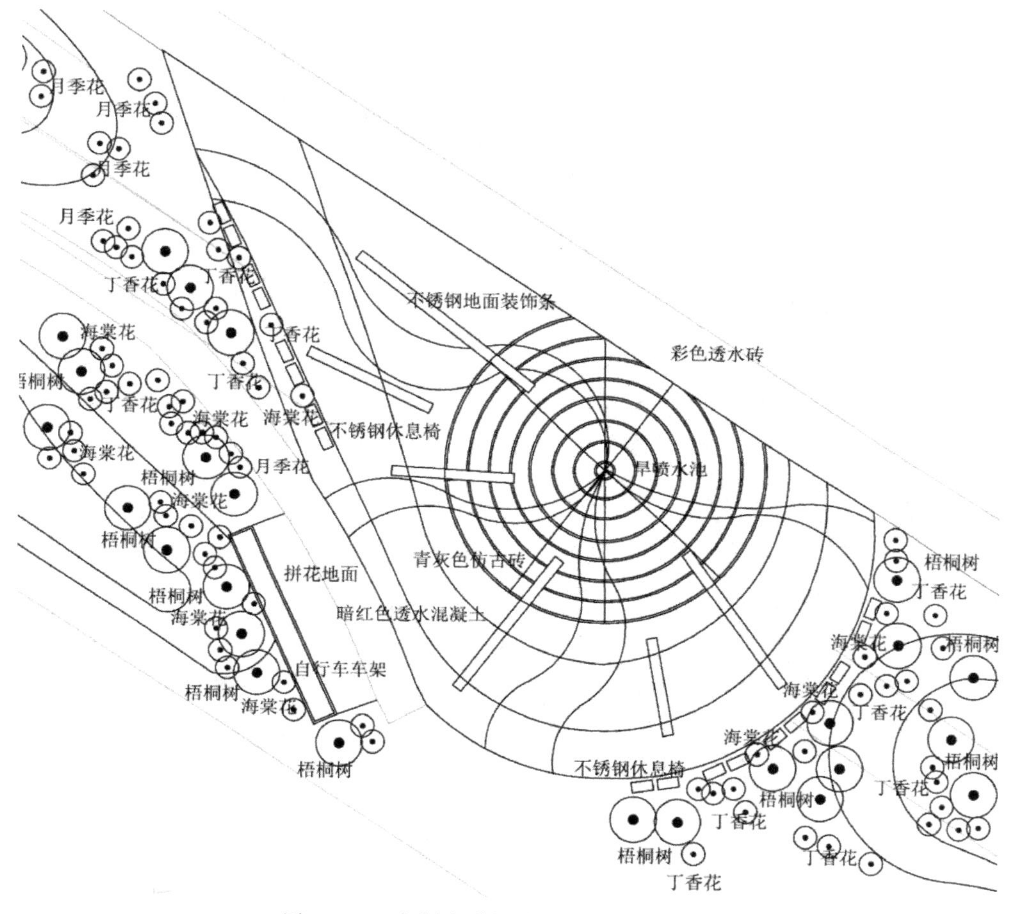

图 12-26 九洲大道绿道换乘点详细设计图

作为示范段的终点，旱喷广场将提供一个较大的公共活动空间，旱喷设计提供给游人趣味性和娱乐性，旱喷广场在不喷水的时候可作为较大型活动的聚集场地。

(二)衔接设施

九洲大道示范段所经过路口众多，因此在交叉路口需要增加必要的衔接设施，本次示范段考虑周边环境等因素选择在人行道旁划线(图 12-27)。

七、驿站的配置

九洲大道绿道示范段建设驿站一个，位于银都领地对开的绿道处。该处作为示范段的起点同时周边有众多楼盘，对绿道的配套设施需求量较大。驿站主要设置绿道的展示牌，配置相关人员对绿道进行介绍，同时驿站还有简单的食品和日用

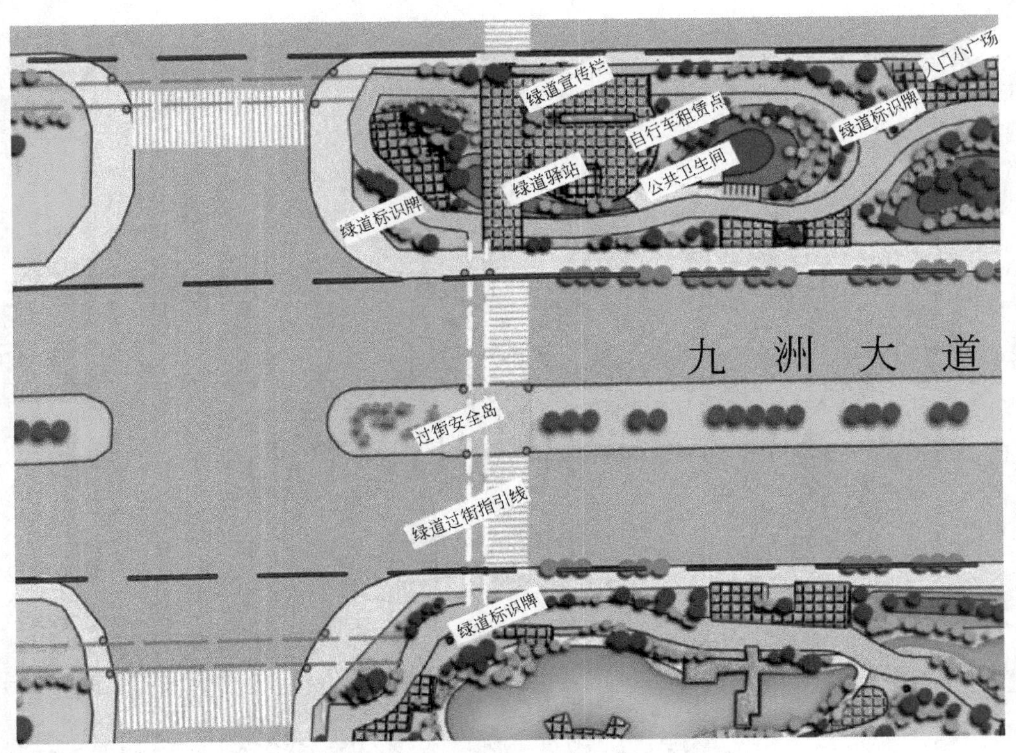

图 12-27　人行横道线旁边加画自行车专用线

商品出售，设计的小场地可供游客休息，驿站内还配备了医疗应急药物。距离驿站20m 处设置了一个公共卫生间，给游客和市民提供便利。合理布局驿站与自行车租赁点，通过较大的空间去展示绿道的相关信息，在人流量加大的路口位置设计一个文化浮雕墙，展示绵阳悠久的历史文化(图 12-28～图 12-30)。

八、标志及照明

(一)标志设施

九洲大道绿道示范段标志系统类型包括：信息标志、指路标志、规章标志和警告标志四大类。

该段示范段共设 28 个标志，其中信息标志 6 个，指路标志 8 个，规章标志 2 个，警告标志 12 个(图 12-31)。

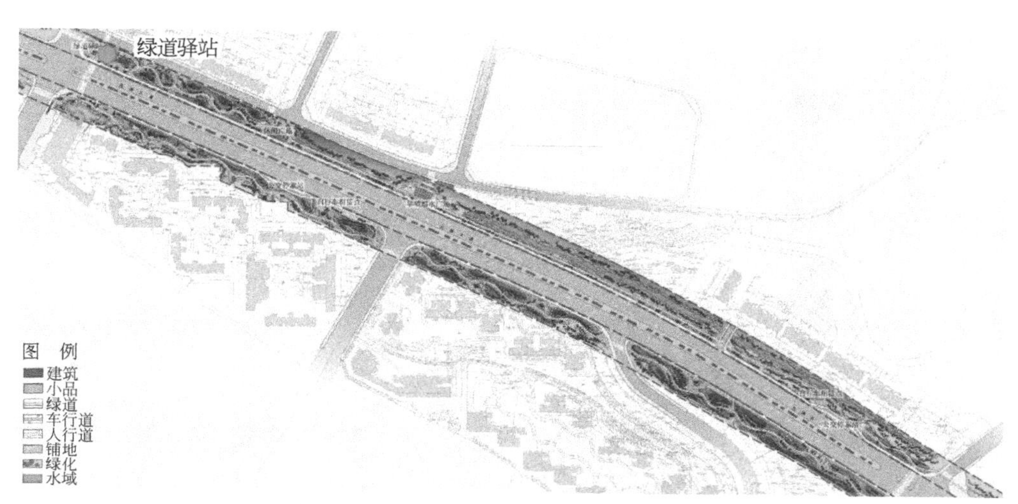

图 12-28 九洲大道绿道示范段驿站区位图

图 12-29 九洲大道绿道驿站节点设计意向图

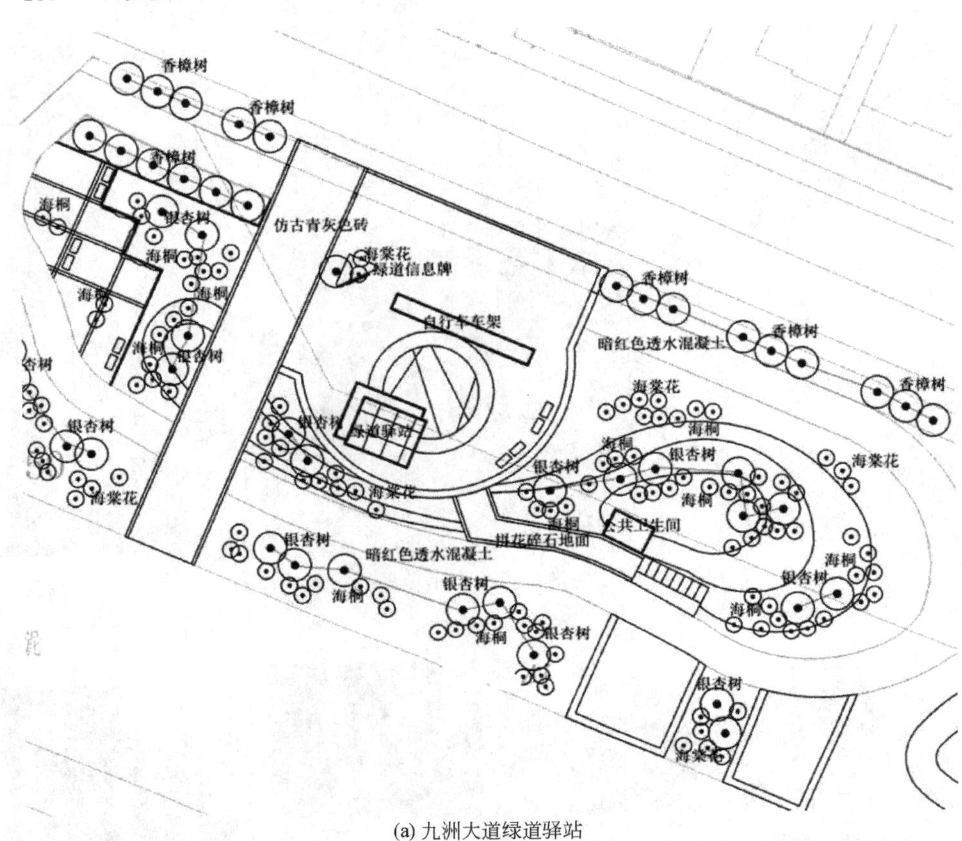

(a) 九洲大道绿道驿站

(b)

图 12-30　九洲大道绿道驿站效果图

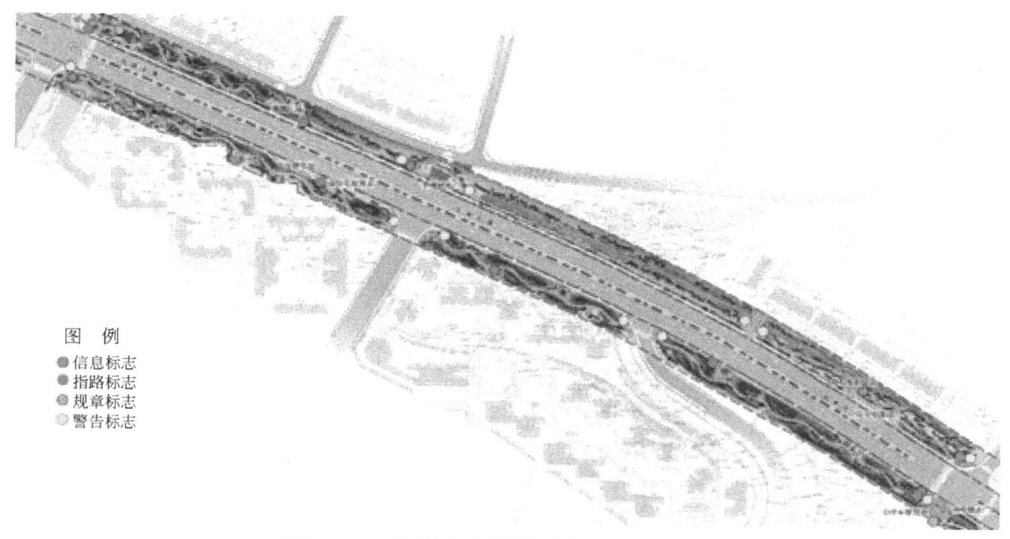

图 12-31 九洲大道绿道示范段标志分布图

(二)照明设施

为了确保绿道的行驶安全性,在绿道沿线布置草坪灯,间隔距离 8～12m。根据景观要求,部分地区还在树下安装有射灯,起到装饰用途。绿道驿站,面积较大的广场等人流较为集中区域布置较多的庭院灯,为了和道路景观协调建议庭院灯的设计模式可参考九洲大道路灯样式。各种灯具分布如图 12-32 和图 12-33 所示。

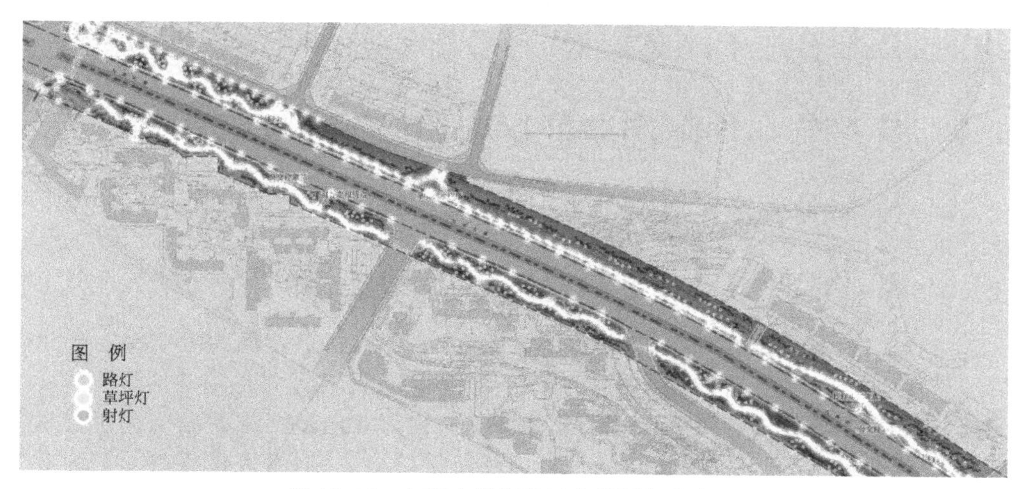

图 12-32 九洲大道绿道示范段园灯分布图

图 12-33 整体鸟瞰图

第三节 绵阳市游仙区芙蓉溪绿道示范段[①]

一、现状分析

(一)区位

芙蓉溪绿道示范段节点位于芙蓉溪沿线的沈家坝区域,西侧距离城市主干道游仙东路约 2km,南侧隔溪与绵阳职业技术学院相望,东侧通过连绵的村道连接仙海湖,北侧为自然山体。该节点处于芙蓉溪流向由南北向转为东西向的拐弯位置上,由先锋公社部分现状建筑、村道及其内部机耕路组成,通过机耕路进入到内部

① 蔡云楠、李洪斌、朱江、方正兴、甘有军、邓木林、周健、王喜勇、潘韫静、李密滔、彭青

可以欣赏到广阔的田园风光以及蜿蜒多姿的溪流形态。

(二)现状建设情况

该节点现状周边环境为城市近郊农村，通过村道连接到城市的交通干道。现状建筑沿村道分布，多为低层农民村屋，建筑质量一般，外观普通缺乏特色，布局自由散乱，缺乏秩序。现状建筑南部为农田，并有机耕路连接村屋以及村道。村内现状存在一个鱼塘，面积约 $1000m^2$，处于村屋与农田之间，靠近村道(图 12-34)。

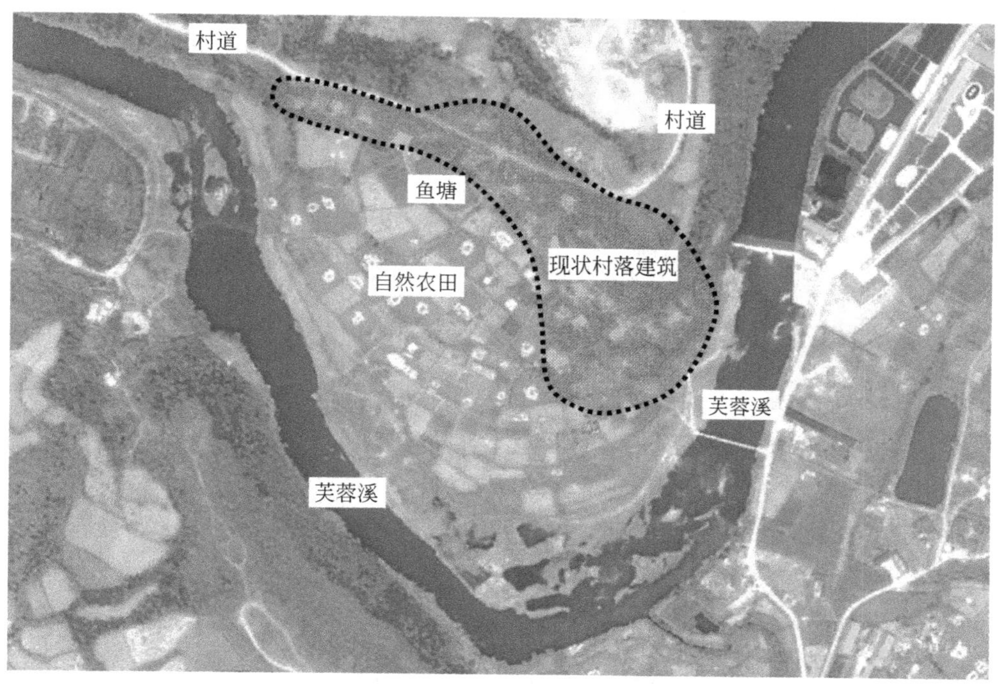

图 12-34　现状环境

该示范段节点所借用道路为现状村道，道路宽度约为 5m 左右，路面质量良好。该村道为芙蓉溪沿线农村与仙海湖、中心城区的主要联系道路，由于沿线村落较少，居民也不多，因此该村道利用率不高，多为行人与自行车使用，少有汽车通行。此外，该节点绿道还借用了部分现状机耕路，以达到亲近欣赏田园风光的目的(图 12-35、图 12-36)。

本节点现状植被丰富，沿村道以及河滩区域植物茂盛，以自然植被为主。沿村庄周边地势较平坦开阔区域则大多已开垦为农田，整体绿化覆盖率较高。节点南部紧靠芙蓉溪，该水系自东向西流过，东通仙海湖，西入绵阳主城区，水体碧绿清澈，水质良好(图 12-37)。

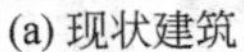
(a) 现状建筑

(b) 现状村道与农田

图 12-35 现状建设

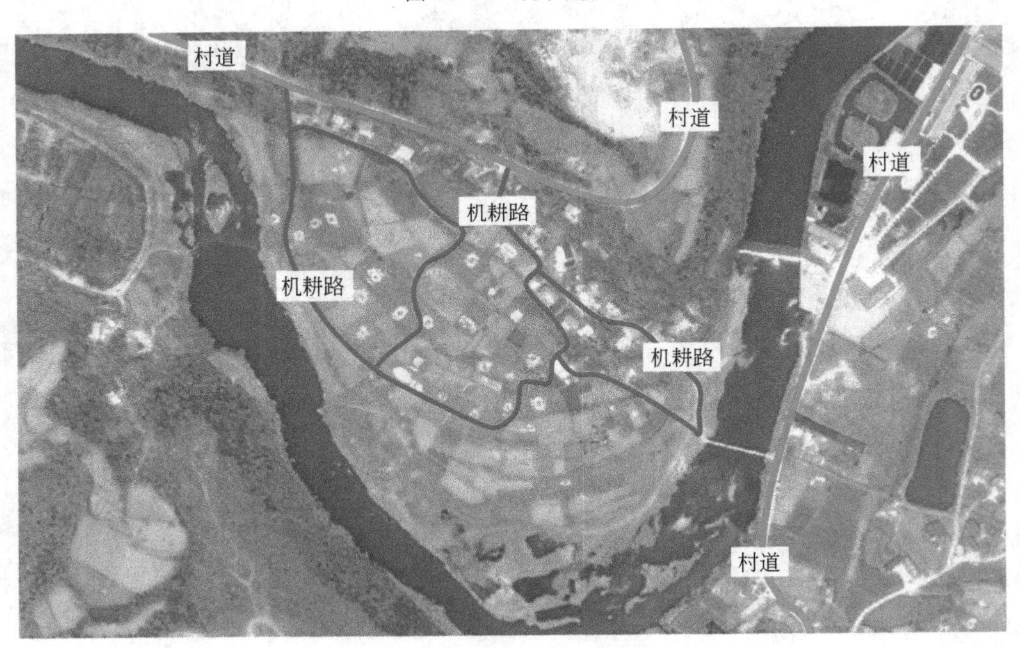

图 12-36 现状道路交通分析

图 12-37 芙蓉溪及周边植被

二、整体构思

芙蓉溪示范段节点的绿道类型为田园郊野型。因此，绿道的建设主要结合现状环境特色，利用村道以及机耕路进行绿道建设。因此，该示范段节点选取了芙蓉溪沿线的沈家坝区域，有以下原因：第一，此处村道现状较好，路面宽度可满足绿道借用条件；第二，此处存在村落，现状建筑质量良好，具备发展成为绿道节点的一定条件；第三，此处农田聚集，视野开阔，具备符合田园郊野型绿道所需要的景观特色。

该绿道示范段节点建设主要利用了现状村道、机耕路、建筑等。通过对村道、机耕路的改造处理，为绿道使用者创造出一条享受自然、享受田野的体验路线，营造出一种远离喧嚣的宁静(图 12-38)。

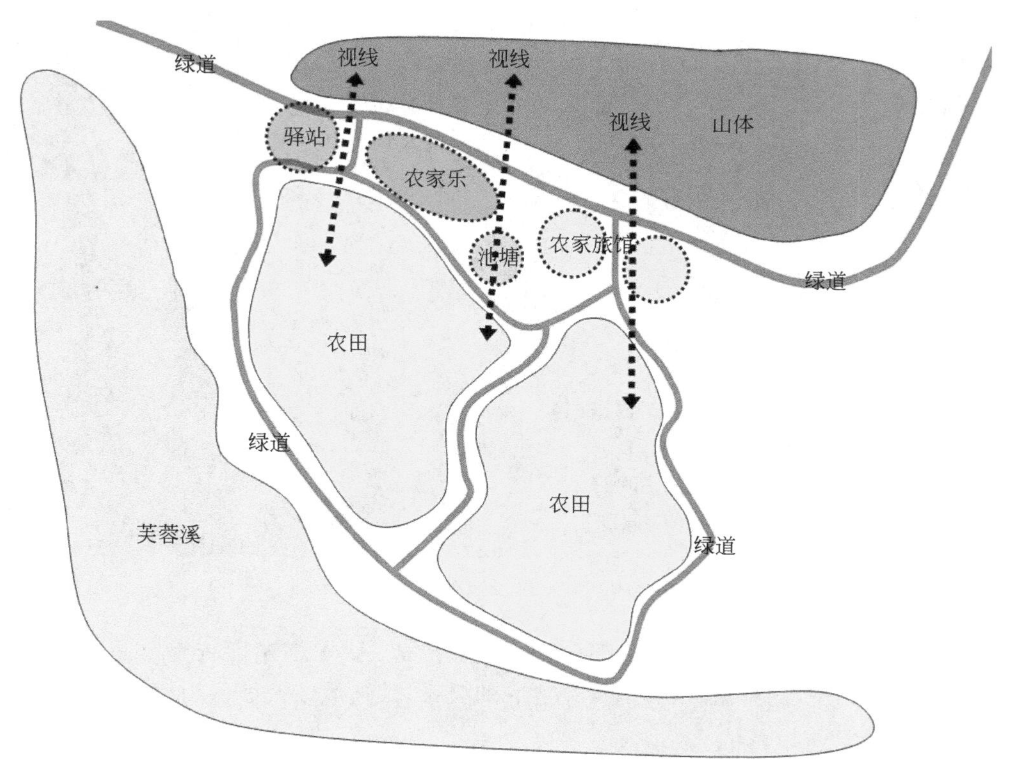

图 12-38　结构分析图

三、建设方案

芙蓉溪绿道示范段节点设计主要以尊重自然以及当地生态环境为出发点，尽量减少建设量以减少对自然环境的改变。因此，在经过充分调研分析，确保可行性与安全性的情况下，确定绿道通过借用村道与机耕路实现，并设计了自成体系的路线，在保证能充分体验田园风光的前提下，又能与整体绿道系统相衔接。

此外，根据绿道尽量避免大拆大建的原则，结合现状条件较好的村屋，该绿道节点的配套服务性建筑以改造现状建筑为主，一方面节约了建设成本，另外一方面也更好地保留与展现当地的建筑特色与风格。根据绿道相关配套要求以及田园野趣型绿道特色，设置驿站 1 座、农家乐餐厅 1 家以及农家客栈 2 处(图 12-39)。

图 12-39 示范段节点总平面图

芙蓉溪绿道示范段节点属于田园野趣型绿道，A-A 横断面较为全面地展现了村道、绿道、建筑、鱼塘、田野与溪流之间的关系，故选取该截面作为横断面分析(图 12-40、图 12-41)。

四、绿道控制区

根据田园郊野型绿道控制区标准，控制区宽度一般不小于 100m。芙蓉溪绿道示范段地处城市近郊，地形自由，灵活多变。沿线村庄分散不集中，规模也大小不一。因此，根据实际情况，绿道控制区宽度控制在 50～300m，局部地方根据现状条件有所变化。

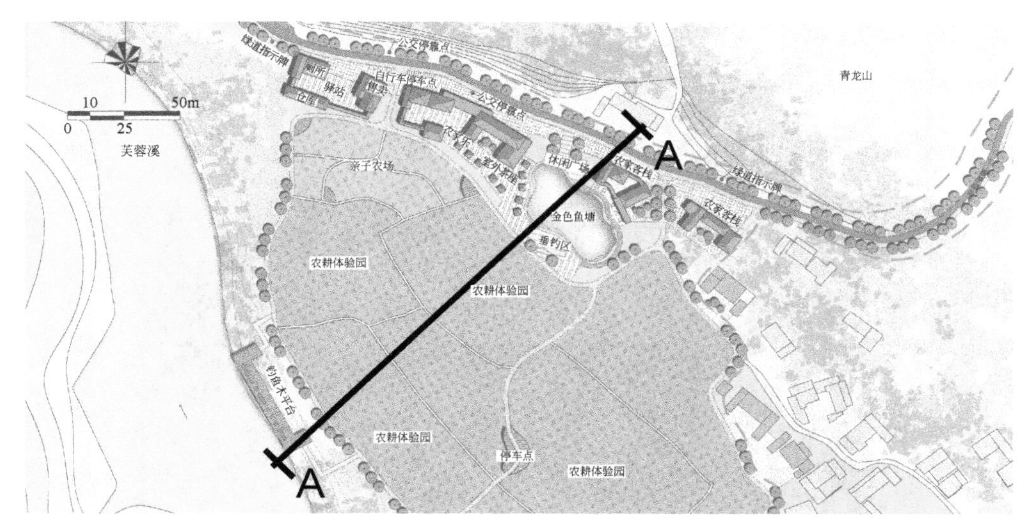

图 12-40　A-A 段剖面位置图

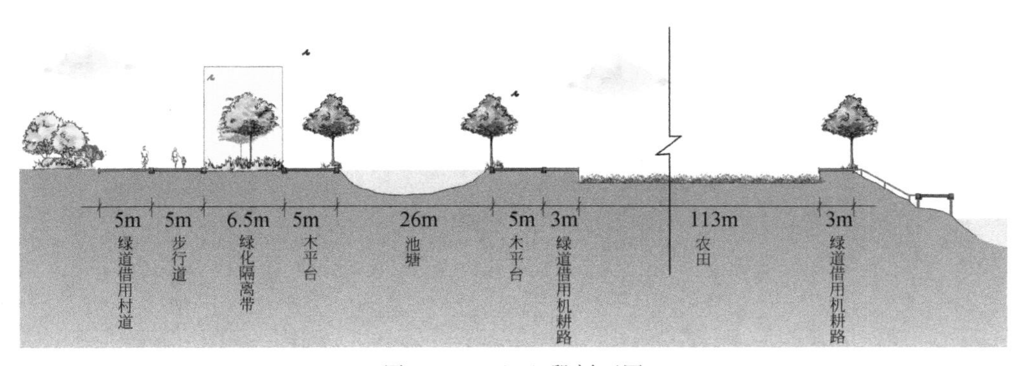

图 12-41　A-A 段剖面图

五、慢行道建设

田园郊野型绿道由于建设条件有限，使用效率相对较低，且工程建设不宜对原生态环境造成过大影响，因此，该节点慢行道建设采取行人与单车混行的综合慢行道方式(图 12-42)。在绿道借用村道的部分，慢行道宽 2m，画线与机动车道相区分。绿道借用机耕路部分，慢行道宽 2m，并画线标示。

六、交通衔接

根据绿道与其他交通方式衔接的要求，在此节点设置公交停靠站点两个，私家车路边停车位若干，同时在附近配套绿道自行车停车点，方便使用者完成私家车或公交与绿道自行车之间的接驳。共设 1 处自行车租赁点、4 处自行车存放点、2 处机动车停车点和 2 处公交车换乘点(图 12-43)。

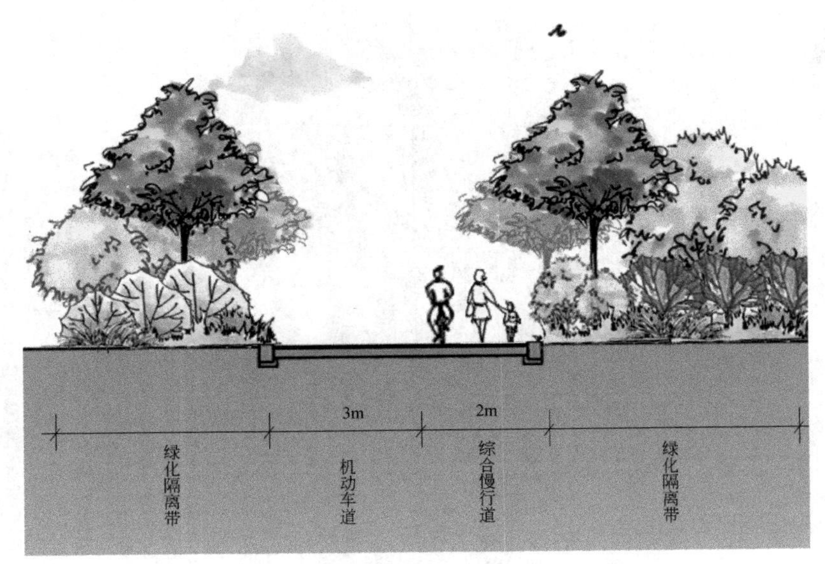

图 12-42　行人与自行车混行的综合慢行道

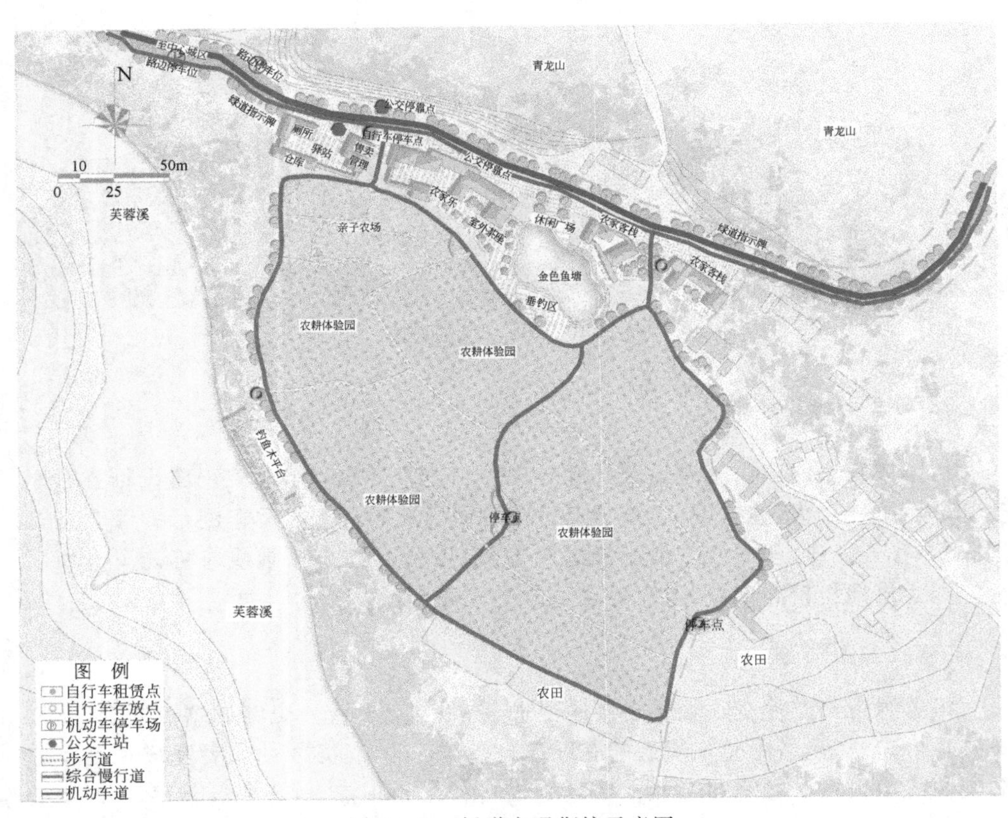

图 12-43　绿道交通衔接示意图

七、配套设施

根据绿道相关配套设施要求，在此节点设置绿道一级驿站一个。为减少建设量以及提高可实施性，驿站通过改造现状建筑方式实现，配有公共厕所、售卖处以及物资仓库。自行车停车点设置在驿站外围，方便驿站工作人员对其进行管理。此外，在该节点两头显眼位置分别设置绿道指示牌各1座，提醒绿道使用者前方设有绿道节点可供休息、娱乐使用(图12-44)。

(a) 驿站布局平面图

(b) 驿站建筑意向图

图12-44 配套设施建设意向

八、地面铺装和植物配置

芙蓉溪示范段节点绿道属于田园郊野型绿道，根据该类型绿道要求，应重点突出自然田园特色。因此，该节点绿道铺装以尊重当地生态自然环境为前提，分两种方式实施。首先，绿道借用村道的情况下保持现状村道水泥铺装不变，在村道上画线标示绿道。其次，绿道借用机耕路的情况下，可对现状机耕路进行适当改造、完善，如硬土夯实等措施，可在不改变现状机耕路乡土特色的情况下加固路面，提高绿道的舒适性(图12-45)。

该节点地处城市近郊农村区域，现状绿化覆盖率较好，植被丰富，一派浑然天成的自然田园风光。因此，此节点植物配置应以自然植被为背景，在需要的地方适当栽植桃、梨、琵琶等优质果木为景观主体，形成地方特色的自然、乡村风貌。田园郊野型绿道绿化配置，应营造多样的植物群落生境，建议以野生自然乡土植物种为主，防止外来物种的入侵与干扰，在保证植物群落稳定性的同时，注重突出植物群落的景观价值。

尽可能利用原场地的内野花、野草以及野生树种，体现乡土环境特征，沿村道两侧主要选用适应性强、病虫害少、成景快的常绿乡土树种。

九、标志及照明

芙蓉溪绿道示范段标志系统类型包括：信息标志、指路标志、规章标志和警告标志、科普教育设施五大类。

(a) 绿道借用村道沿用水泥铺装

(b) 绿道借用机耕路

图 12-45　地面铺装和植物配置

该段示范段共设 14 个标志，其中信息标志 3 个，指路标志 4 个，规章标志 2 个，警告标志 5 个。

由于该绿道节点地处近郊农村地区，考虑到夜间使用率不高，且农村地区不适宜过多灯光照明影响自然环境。因此，该节点灯光照明以现状照明为主，局部建筑周边缺乏灯光区域可考虑添加灯光照明以满足使用要求(图 12-46、图 12-47)。

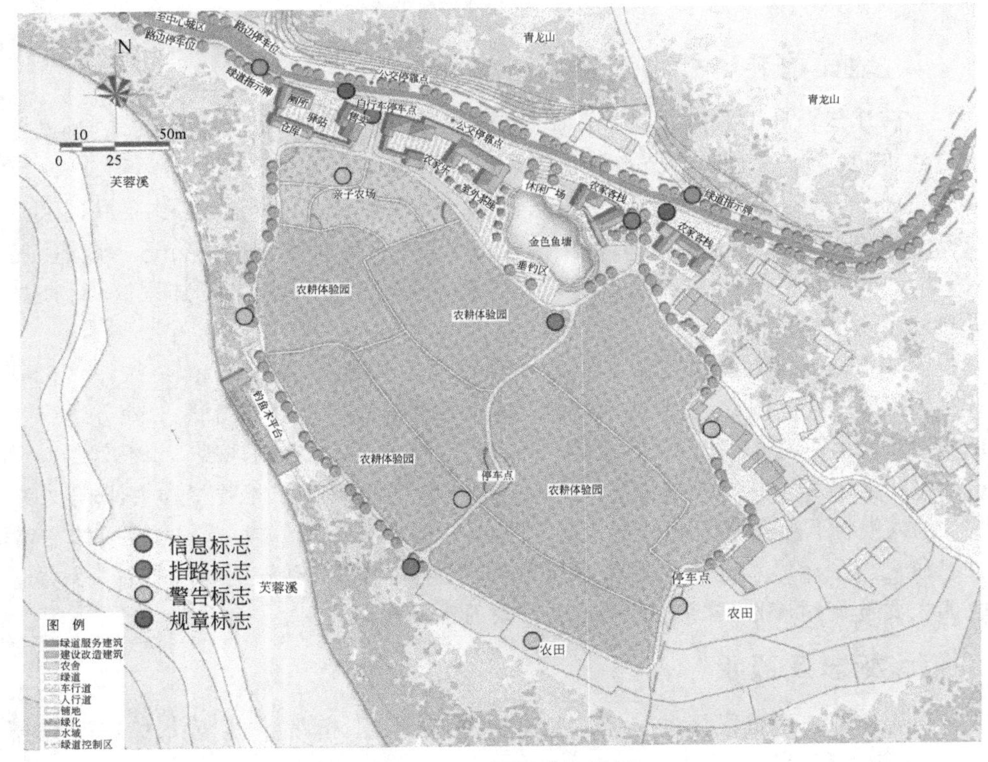

图 12-46　标识系统规划

图 12-47 整体鸟瞰图

第四节 广东省梅州市江南新区绿道示范段[①]

一、区位

江南新区位于广东省梅州市中心城区南部，广梅汕铁路、规划杭广高铁从基地穿过，基地北部为梅州火车站(图 12-48)。

二、现状分析与相关规划

(一)现状分析

江南新区现状水系有小密水库、泮坑水库两大水库，位于地块的南部，北部零散分布众多鱼塘。基地内绿地比例较大，其中面积较大的山体位于基地南部。基地内有 1 处省级保护单位、1 处县级文物保护单位以及 11 处一般文物(图 12-49)。

(二)相关规划

江南新区编制了《梅江市江南新区城市设计》，本次规划将充分结合该规划确定

① 规划编制组成员：蔡云楠、李洪斌、朱江、方正兴、甘有军、邓木林、王喜勇、李密滔、崔婧琦、尹向东、潘韫静、魏丽(广州市城市规划勘测设计研究院)、丘克涌、黄志勇、朱亮、邹卓君、陈昌茂、巫彩春、何翠英、何波、傅尚享(梅州市城市规划设计院)

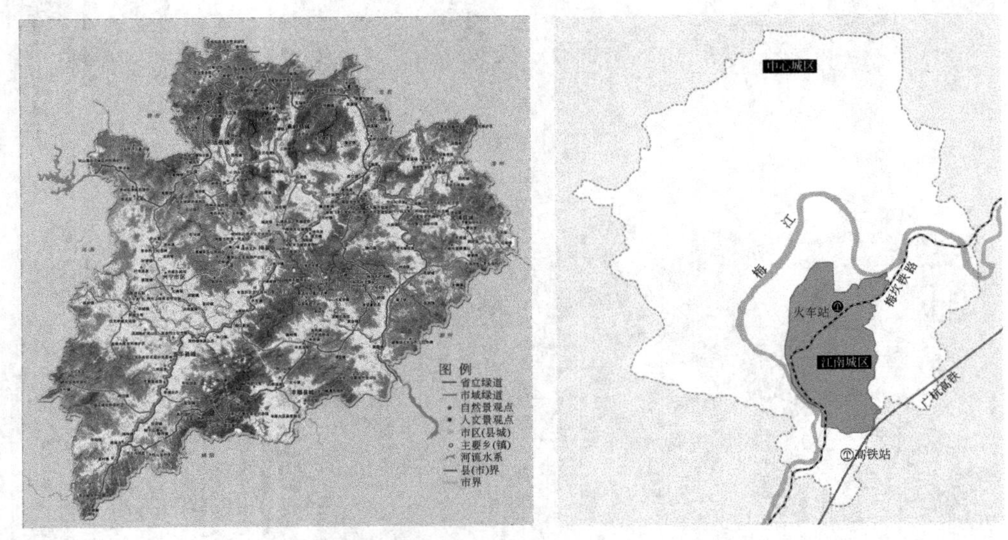

图 12-48　江南新区区位图

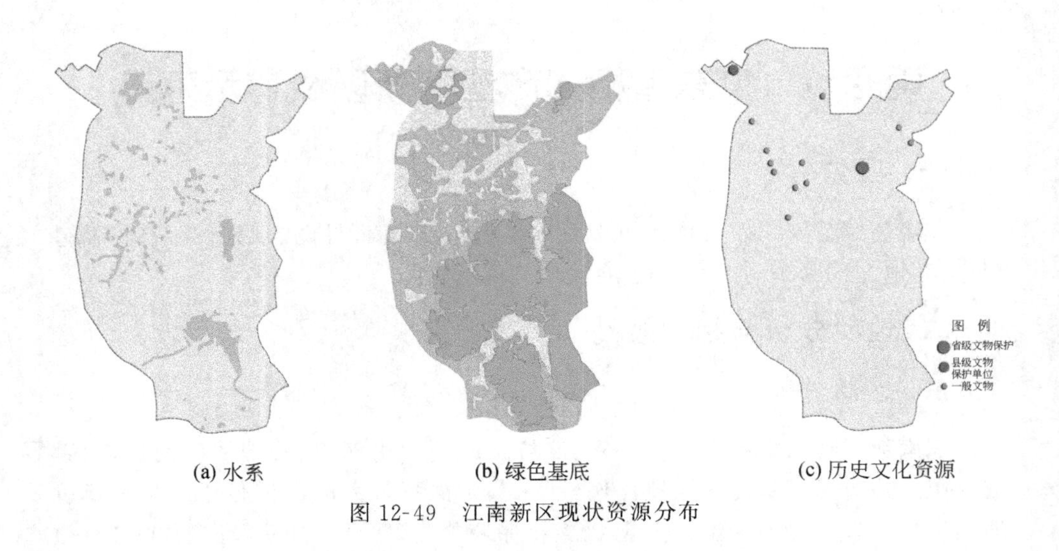

(a) 水系　(b) 绿色基底　(c) 历史文化资源

图 12-49　江南新区现状资源分布

的道路交通、用地布局进行绿道沿线功能策划，确保本次绿道规划与该地区城市设计规划的有效衔接(图 12-50)。

三、整体构思

本次江南新区段绿道功能策划将以“特色传承”与“创新体验”为思路。

图 12-50　基地规划图

(一)特色传承

1. 文化传承——村

原生态古村落是客家文化的精华，江南新区绿道着重以的客家古村落为依托建设绿道与驿站，营造特色场所客家文化生活体验。

2. 农耕传承——田

农耕文化深刻体现着“吃苦耐劳、艰苦奋斗”的客家人精神，也体现着梅州天人合一的城市精神。江南新区绿道将以金柚种植为特色的农田为依托，打造绿色经济廊道，提供独特客家农耕生活体验。

3. 山水共享——山水

山水是梅州得天独厚的资源，也是客家人世代生存之本。江南新区绿道充分挖掘当地山水生态之美，提供亲近自然、享受自然的休闲体验(图 12-51)。

(二)创新体验

依托传统特色的同时，充分考虑现代人的休闲需求特点，创新绿道活动体验，

(a) 古村

(b) 田

(c) 山水

图 12-51 基地景观资源

为传统特色空间注入新的活力。

1. 文化交流体验

依托泮坑浓郁的文化氛围,结合现代人新的文化需求与交流需求,提供更多文化交流体验场所,将传统文化与现代文明融合,丰富居民新文化生活。

2. 现代农业体验

观光农业与农业科普等现代休闲农业功能融入到本次绿道策划中,将泮坑的农耕文化与现代娱乐休闲相结合,提供更多亲近田园的乐趣。

3. 时尚户外体验

本次规划将现代人回归自然的休闲精神充分考虑,将国际上流行的时尚户外活动融入到绿道活动功能策划中,打造国际化的时尚户外休闲走廊。

4. 新城慢生活体验

将慢生活的精神作为江南新城城区内绿道打造的主题,充分考虑慢城所有居民的不同休闲需求，打造全民共享的慢生活绿道。

四、分段功能策划

（一）示范段绿道布局

江南新区示范段选取梅江—小密水库—泮坑水库—福禄岌古民居群—客天下旅游区—梅州城市中轴线—梅江段。其中包含城区绿道 MJQ02（泮坑风景旅游区—梅州城市中轴线段）、MJQ03（客天下旅游区—小密水库—梅江段），与省立绿道 SL08 衔接（图 12-52）。

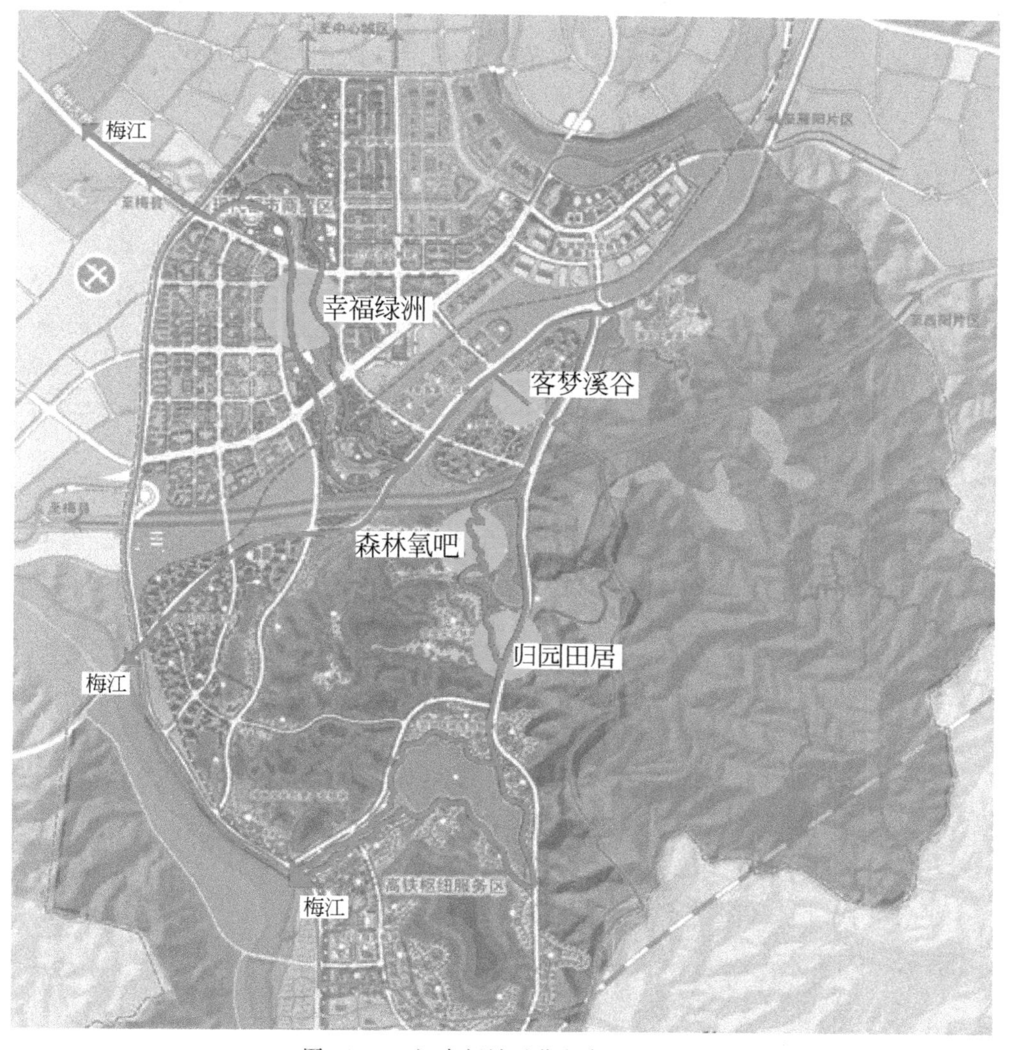

图 12-52　江南新城示范段布局示意图

(二)分段功能策划

依据现状资源分布,结合梅州市绿道整体功能定位,将江南新区段的绿道分为四个特色功能段:慢城乐活舞台段、客都文化河谷段、山水生态飘带段和绿色经济走廊段。其中每个特色段打造一个核心特色功能节点,分别为幸福绿洲、客梦溪谷、森林氧吧和归园田居(图 12-53)。

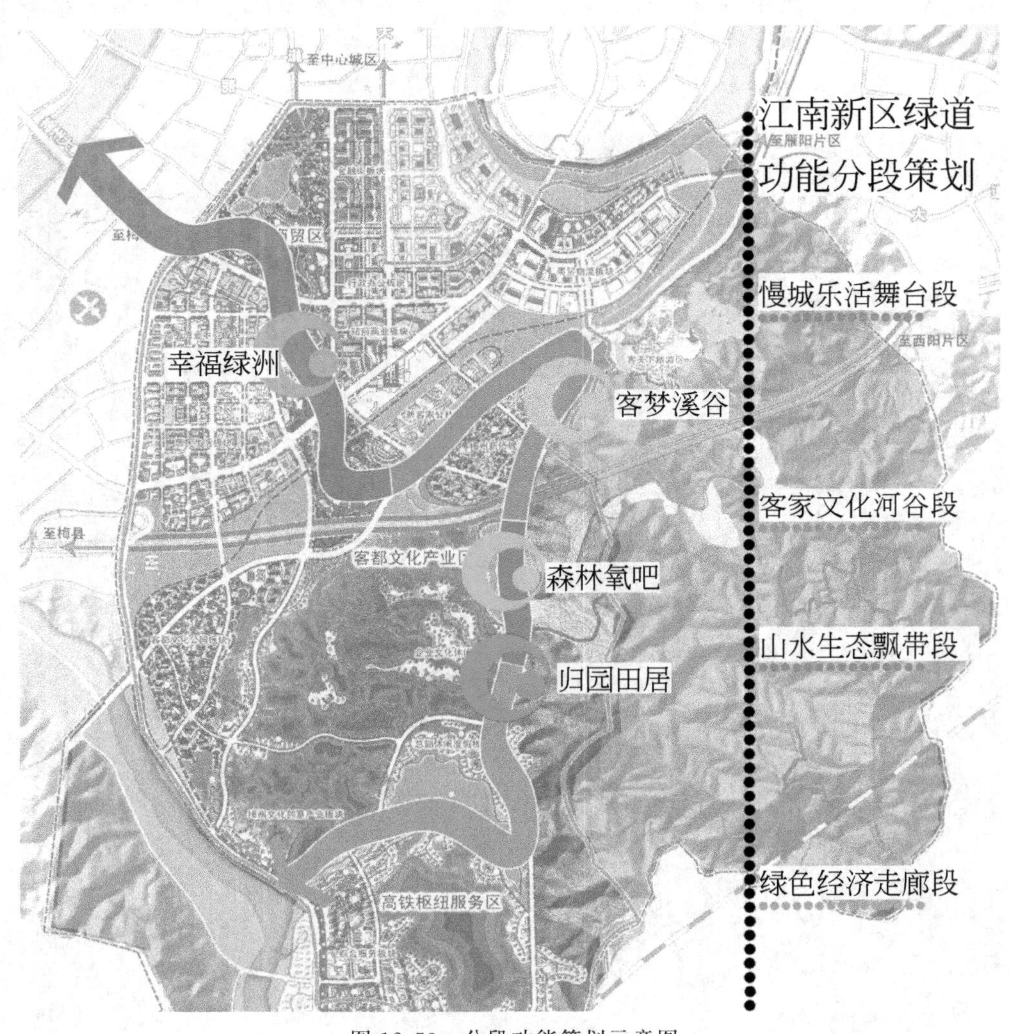

图 12-53 分段功能策划示意图

五、特色节点功能策划

江南新区段绿道功能策划将以“特色传承”与“创新体验”为思路。

(一)客梦溪谷

1. 现状条件

现状地形为基地有 3 个较矮的山包,周边地势平坦。

现状用地为以村庄建设用地、水域、农用地为主。

现状交通条件为地块东北侧有泮坑大道、乡间路经过,村落内部主要是以步行为主的街巷。

现状文化资源为地块内传统民居较多,有 5 处文物保护单位,多处保护建筑和历史建筑。整体形成梅州客家传统特色的民居建筑群风貌,当地特色民俗较为纯朴传统,具有较重要的文化价值(图 12-54)。

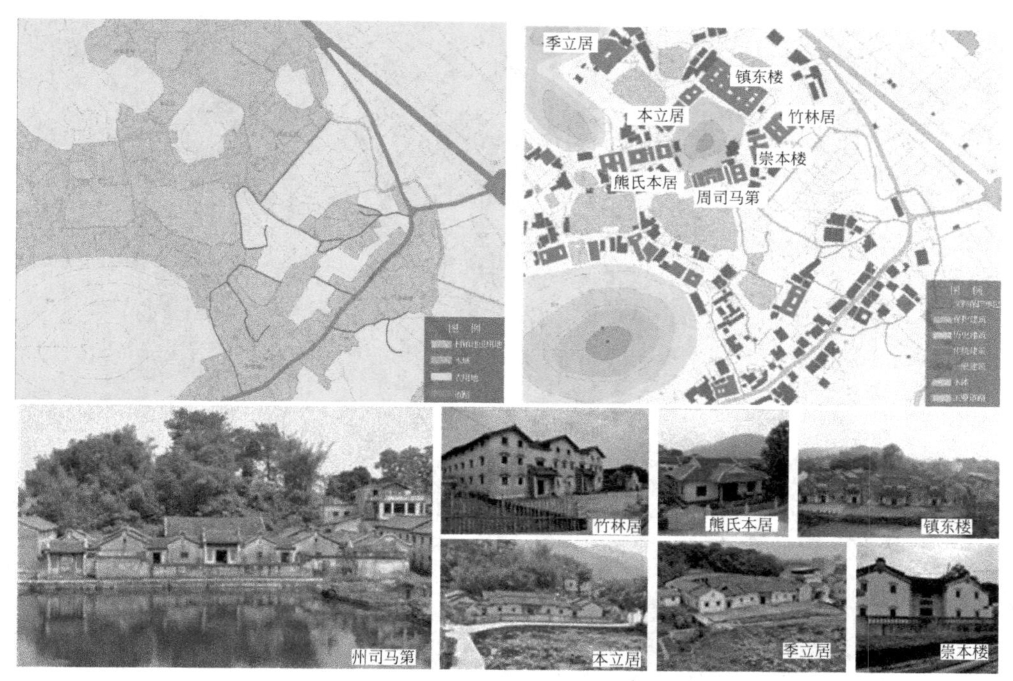

图 12-54　客梦溪谷节点现状用地及建筑评价图

2. 设计构思

客梦溪谷的设计构思体现了原真、可达、可参与的特性。绿道沿线功能开发充分尊重该地区的历史文化原真性,延续村落建筑与街道肌理,保留院墙,保护原真居民生活；入口设置较宽的慢行道，与城市绿道网衔接，提高可达性，村落内部保留原有的街巷，以步行为主，路面进行整治；见缝插针式的增加开敞空间，提升环境，提供使用者休闲娱乐交流场所。

3. 愿景

客都文化氛围浓郁、客家人与世界共享的文化嘉年华，传承与发扬客都文化与客家精神。

4. 定位

以客都文化为主题，依托绿道沿线打造泮坑地区集文化娱乐、文化展示、文化交流多功能于一体的客都文化休闲目的地(图 12-55)。

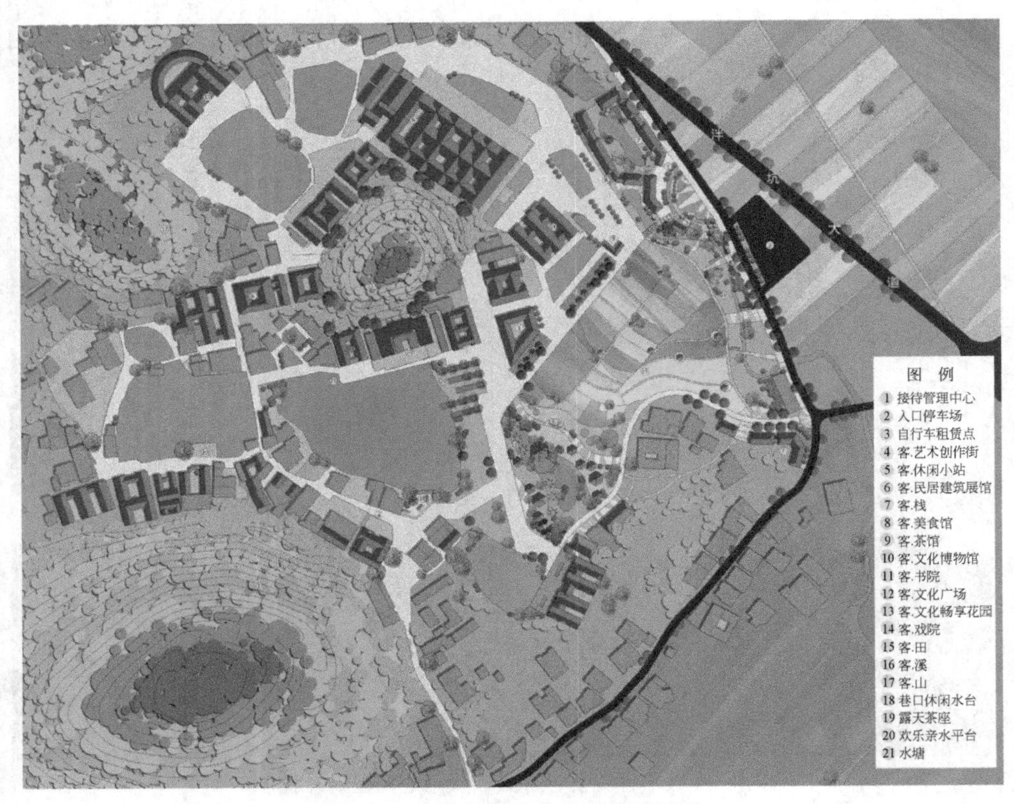

图 12-55 客梦溪谷节点规划平面图

5. 功能结构

入口接待区位于基地北部，临泮坑大道，以改造入口部分一般建筑和新建为主，设置管理接待、餐饮、住宿、特色旅游产品购物、自行车租赁、停车等服务功能。

文化娱乐区位于基地东侧临近入口处，主要改造现有的一般建筑和新建为主，设置丰富的文化娱乐设施。

文化展示区位于基地北部村落历史保护建筑相对集中的区域，对特色历史建筑进行功能置换，设置博物馆、展馆等客家特色文化展示设施，展现洋坑独特的建筑特色和民俗文化。

文化交流区位于地块的南部，以尊重村落原有肌理和空间为前提，将北侧街巷空间进行改造，注入文化创作、文化交流功能，设施丰富的文化交流开敞空间和休息设施。

田园休闲区位于入口两侧，将原有的农田进行保留和环境整治，增设亭廊、休闲座椅和小广场，提供农耕文化休闲体验（图 12-56）。

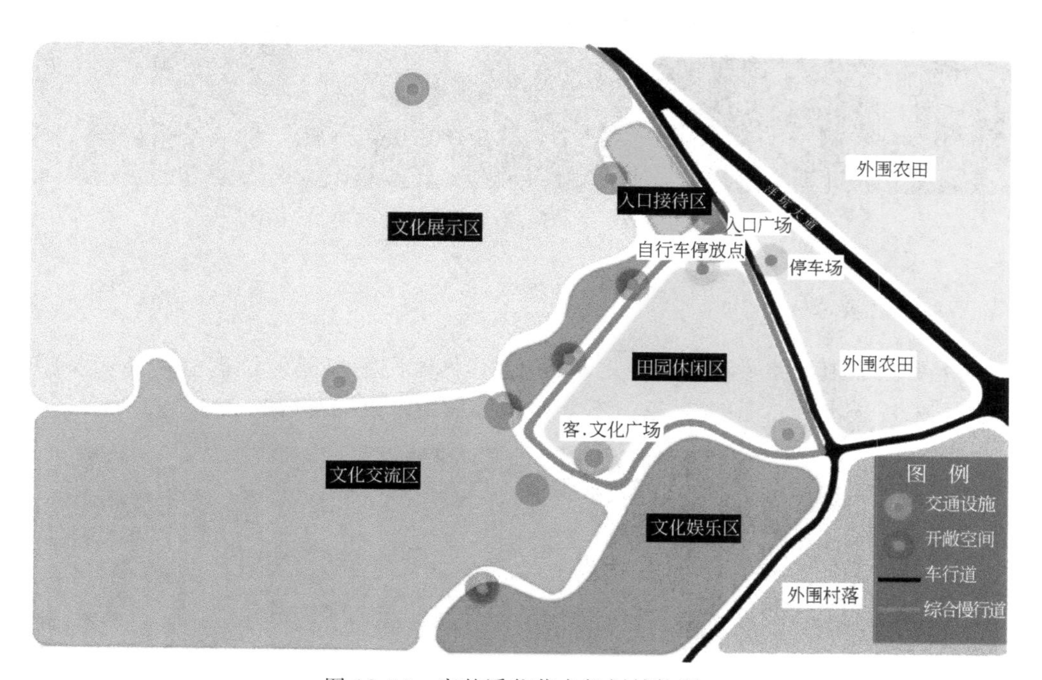

图 12-56　客梦溪谷节点规划结构图

6. 活动策划

客梦溪谷文化活动主要面向人群为艺术家、文人、客侨、客家文化爱好者、旅行者、青少年、家庭、建筑师。

依托节日有海峡两岸客家交流节、客都文化节、客家美食节和客家建筑设计节。

活动的服务设施包括游客中心、接待管理处、自行车租赁点、自行车停放点、停车场、客栈、主题美食馆、主题书院、主题戏院、主题购物小站、主题茶馆、主题交流小站及休闲站。

主要文化活动有文化交流、茶道体验、品尝客家美食、体验式住宿、特色购物、品茶读书、散步、摄影、参观、听戏及主题实景演出(图 12-57)。

图 12-57　活动策划

7. 铺装要求

主要的绿道线路采用深灰色透水混凝土,休闲广场以及传统街巷需路面整治的路段采用透水砖路面铺装,部分露天休闲区采用木质铺装(图 12-58)。

(a) 深灰色透水混凝土

(b) 透水砖

(c) 木质铺装

图 12-58　铺装要求

8. 特色断面

特色断面具体可如图 12-59 所示。

9. 重要节点

客梦溪各入口综合设计方案如图 12-60 所示。

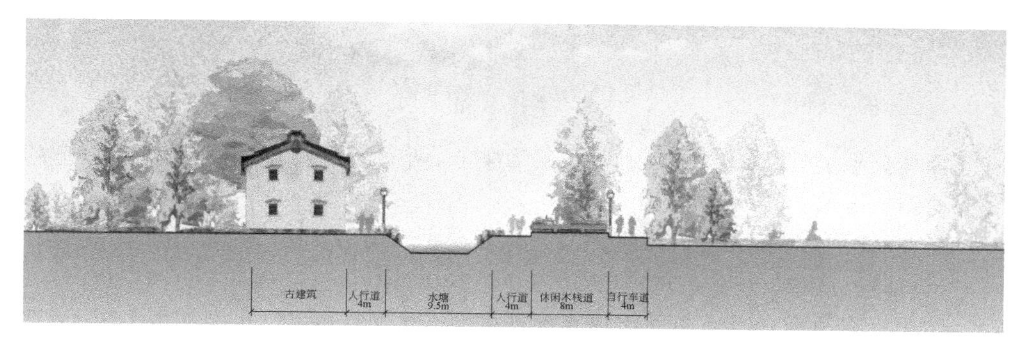

(a) A-A剖面图——休闲区

(b) B-B 剖面图——服务区

(c) C-C 剖面图——传统街巷

图 12-59　客梦溪谷特色断面图

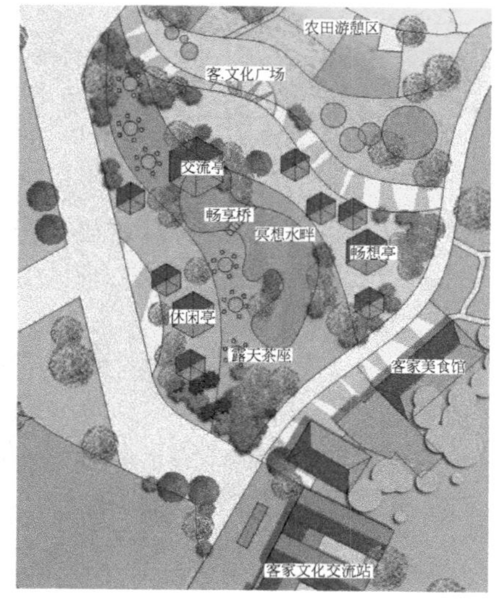

图 12-60　客梦溪谷入口综合服务区规划示意图

(二)森林氧吧

1. 现状条件

森林氧吧的现状地形为以洋坑水库为中心，两侧为山地，呈现外围高中间低的山谷地形。

森林氧吧的现状用地以林地、水域为主，在水库周边零散的分布少量村庄建设用地、牧草地、园地。

森林氧吧的现状交通条件包括环湖已建成 7m 车行路和 3m 宽的慢行道，从环湖慢行道修建有多条通向两侧山体的登山道。

森林氧吧的现状生态资源特为洋坑水库水质较好，四周植被多样，环境优美(图 12-61)。

图 12-61 森林氧吧节点现状条件

2. 设计构思

森林氧吧绿道的设计构思充分依托洋坑地区良好宜人的生态环境，依山就势，沿滨水、山体等高线设绿道，通过登山道联系滨水与山林绿道，沿线平坦空地设置活动区域。

3. 愿景

森林氧吧绿道发展的愿景是一片静谧纯净的、人与自然和谐共处的绿色山水空间，创建梅州生态文明发展之道。

4. 定位

森林氧吧绿道建设的定位是，以生态休闲为主题，依托绿道沿线打造倚山临水的集时尚户外、野趣体验、康体养生于一体的休闲观光目的地(图 12-62)。

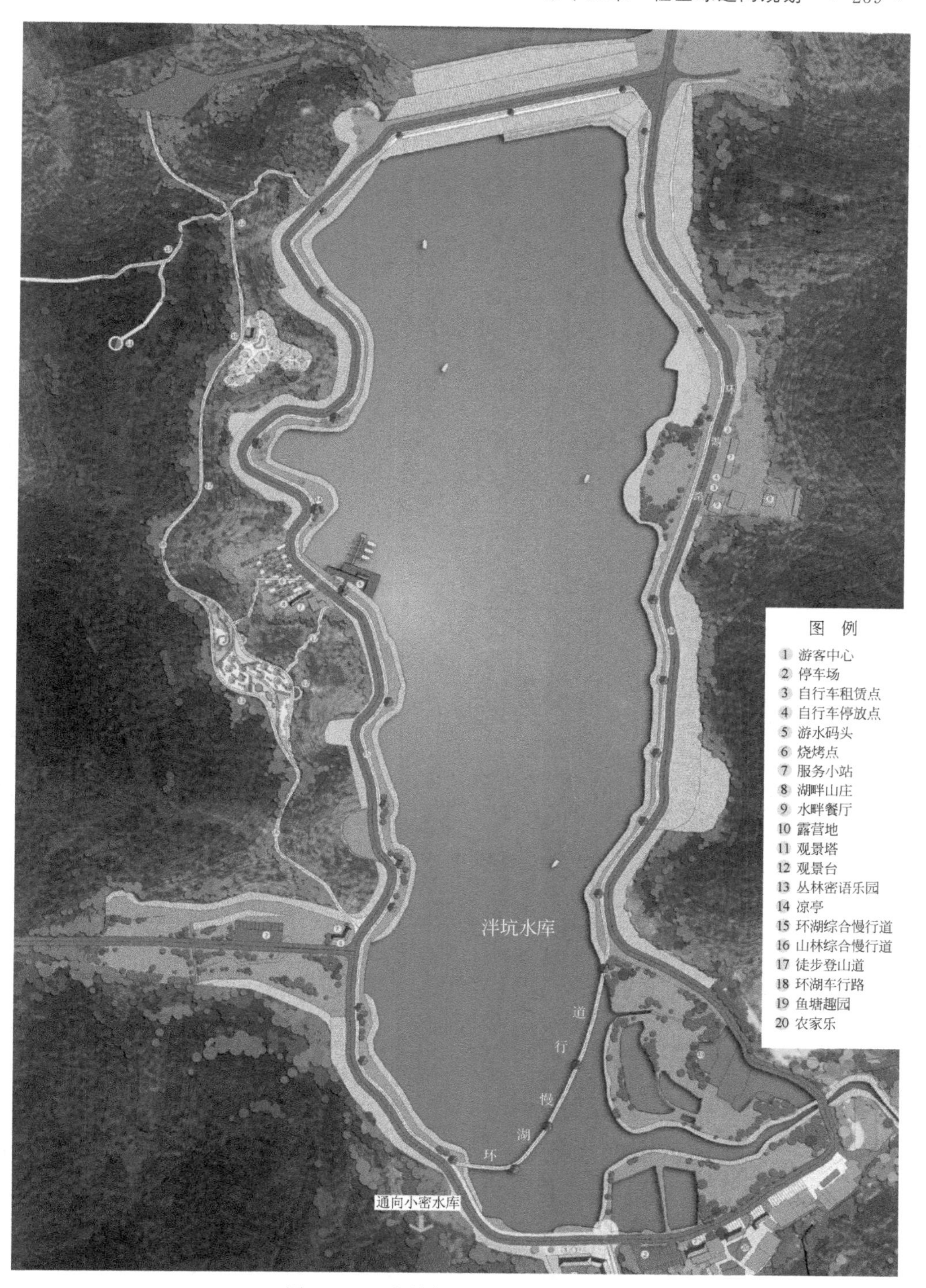

图 12-62　森林氧吧节点规划平面图

5. 功能结构

露营区利用山林绿道沿线地势平坦开阔、面水处设置露营位、活动广场、服务站、自行车停放点、观景台、急救电话等,提供露营装备租赁、售卖等服务。

滨水娱乐区临泮坑水库登山口空地设置游水码头、烧烤点、服务小站、自行车租赁点,提供滨水观光、休闲。

密林休闲区沿山林绿道地势较平坦、视线良好处设置,休闲座椅、吊床、飞桥、嬉水池等设施,丰富山林休闲趣味体验。

山林科普探险区沿泮坑水库西侧密林山区以保护生态为前提,设置登山径发挥科普探险功能。

山林度假休闲区沿泮坑水库东南侧结合现有的度假休闲设施,在充分考虑规划所确定的度假休闲定位的基础上,打造山林度假休闲功能。

水上游览区:利用泮坑水库组织水上观光,与滨水娱乐区的游水码头衔接(图12-63)。

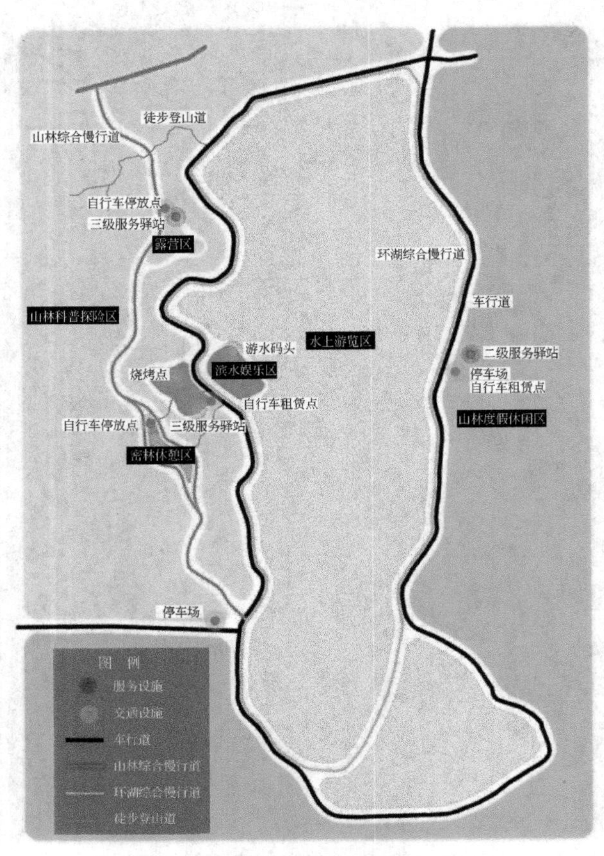

图 12-63　森林氧吧节点规划结构图

6. 活动策划

森林氧吧的文化活动主要面向人群为家庭、户外活动爱好者、登山爱好者、摄影爱好者、青少年、有氧运动爱好者、自然科学爱好者、中老年人、旅行者。

活动包括露营、瑜伽、登山观景、山地自行车、自然观察、摄影、徒步登山、自然科普夏令营。

森林氧吧的文化活动依托的社会活动有：梅州摄影展览、梅州徒步登山比赛、梅州山地自行车比赛。

服务设施包括游客中心、管理处、自行车租赁点、自行车停放点、停车场、登山设施租赁点、瑜伽馆、休闲亭廊、特色烧烤地、垂钓台、摄影展览馆、亲水平台等(图 12-64)。

图 12-64　森林氧吧节点活动策划

7. 铺装要求

主要的绿道线路采用深灰色透水混凝土、防水木、透水砖、木塑复合材料等(图 12-65)。

(a) 深灰色透水混凝土　(b) 防水木　(c) 木塑复合材料

图 12-65　森林氧吧节点铺装要求

8. 特色断面

特色断面具体如图 12-66 所示。

(a) A-A剖面图——滨水休闲区

(b) B-B剖面图——森林密语公园

(c) C-C剖面图——露营地

图 12-66　森林氧吧节点特色断面图

9. 重要节点

森林氧吧露营区节点规划如图 12-67 和图 12-68 所示。

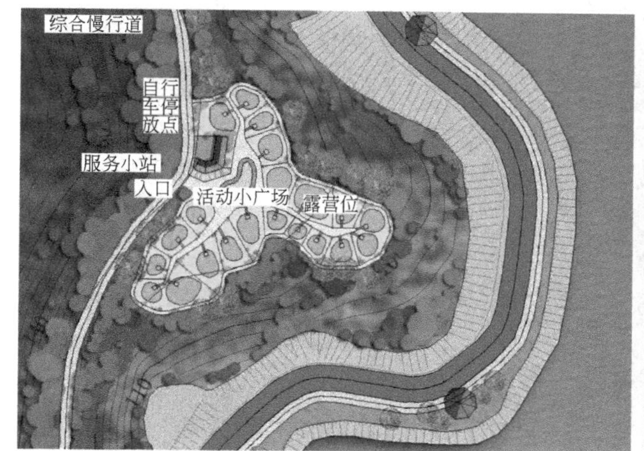

图 12-67　森林氧吧露营区放大图

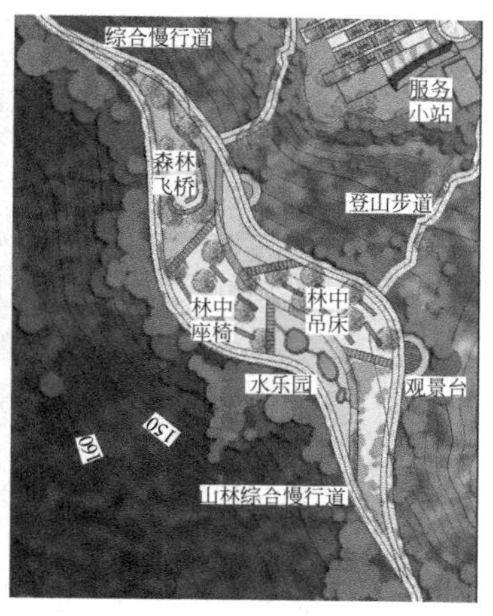

图 12-68　森林氧吧森林密语公园规划

(三)归园田居

1. 现状条件

归园田居的现状地貌呈现外围高中间低的山谷地貌。

现状用地以园地、耕地、林地为主，北部有部分村庄建设用地，有两条较细的水系由南向北从地区中部穿越，有三个水塘。

现状交通条件主要为两条南北向的农耕路，向南联系小密水库，向北与环湖路相接，联系泮坑水库。规划将有一条城市生活性主干道从地块东侧经过，与江南新区中心以及梅州主城区联系。

现状农业特色是当地的金柚生产具有一定的规模与知名度(图 12-69)。

2. 设计构思

归园田居绿道设计构思为依托泮坑地区以金柚种植为特色的农业、独特的山谷地貌、优美的农田风光、客家民俗风情、客家美食，发展现代农业观光业。

3. 愿景

归园田居绿道发展愿景为打造农耕与游憩交织、城乡共享的美丽富庶新农村，实现梅州绿色经济崛起。

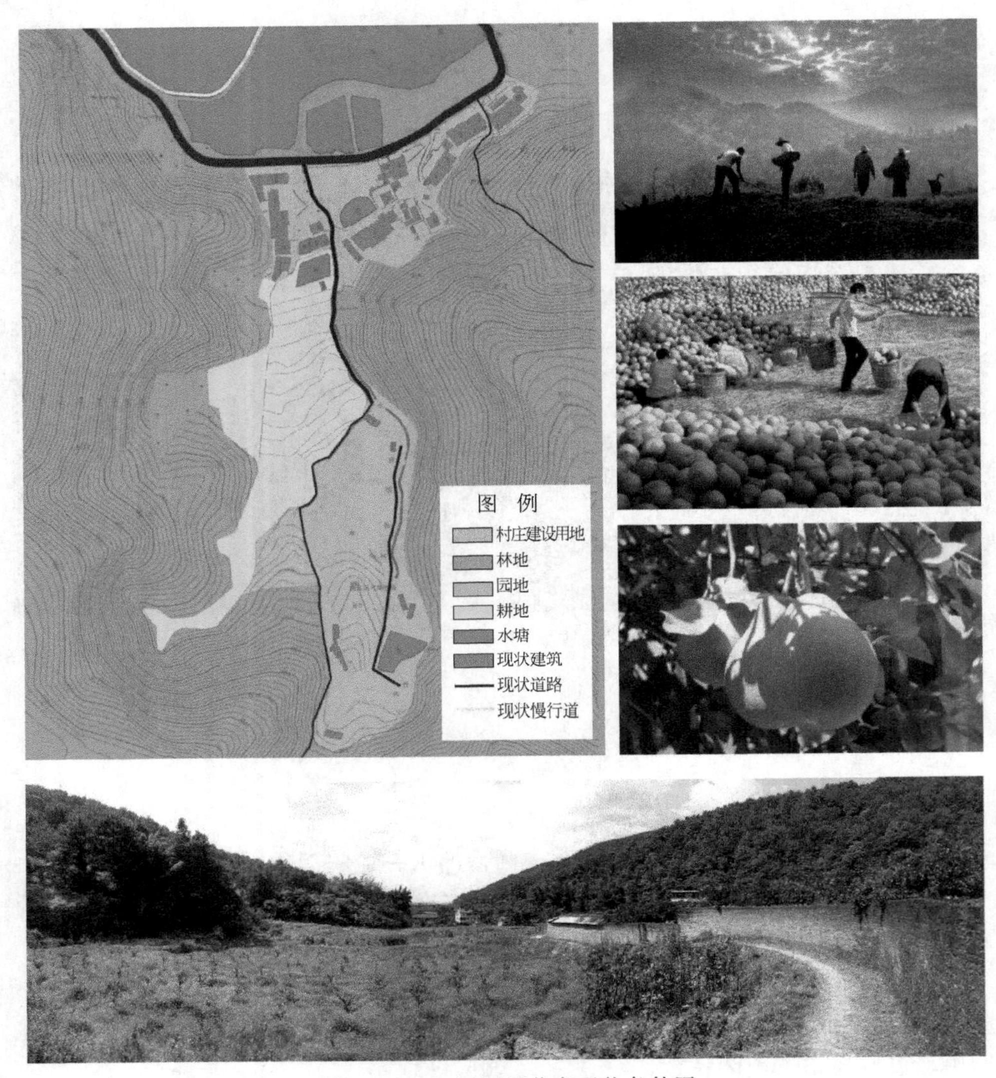

图 12-69　归园田居节点现状条件图

4. 定位

归园田居绿道建设定位是以农耕文化为主题，依托绿道沿线打造泮坑地区集农业观光、民俗体验休闲、农业科普于一体的现代农业休闲度假目的地(图 12-70)。

5. 功能结构

归园田居绿道功能结构包括特色改造服务村：对北部村落进行改造，设置餐饮、住宿、管理、休闲娱乐、停车等服务，形成同时对南部归园田居和北部森林氧吧服务的特色服务村(图 12-71)。

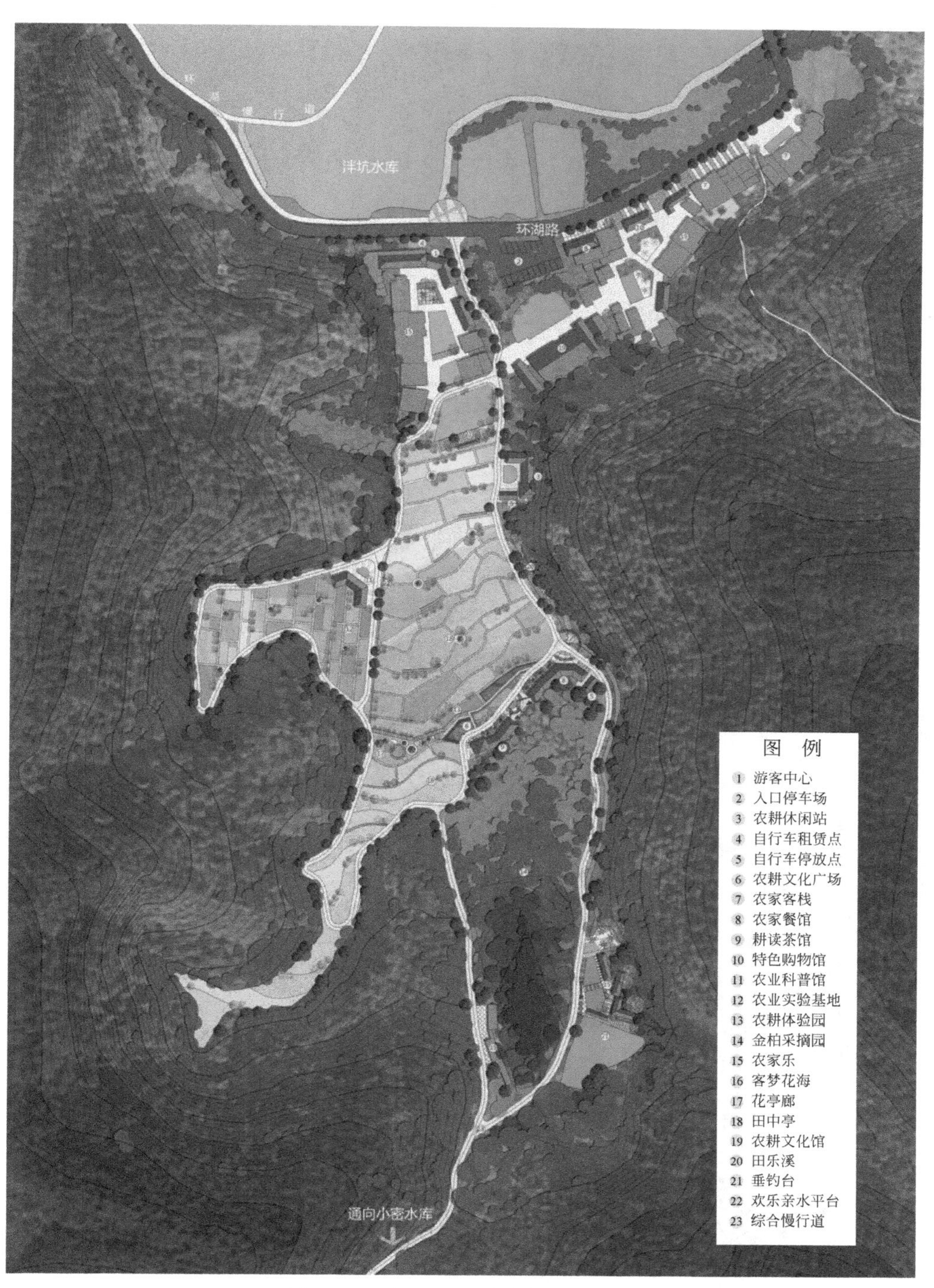

图 12-70 归园田居节点规划平面图

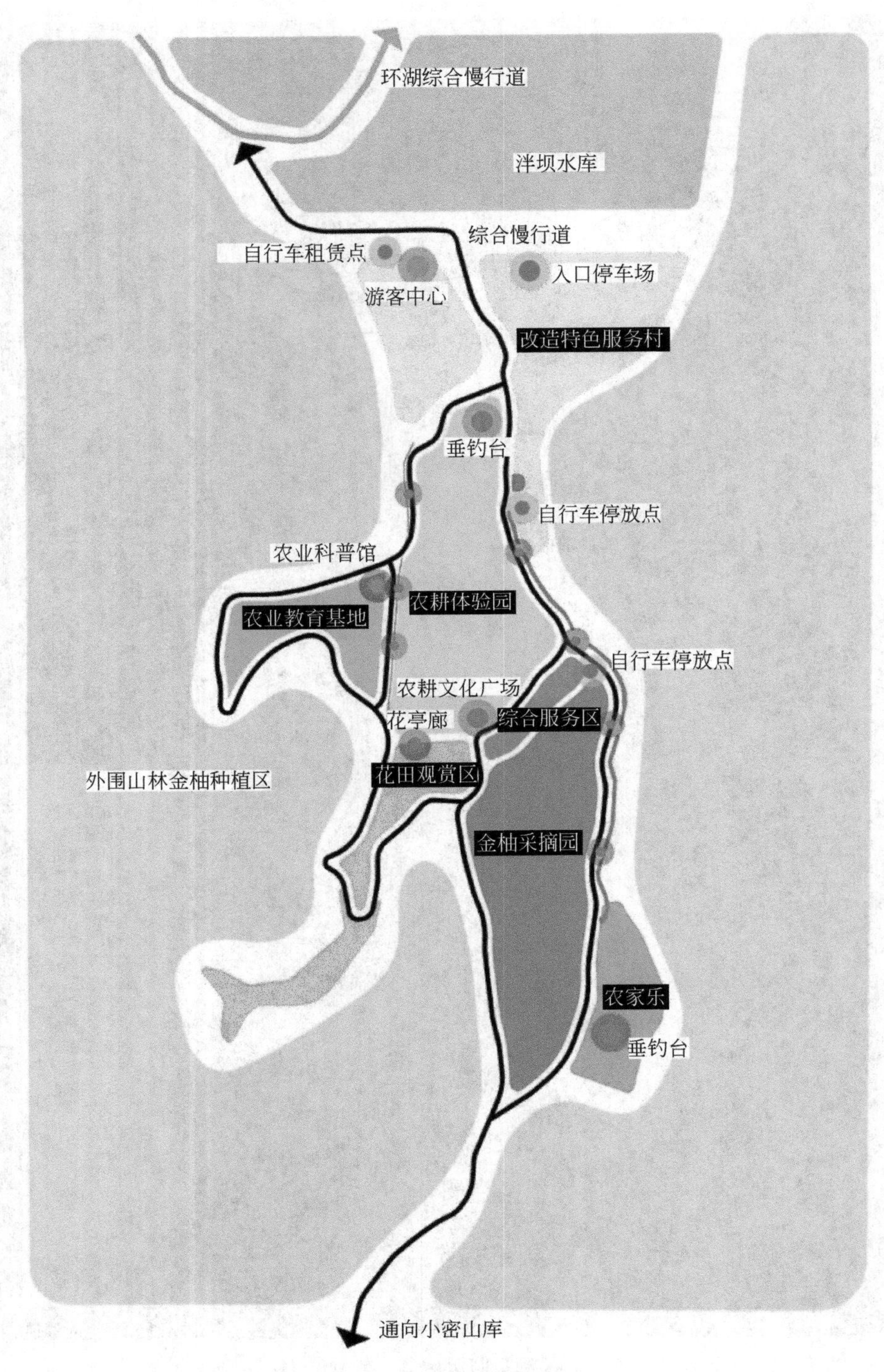

图 12-71　归园田居节点规划结构图

农耕体验园，利用现有耕地组织农耕体验功能，设置亭廊等休闲设施。

农业教育基地，利用西部耕地发展农业科普教育功能，丰富农业体验。

花田观光区，利用南部狭长耕地种植地方花卉，以花海景观观光、摄影为主。

综合服务区，观光休闲项目中部设置为周边提供休闲服务的服务站。

金柚采摘园，结合泮坑现有的特色金柚种植园组织采摘观光活动，力推梅州金柚品牌的塑造。

改造民居，结合周边良好的环境打造以农家特色休闲为主的农家乐。

6. 活动策划

此绿道文化活动主要面向人群为家庭、农业爱好者、艺术家、摄影爱好者、青少年、中老年人、旅行者。

文化活动包括客家耕读、自行车、采摘、农耕体验、学农实习、摄影、农业科普学习、农耕主题实景演出等。

文化活动依托的节日有梅州金柚节、梅州青少年夏令营、梅州荷花节、农家美食节等。

服务设施包括游客中心、管理处、自行车租赁点、自行车停放点、停车场、农家餐馆、耕读书院、农家客栈、农业科普馆、休闲亭廊、文化广场、垂钓台、亲水平台等(图 12-72)。

图 12-72　绿道活动策划

7. 铺装要求

主要的绿道线路采用深灰色透水混凝土，乡间农耕路可保持裸土铺装，主要的广场等公共开敞空间铺设透水砖(图 12-73)。

(a) 深灰色透水混凝土

(b) 裸土

(c) 透水砖

图 12-73

8. 特色断面

特色断面如图 12-74 所示。

(a) A-A剖面图——农耕体验区

(b) B-B剖面图——服务区

(c) C-C剖面图——山地柚园

图 12-74　归园田居节点特色断面图

9. 重要节点

归园田居农家乐节点具体设计如图 12-75 和图 12-76 所示。

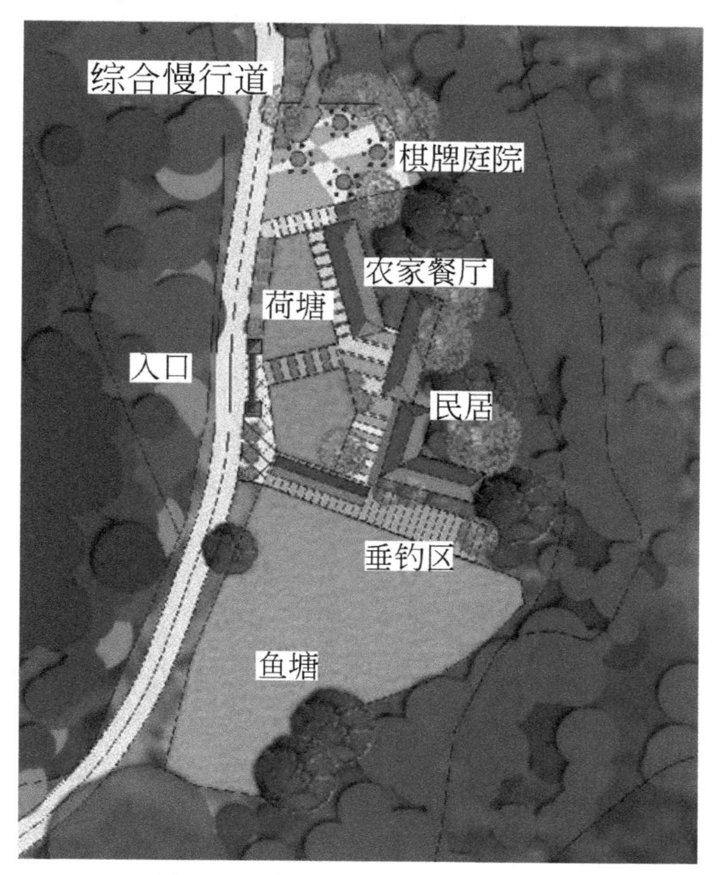

图 12-75　归园田居农家乐节点放大图

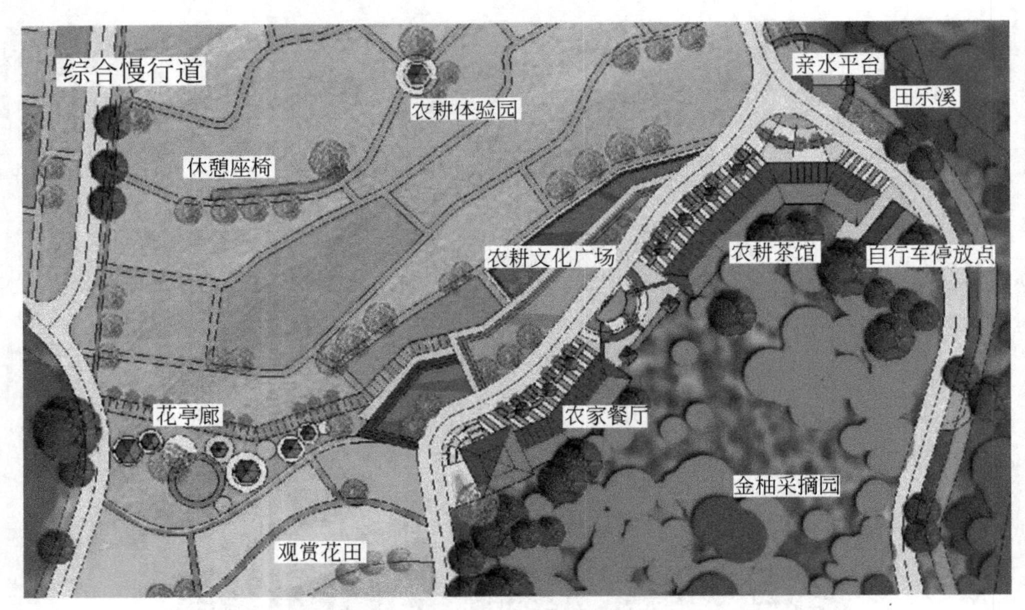

图 12-76 归园田居综合服务区节点放大图

（四）幸福绿洲

1. 现状条件

现状地形条件为地势较平坦。

现状用地以绿地、村庄建设用地为主，北部有部分商业用地、居住用地和公共设施用地，有三个水塘，南部有一处文物古迹。

现状交通条件为南侧是客都大道，北侧是北环，均是城市主干道，规划将在东西两侧各有一条城市次干道经过，与梅州火车站联系。

相关规划有在梅州江南新城城市设计中对该地块进行了设计，本规划将充分考虑与该规划的衔接，使该节点融入整体区域的功能发展（图 12-77、图 12-78）。

2. 设计构思

幸福绿洲绿道设计构思为结合滨水打造亲水慢行道，并在周边绿地形成连续的环状林荫慢行道，串联多个音乐厅、美术馆、影剧院、体育公园等节点，结合每个文化设施设置特色开敞空间，充分考虑梅州各类人群的需求组织活动空间，实现慢城幸福绿洲的全民共享。

3. 愿景

幸福绿洲绿道的规划愿景为建设充满欢乐与活力的、全民共享的乐活游憩新天地，倡导梅州全民幸福慢生活。

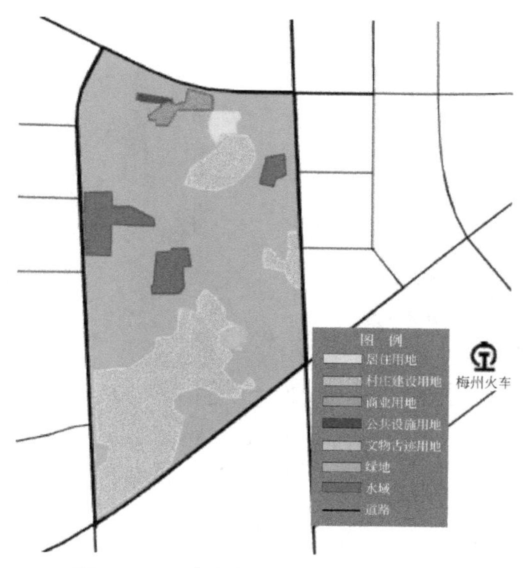

图 12-77 幸福绿洲节点现状条件图

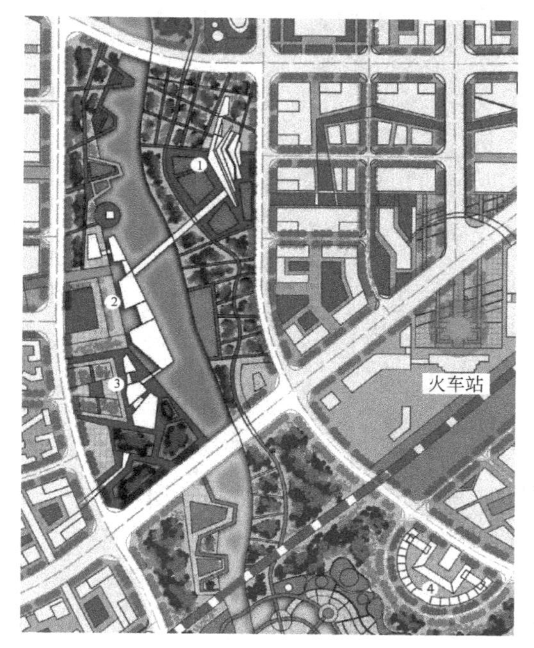

图 12-78 江南新城城市设计方案图

4. 定位

此绿道定位是以滨水慢活休闲为主题，依托滨水沿线打造泮坑地区集滨水观光、时尚娱乐、艺术展示、体育健身、民俗体验于一体的都市娱乐休闲中心(图 12-79)。

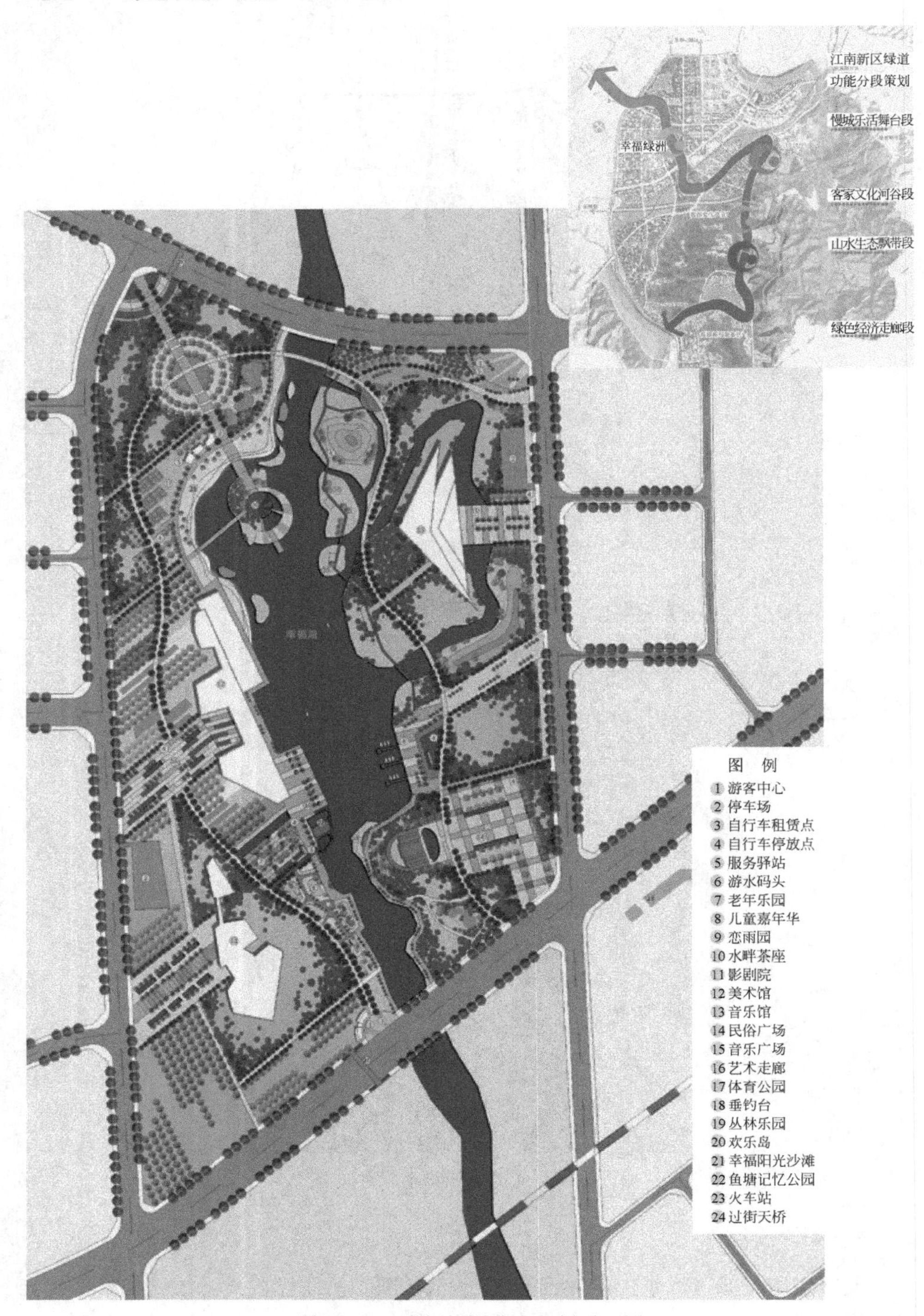

图 12-79　幸福绿洲节点规划平面图

5. 功能结构

此绿道的功能结构包括都市娱乐区，结合西侧社区需求，围绕影剧院发展都市时尚休闲娱乐功能，打造老年活动区、儿童游乐区、露天茶座、情侣花园、鱼塘记忆公园等多样活动空间，充分满足多样人群休闲需求(图 12-80)。

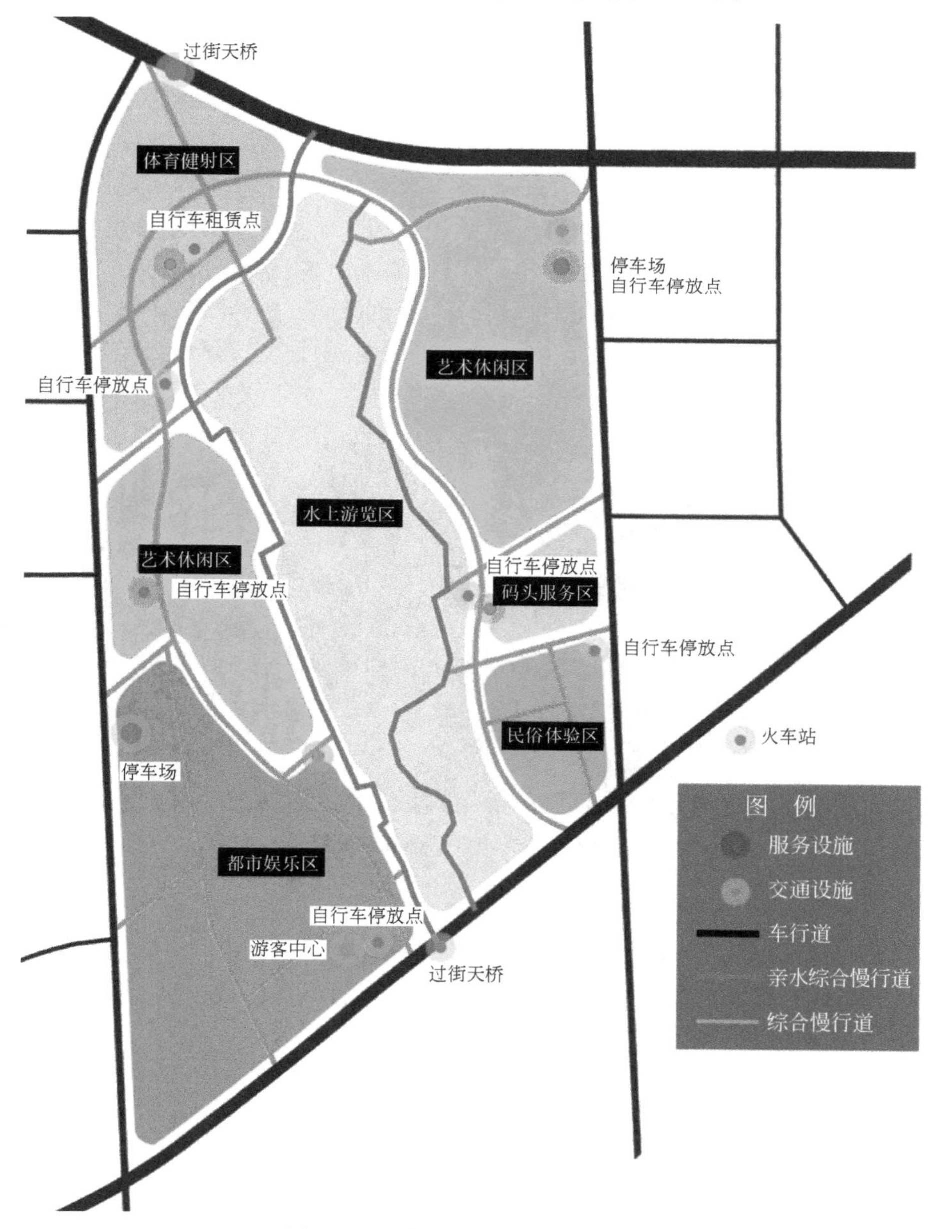

图 12-80　幸福绿洲节点规划结构图

艺术休闲区，围绕音乐厅、美术馆营造艺术氛围浓郁的艺术休闲功能版块。

民俗体验区，结合文物形成民俗广场，展示地区民俗文化，丰富民俗体验。

体育健身区，通过密林与运动场地的设置营造良好的生态环境，打造以生命丛林为主题的健身休闲公园。

码头服务区，临水处集中设置水上游览相应服务功能与亲水休闲功能。

水上游览区，组织水上以及岛屿游览观光活动。

6. 活动策划

幸福绿洲绿道文化活动主要面向梅州全体市民。

依托节日包括梅州各种市民节庆、全民健身节、全民艺术节等。

文化活动包括自行车、亲近自然、垂钓、湿地游赏、生态体验、茶道体验、休憩赏玩、读书、晨练、散步、聊天聚会、跳舞、运动健身、亲水游乐、划船、庆典。

服务设施有游客中心、管理处、自行车租赁点、自行车停放点、停车场、码头、健身设施、艺术展示设施、老年活动中心、儿童游乐设施、垂钓台、露营地、运动场地等(图 12-81)。

图 12-81　幸福绿洲节点活动策划

7. 铺装要求

环形综合慢行道采用暗红色透水混凝土，亲水慢行道可采用暗红色透水混凝土、防滑木相结合，开敞空间宜采用透水砖铺装(图 12-82)。

8. 特色断面

特色断面如图 12-83 所示。

(a) 暗红色透水混凝土

(b) 防滑木

(c) 透水砖

图 12-82　幸福绿洲节点铺装要求

(a) A-A剖面图——儿童游乐场

(b) B-B剖面图——体育公园

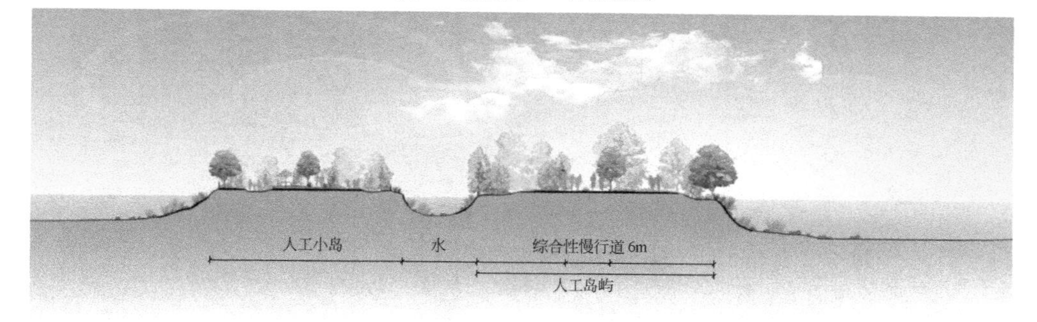

(c) C-C剖面图——欢乐岛

图 12-83　幸福绿洲节点特色断面图

9. 重要节点

幸福绿洲体育公园节点规划方案如图 12-84 所示。

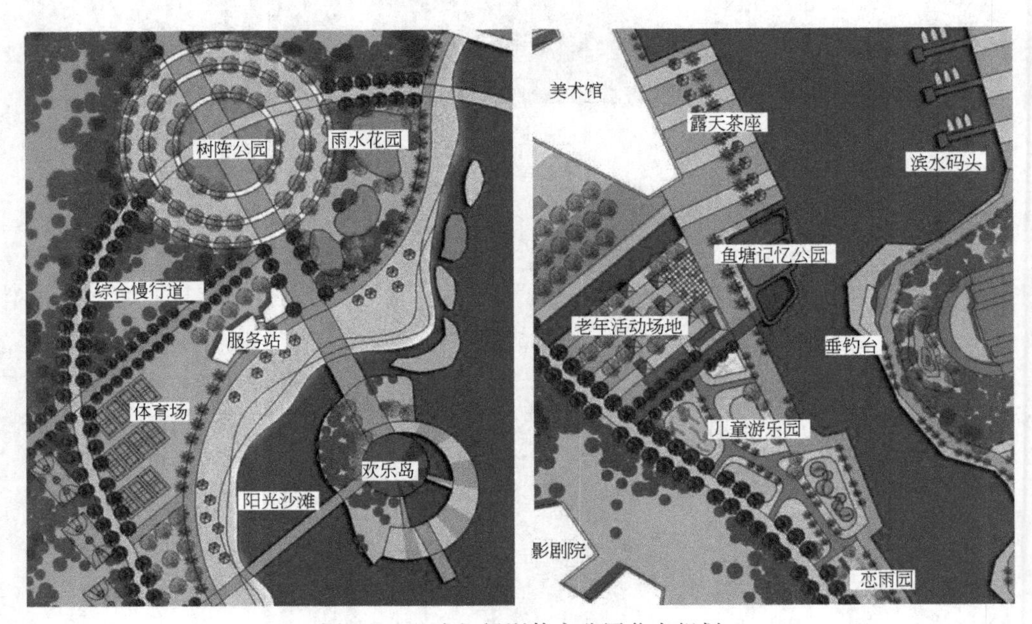

图 12-84　幸福绿洲体育公园节点规划

附　　图

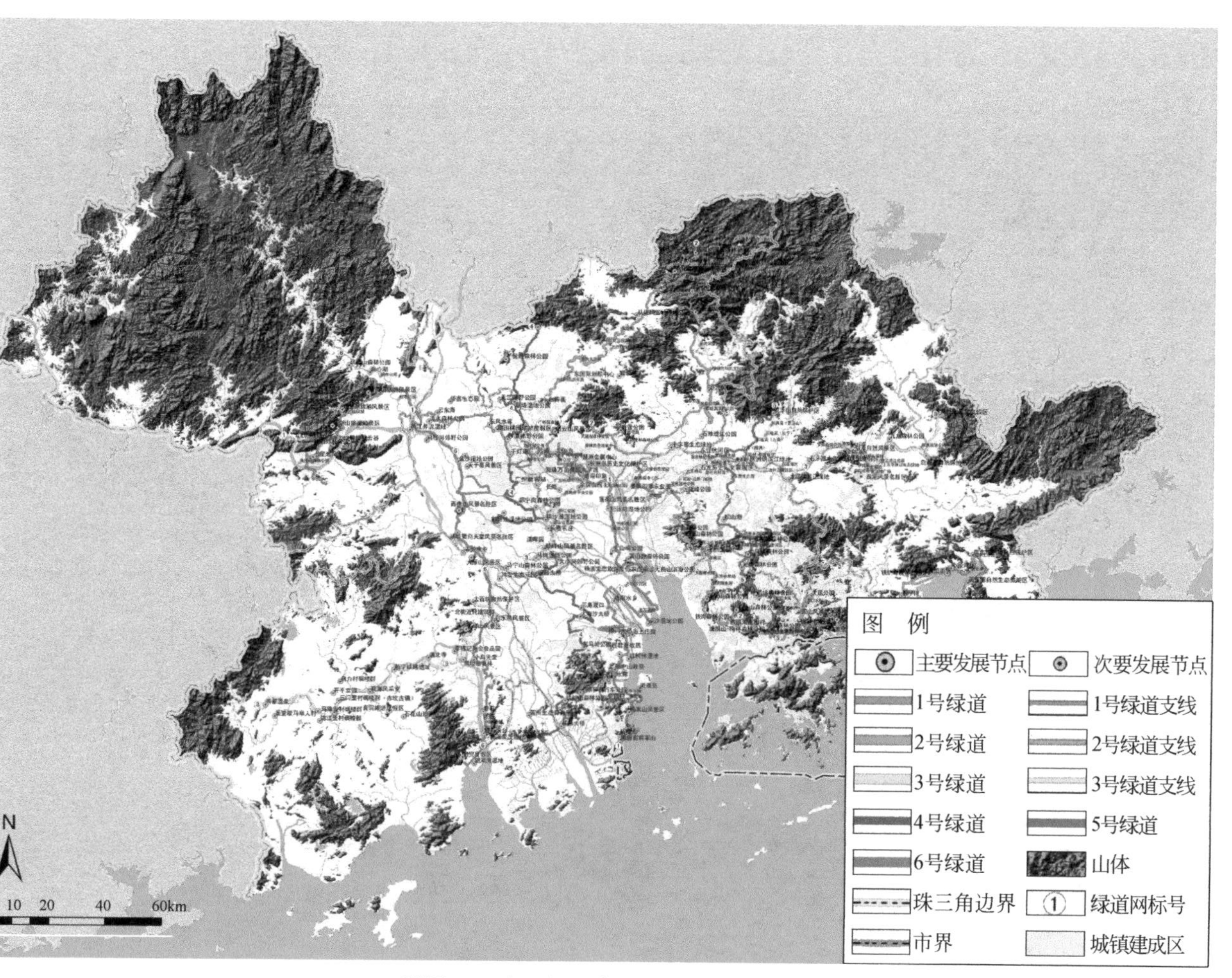

附图一　珠三角区域绿道网总体布局图

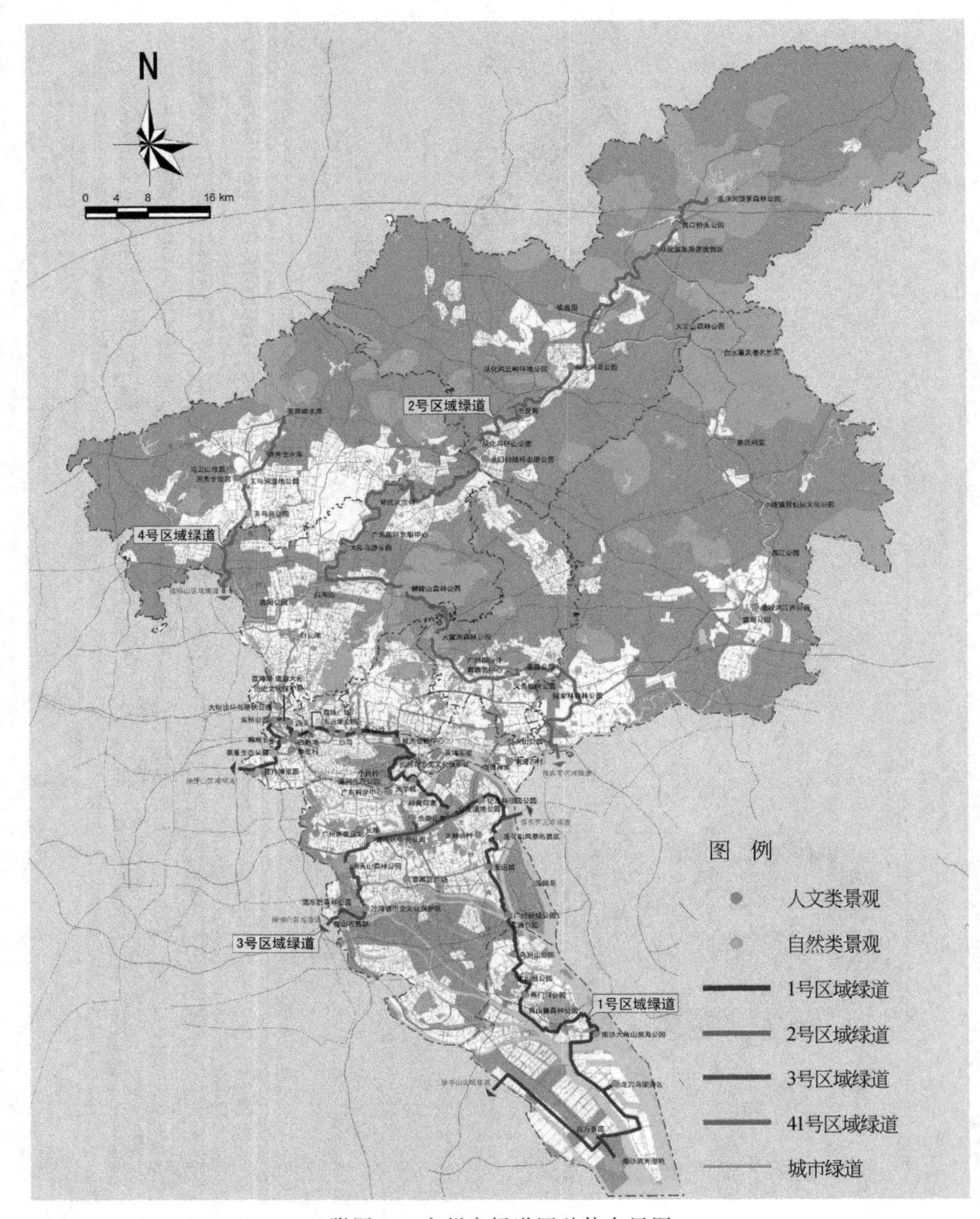

附图二　广州市绿道网总体布局图

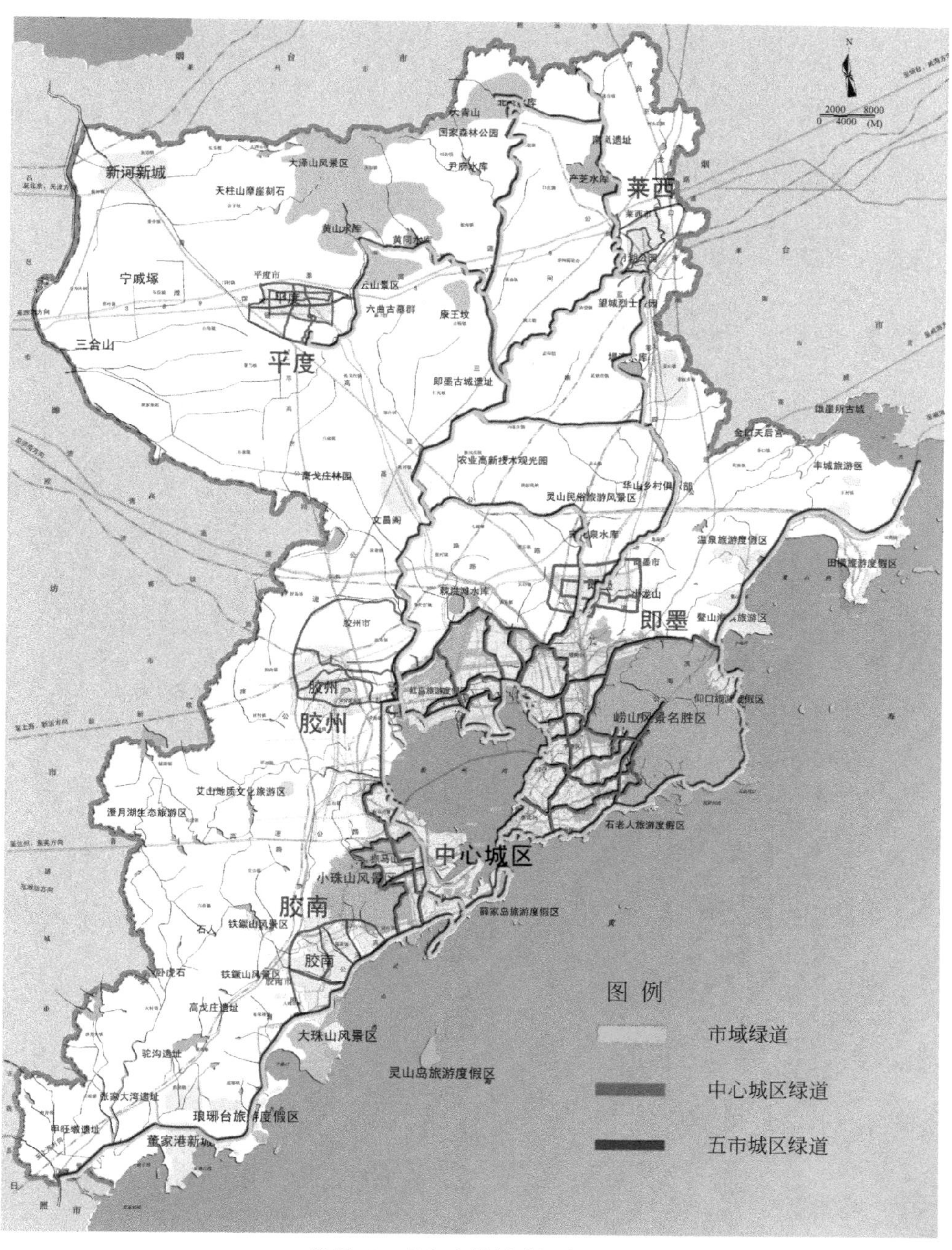

附图三　青岛市域绿道网布局图

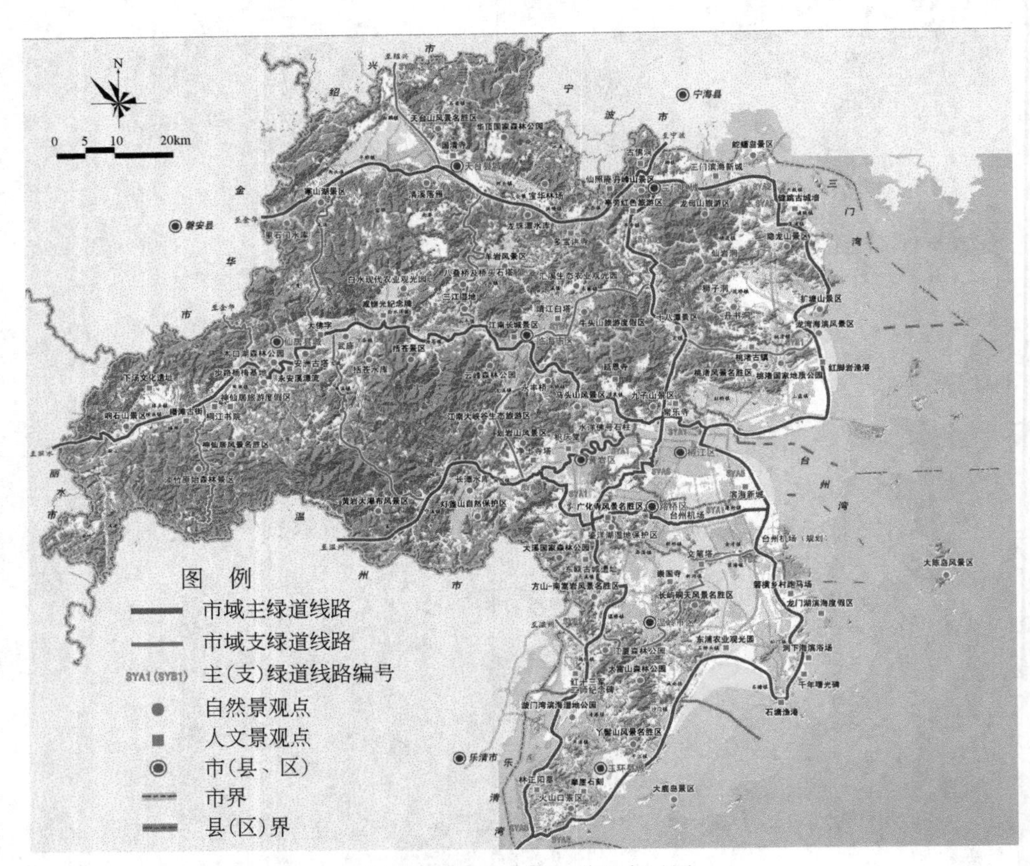

附图四　台州市域绿道网布局图

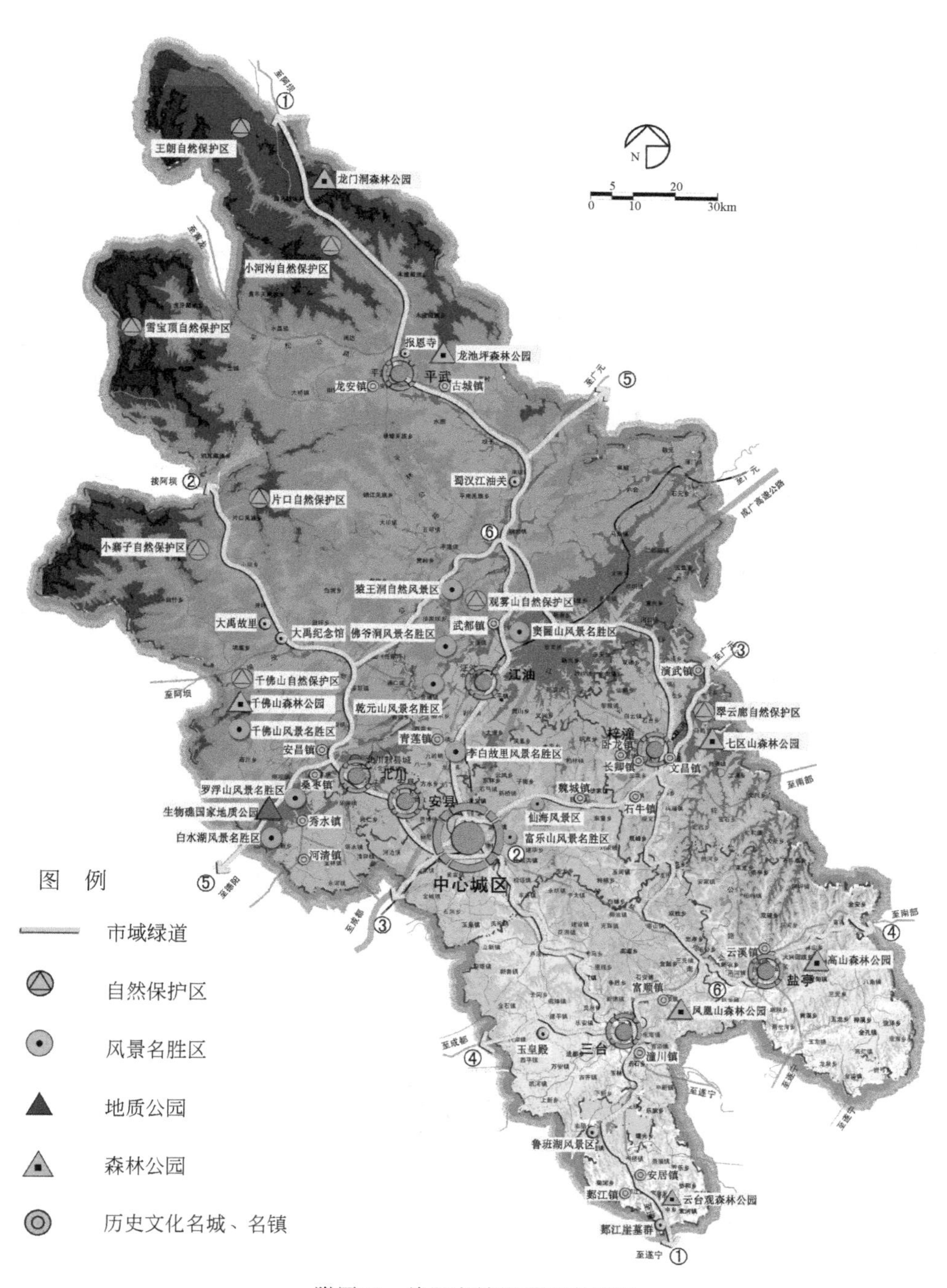

附图五 绵阳市域绿道网布局图

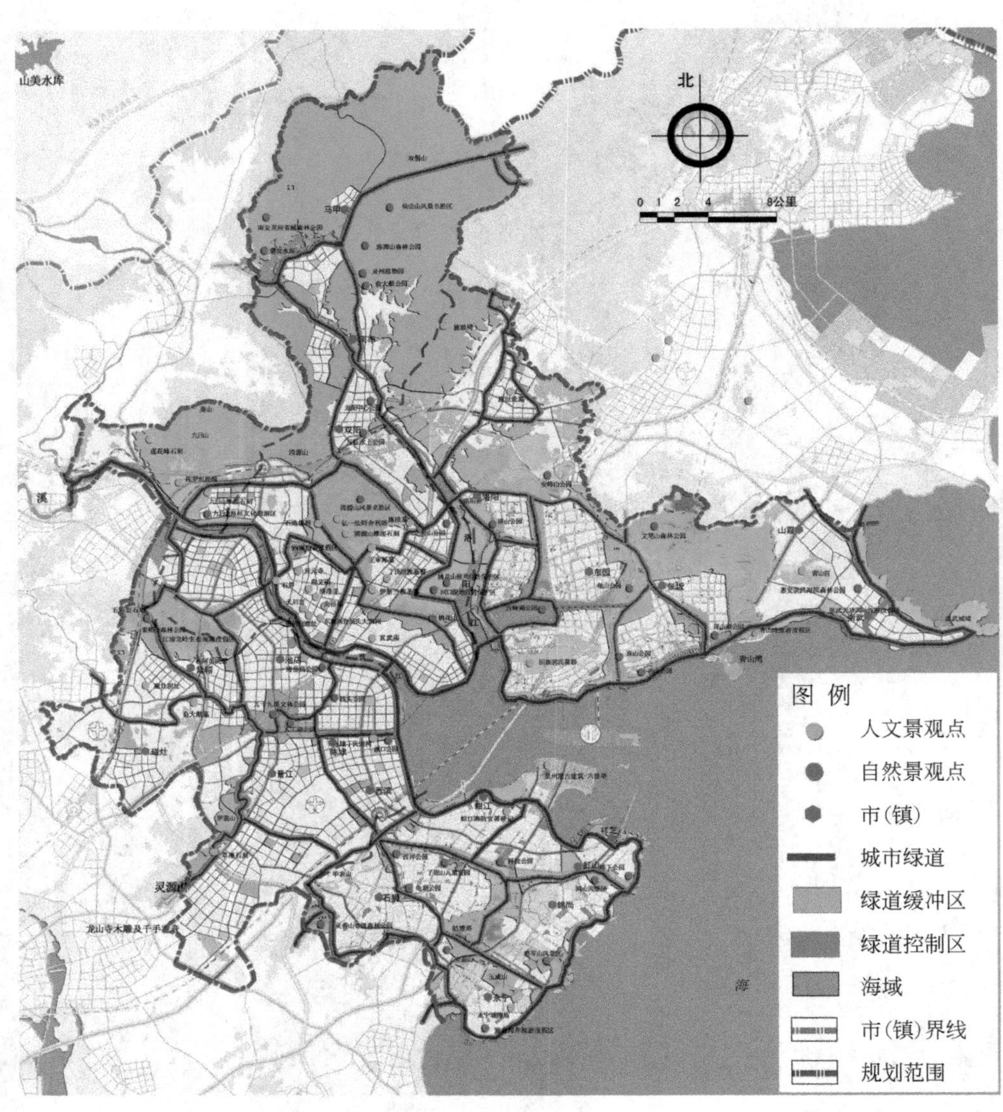

附图六 泉州市绿道网布局图(环湾核心区)

参考文献

蔡云楠,方正兴,朱江,等.2010.绿道——走向宜居城乡的希望之路调研报告.广州:广州市城市规划勘测设计研究院,5-12

董福平,董浩.2002.日本枥木县斧川河道整治工程的几点启示.浙江水利科技,(3):24-25

方正兴,朱江,袁媛,等.2011.绿道建设基准要素体系构建——《珠江三角洲区域绿道(省立)建设基准技术规定》编制思路.规划师,(1)

高阳,肖洁舒,张莎,等.2011.低碳生态视角下的绿道详细规划设计——以深圳市2号区域绿道特区段为例.规划师,(9):15

广东省城乡规划设计研究院.2005.珠江三角洲城镇群协调发展规划

广州市城市规划勘测设计研究院,广东省城乡规划设计研究院,深圳市北林苑景观及建筑规划设计院有限公司.2010.珠江三角洲绿道网总体规划纲要

广州市城市规划勘测设计研究院,广东省城乡规划设计研究院.2010.广东省省立绿道建设指引

广州市城市规划勘测设计研究院,广东省城乡规划设计研究院.2010.珠江三角洲区域绿道(省立)规划设计指引

广州市城市规划勘测设计研究院,广东省城乡规划设计研究院等.2010.广东省城市绿道规划设计指引

广州市城市规划勘测设计研究院,广州市交通规划研究所.2010.绿道连接线建设及绿道与道路交叉路段建设指引

广州市城市规划勘测设计研究院,梅州市城市规划设计院.2012.广东省梅州市绿道网建设规划

广州市城市规划勘测设计研究院,青岛市城市规划设计研究院.2010.青岛市绿道系统总体规划

广州市城市规划勘测设计研究院,泉州市城市规划设计研究院.2012.泉州市绿道网总体规划

广州市城市规划勘测设计研究院.2010.广州市绿道网建设规划

广州市城市规划勘测设计研究院.2011.广东省绿道规划建设管理规定

广州市城市规划勘测设计研究院.2011.绵阳市健康绿道系统规划

广州市城市规划勘测设计研究院.2011.台州市绿道网总体规划

韩西丽,俞孔坚.2004.伦敦城市开放空间规划中的绿色通道网络思想.新建筑,(5):7-9

霍华德.2000.明日的田园城市.北京:商务印书馆,11-129

贾俊,高晶.2005.英国绿带政策的起源、发展和挑战.中国园林,21(3):69-72

金云峰,周煦.2011.城市层面绿道系统规划模式探讨.现代城市研究,(3):11

李斌,代色平,骆丽雯.2011.新加坡"空中绿化"的实践与成效.广东园林,33(4):74-78

李开然.2010.绿道网络的生态廊道功能及其规划原则.中国园林,26(3):24-27

刘滨谊,余畅.2001.美国绿道网络规划的发展与启示.中国园林,17(6):77-81

罗震东,张京祥,易千枫.2008.规划理念转变与非城市建设用地规划的探索.人文地理,(3):22-27

洛林LaB.施瓦滋,查尔斯A.弗林克,罗伯特M.西恩斯.2009.绿道—规划·设计·开发.余

青,柳晓霞,陈琳琳译. 北京:中国建筑工业出版社

宋劲松,罗小虹. 2006. 从“区域绿地”到“政策分区”——广东城乡区域空间管治思想的嬗变. 城市规划,30(11):51-56

汪劲柏. 2008. 论基于行政法制的国土及城乡空间区划管理体系. 城市规划学刊,(5)

谢涤湘,宋健,魏清泉,等. 2004. 我国环城绿带建设初探——以珠江三角洲为例. 城市规划,28(4):46-49

徐文辉. 2005. 生态浙江省域绿道网规划实践. 规划师,21(5):69-72

许学强,李郇. 2009. 珠江三角洲城镇化研究三十年. 人文地理,24(1):1-6

张云彬,吴人韦. 2007. 欧洲绿道建设的理论与实践. 中国园林,23(8):33-38

中国城市科学研究会,广东省住房和城乡建设厅,广州市城市规划勘测设计研究院. 2009. 区域空间开发管制模式研究——以珠江三角洲区域绿地规划管理为例

中山大学,广州共生形态工程设计有限公司. 2009. 广东绿道标识系统方案设计

Conine A, Xiang W N, Young J, et al. 2004. Planning for multi-purpose greenways in Concord, North Carolina. Landscape and Urban Planning, 68(2-3) :45-60

Fabos J G. 2004. Greenway planning in the United States: its origins and recent case studies. Landscape and Urban Planning,68(2-3) :33-40

Jongman R H G, Kulvik M, Kristiansen I. 2004. European ecological networks and greenways. Landscape and Urban Planning,68(2-3) :18-26

后　　记

绿道理念起源于19世纪的美国，至今已有一百多年历史，而我国绿道建设起步较晚。广东省珠三角地区的绿道建设是我国绿道大规模建设开先河者，也是我国绿道建设的典范。

珠三角地区绿道建设缘起于对生态保护的探索。改革开放三十年来，珠三角地区创造了经济发展的奇迹，成为我国城镇化水平最高、开发建设强度最大的城镇密集地区之一，但随之而来的是生态破坏、环境污染、城乡建设无序等一系列问题，城市中林立的高楼、淡漠的邻里和冰冷的钢筋水泥，使得人们越来越期望能够“逃离都市”，追求“田园生活”，同时乡村地区亦陷入了缺乏发展动力的困局。为此广东省从1994年开始，进行了大量卓有成效的探索，先后提出生态敏感区、区域绿地、基本生态控制线等概念，深圳、东莞等地还通过立法形式明确了基本生态控制线的法律地位。

在这些有益探索基础上，借鉴欧美、日本、新加坡等国绿道建设经验，广东省委政策研究室与广东省住房和城乡建设厅于2009年4月联合编写调研报告，向广东省委省政府提出在珠三角地区率先建设绿道网的构想，随后拍摄《绿道》宣传片，组织编制《珠江三角洲区域绿道网规划纲要》。绿道建设的提出受到了广东省委书记汪洋同志的充分肯定，汪洋书记对珠三角地区绿道建设提出了“一年基本建成，两年全部到位，三年成熟完善”的建设目标和“周密部署，合力推进；科学规划，精心设计；严格施工，打造精品”的工作要求。

在广东省委省政府的领导下，省及各地建立了绿道工作办公室负责组织开展绿道建设工作；广东省住房和城乡建设厅颁布了《广东省省立绿道建设指引》、《珠江三角洲区域绿道（省立）规划设计指引》、《广东省绿道控制区划定与管制工作指引》等技术规程明确了绿道建设标准；珠三角各地通过实践摸索初步建立了区域、城市、社区层面的绿道规划体系。在省市共同努力下，绿道在珠三角地区迅速建设起来，取得了良好的建设效果。目前绿道建设“全部到位”的工作已完成，省立绿道线路正向广东省北部和东西两翼地区延伸；绿道设施配套不断完善，控制区初步划定，绿道培绿、连接线建设等稳步推进，绿道运营管理制度及长效机制逐步建立，城市绿道建设全部铺开，广东绿道建设正向广度、深度、精度发展。在珠三角绿道建设的带动下，山东、福建、浙江、四川、湖北、广西等省借鉴广东经验，纷纷开展绿道建设，全国范围内掀起了绿道建设热潮。

本书作者来自于规划建设工作一线，全程参与了广东省委政策研究室与广东省住房和城乡建设厅的珠三角绿道建设策划和相关规划编制工作，并将绿道建设实践经验成功推广到我国山东青岛、福建泉州、四川绵阳、浙江台州等城市。本书以珠三角地区绿道建设实践为基础，结合全国范围其他地区绿道建设探索，从绿道规划建设理论、技术标准和实践案例三方面对绿道规划建设进行论述，是对近几年我国绿道规划理论研究、绿道规划建设工作实践的总结。但毕竟绿道规划建设在我国尚属探索实践阶段，针对我国实际的绿道规划建设方面的系统研究还较为缺乏，绿道规划原则、工作流程、技术标准、管理维护机制、功能开发等方面都需要进一步总结提升；同时由于时间、技术等方面的限制，本书难免存在错误和不足之处，我们真诚地希望广大读者批评指正。

在本书付梓之际，特别要感谢中国工程院王如松院士对本书编写的指导和鼓励；感谢广东省住房和城乡建设厅蔡瀛副厅长、郭建华副处长给予我们参与珠三角绿道规划建设的机会及为本书编写提供的大量参考资料和实例；感谢本书规划实例的项目负责人和参加者提供的技术支持。

著　者

2012年10月于广州